高等职业教育电子技术应用系列

智能电子产品设计与制作

杨立宏　彭建宇　袁夫全　主　编

電子工業出版社
Publishing House of Electronics Industry
北京 · BEIJING

内 容 简 介

本书以 ATMEL 公司的 AVR 单片机 ATmega16 和 ATmega8 为蓝本，由浅入深，结合项目制作实例，以 MikroC PRO for AVR 软件为开发平台，C 语言为编程语言，系统地介绍以单片机为主控器的智能电子产品设计与制作的流程。

本书通过 6 个项目（数码显示温度计、点阵屏显示、简易数显电子时钟、2.4G 无线温湿度传输、家用智能浇花器、全自动智能豆浆机设计）系统介绍智能电子产品设计以及制作的过程。项目由简单到复杂，编程由易到难，采用循序渐进的方式进行编排。在设计制作过程中对所涉及的硬件及软件知识点进行了比较详尽的解释，减少用户查找其他资料的麻烦，对用户设计过程中遇到的问题以及相关设计经验、技巧等有很强的实用性和指导性。每个项目的最后配有一些思考题，供学习完成后开拓知识面及进一步的研究、提高使用。

本书配有源程序的代码和原理图，以及相关芯片资料等，适合于单片机实践教学以及相关产品开发使用。尤其针对高职院校，充分体现课程的应用性、实用性和技术性特点。

本书可作为高等院校电子信息、自动化、仪器仪表等相关专业单片机课程的教学用书，也可作为工程技术人员、单片机爱好者的参考书。

图书在版编目（CIP）数据

智能电子产品设计与制作/杨立宏，彭建宇，袁夫全主编. --北京：电子工业出版社，2015.9
ISBN 978-7-121-27136-6

Ⅰ. ①智… Ⅱ. ①杨… ②彭… ③袁… Ⅲ. ①电子产品－智能设计－高等学校－教材 Ⅳ. ①TN02

中国版本图书馆 CIP 数据核字（2015）第 216022 号

策划编辑：朱怀永
责任编辑：贺志洪　　　特约编辑：张晓雪　薛　阳
印　　刷：三河市君旺印务有限公司
装　　订：三河市君旺印务有限公司
出版发行：电子工业出版社
　　　　　北京市海淀区万寿路 173 信箱　邮编　100036
开　　本：787×1092　1/16　印张：14.25　字数：364.8 千字
版　　次：2015 年 9 月第 1 版
印　　次：2021 年 6 月第 9 次印刷
定　　价：36.00 元

凡所购买电子工业出版社图书有缺损问题，请向购买书店调换，若书店售缺，请与本社发行部联系，联系及邮购电话：（010）88254888。

质量投诉请发邮件至 zlts@phei.com.cn，盗版侵权举报请发邮件至 dbqq@phei.com.cn。

服务热线：（010）88258888。

前 言

国务院2014年19号文《国务院关于加快发展现代职业教育的决定》中指出，创新发展高等职业教育，培养服务区域发展的技术技能人才，重点服务企业特别是中小微企业的技术研发和产品升级，建立以职业需求为导向、以实践能力培养为重点、以产学结合为途径的培养模式。

国家近几年对职业教育出台了一系列的相关政策，鼓励职业教育的发展。技能培养是职业教育的根本，但当前国内的高职教育很多都只是本科院校的压缩，忽视了学生职业技能的培养，这主要体现在课程设置和教学内容及方式上。而教学内容的参考教材大部分是本科教材的删减版，删减后的教材本科生都看不懂，更不用说高职学生，这样的教材无法去适应高职的技能教育。针对电子信息工程专业实践技能的重要性，我们在多年的教学实践的基础上编写了侧重于学生技能训练的教材。

智能电子产品设计与制作以数码显示温度计、点阵屏显示、简易数显电子时钟、2.4G无线温湿度传输、家用智能浇花器、全自动智能豆浆机设计6个项目为教学载体。从简单到复杂，逐步递进，对学生进行技能训练。学生通过该课程的学习对电子产品的设计生产流程会有比较深入的认识。

本书共分为六大部分，对应6个项目，第一个项目是数码显示温度计，要求将DS18B20的温度读取出来并显示到数码管上。第二个项目是点阵屏显示，通过一块64*32点的点阵屏显示汉字等信息。第三个项目是简易数显电子时钟，通过实时时钟芯片DS1302对时间进行计时，单片机读出时间并显示，同时可以通过按键修改当前时间。第四个项目是2.4G无线温湿度传输，通过2.4G无线通信模块，在发送端将温湿度传感器DHT11采集的温湿度信息发送出去，接收端接收到温湿度信息并将之显示出来。第五个项目是家用智能浇花器，浇花器能够通过定时设置，自动对花盆中的花浇水，按键设置浇水时间、浇水时间间隔、浇水时长等信息。第六个项目是全自动智能豆浆机设计，对豆浆机开发设计的整个流程进行了详细的讲解。本教材是校内专任教师和现任企业研发工程师合作开发的教材，遵循了企业产品开发的流程，能够有效提高学生的技能水平。

本书可作为高职院校电子信息工程专业的专业教材，也可以作为家电类电子工程师的参考书。由于高职的技能训练教材开发需要长期的积累，需要不断探索和研究，加之作者水平有限，时间仓促，书中难免存在错误与不足，敬请读者指正。

最后要感谢企业的两位研发工程师杨蕾和覃德春，在教材编写过程中给予了热诚的帮助和指导，对本书的内容设置、开发流程等提出了宝贵意见。感谢电子信息工程专业教研室的彭建宇、袁夫全、陈振华老师的指导。感谢09级林少俊、10级游锐恒两位同学对豆浆机的软件进行反复的调试优化。

编 者

2015年8月

目　　录

项目 1

数码显示温度计

1.1 项目任务

以 ATmega16 单片机为主控器设计一个用 4 位数码管显示的温度计，能够显示当前的环境温度，温度显示保留 1 位小数。

1.2 考查知识点

1.2.1 温度传感器的选择

温度传感器在生活和生产中的应用越来越多，小到一个家庭，大到一个国家的温度测量网络，都离不开它。温度传感器目前有很多种，常见的主要有以下几种温度传感器。

1. 热敏电阻

热敏电阻体积小，电阻温度系数大、价格低，但其线性度差。它不仅可以作为测量器件，还可以作为控制电路补偿器件。常用的热敏电阻实物图如图 1-1 所示。

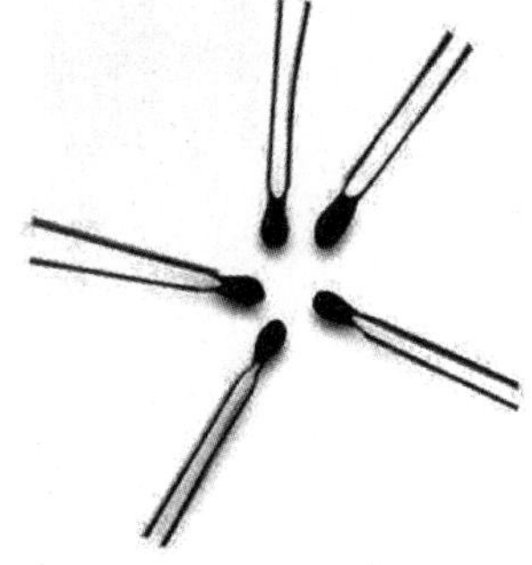

图 1-1 热敏电阻实物图

2. 热电偶

热电偶测温范围宽，抗震性能好，主要用于工业生产过程中温度的测量。常用的热电偶实物如图 1-2 所示。

3. 铂电阻

铂电阻的电阻率高，敏锐度较高，在高温和氧化性介质中的物理和化学性能很稳定，测温范围宽，价格低，但其体积大，热惯性大。常用的铂电阻实物如图 1-3 所示。

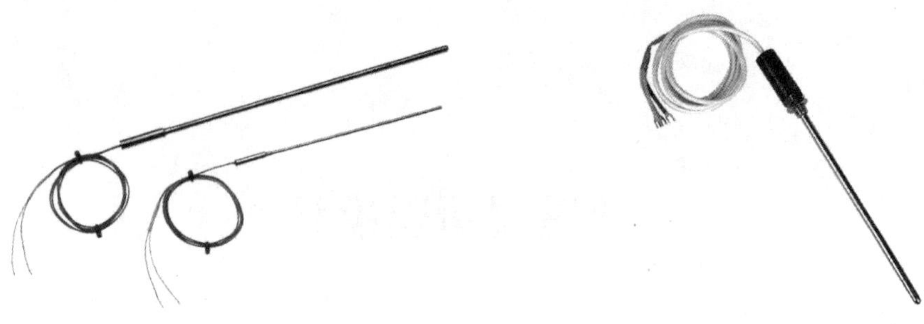

图 1-2　热电偶实物图

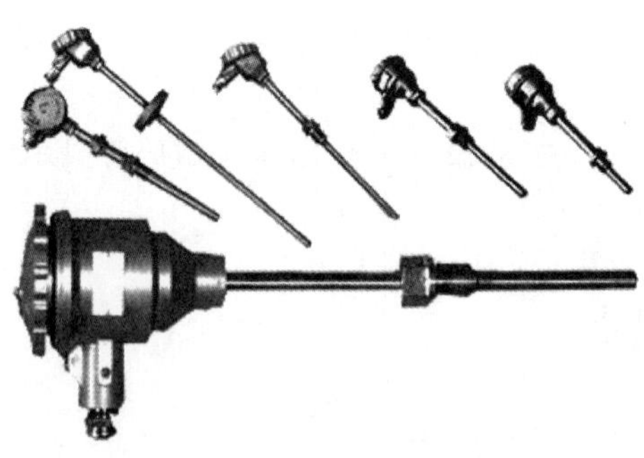

图 1-3　铂电阻实物图

4. 集成温度传感器

集成温度传感器灵敏度高、响应快、线性度好、体积小、成本不高、使用方便。常见的集成温度传感器实物图如图 1-4 所示。

图 1-4　集成温度传感器实物图

我们测量的是环境温度，一般可采用热敏电阻或者集成温度传感器。热敏电阻测量温度时，电阻和温度之间并不是线性的关系，因此需要设计调理电路进行处理后才可以得到准确的温度值，而集成数字温度传感器则是在芯片内部集成了调理电路和转换电路，直接输出数字量，单片机读取的数字量就是测量得到的温度，操作简单。因此本项目选择常用的数字温度传感器 DS18B20 来完成环境温度的测量。

1.2.2　数码管显示原理

1. 数码结构及原理

LED 数码管是由多个发光二极管封装在一起组成“8”字形的器件，引线在内部连接完成，只需引出它们的各个笔画，公共电极。数码管实际上由7个发光二极管组成8字形结构，再加上小数点就是8个段码，这些段分别由字母a,b,c,d,e,f,g,dp来表示，数码管段码及实物如图1-5所示。

图1-5　数码管段码及实物

按照数码管中发光二极管单元的连接方式分为共阳极和共阴极数码管。共阳极数码管是指将所有发光二极管的阳极接到一起形成公共阳极（COM）的数码管。共阳极数码管在应用时应将公共极COM接到电源，当某一字段发光二极管的阴极为低电平时相应字段就点亮，当某一字段的阴极为高电平时，相应字段就不亮。共阴极数码管是指将所有发光二极管的阴极接到一起形成公共阴极（COM）的数码管。共阴极数码管在应用时应将公共极COM接到地线GND上，当某一字段发光二极管的阳极为高电平时，相应字段就点亮。当某一字段的阳极为低电平时，相应字段就不亮。共阳极和共阴极数码管内部结构原理如图1-6所示。

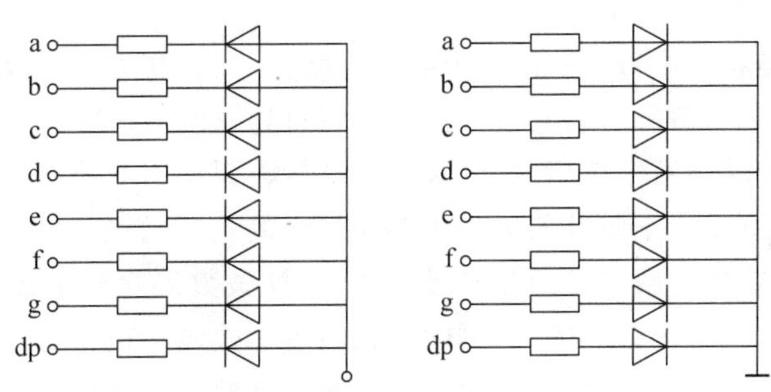

图1-6　共阳极和共阴极数码管内部结构原理

当数码管要显示一个数字时，只要将相应的数字段点亮，其他段不亮，就可以显示数字了。例如要在数码管上显示一个数字“2”，由图1-5可知，只要a、b、d、e、g这5段亮，其他3段灭。如果是共阳极数码管的话，a、b、d、e、g这5段阴极为低电平0，才可以保证对应的段码亮，其他3段则应该为高电平1，则从高到低（dp为高位，a为低位）对应的二进制编码为10100100B，转换为C语言的十六进制就是0xA4。如果是共阴极数码管的话，a、b、d、e、g这5段阴极为高电平1，才可以保证对应的段码亮，其他3段则应该为低电平0，则从高到低（dp为高位，a为低位）对应的二进制编码为01011011B，转换为C语言的十六进制就是0x5B。由此可以得到共阳极和共阴极数码管0～9对应的十六进制编码，共阳极和共阴极数码管编码对照表如表1-1所示。

表 1-1　共阳极和共阴极数码管编码对照表

数字	共阳极十六进制编码	共阴极十六进制编码
0	0xC0	0x3F
1	0xF9	0x06
2	0xA4	0x5B
3	0xB0	0x4F
4	0x99	0x66
5	0x92	0x6D
6	0x82	0x7D
7	0xF8	0x07
8	0x80	0x7F
9	0x90	0x6F

2. 数码管驱动方式

数码管要正常显示，就要用驱动电路来驱动数码管的各个段码，从而显示出我们要的数字，数码管驱动可以分为静态驱动方式和动态驱动方式两类。

(1) 静态驱动方式

静态驱动方式是指每个数码管的每一个段码由驱动器的一个引脚进行驱动。静态驱动的优点是编程简单，显示亮度高，缺点是占用驱动的IO口太多，例如驱动4个数码管，需要占用驱动器的32个引脚，而一般单片机的驱动器引脚有限，因此静态驱动方式用得比较少。

(2) 动态驱动方式

动态驱动方式是将所有数码管的8个段码并联在一起，并为每个数码管的公共极COM增加选通控制电路，每个数码管公共极的选通由各自独立的IO线控制。当和数码管8个段码连接的单片机引脚输出数字编码时，所有数码都接收到相同的数字编码，但究竟是哪个数码管会显示该数字，则取决于单片机对公共极COM的选通控制。我们需要在哪个位置显示该数字，就可以把对应的数码管的公共极选通，这样该数码管显示数字，其他数码管不显示。通过分时轮流控制各个数码管的公共极，就使各个数码管轮流受控显示，这就是数码管的动态驱动显示。在轮流显示过程中，由于人的视觉暂留现象及发光二极管的余辉效应，当每一个数码管轮流显示的频率高于50Hz时，人眼是看不到闪烁的，即尽管各位数码管并不是同时点亮，但只要扫描的速度足够快，给人的感觉就是一组稳定的显示数据。动态驱动方式下，4个数码管只需要占用单片机的12个引脚就可以了，节省了大量的IO端口，而且功耗更低。

1.3　方案设计

根据温度传感器的比较，如果测量的是环境温度，我们选择数字温度传感器DS18B20，可以简化电路设计，提高温度测量精度。数码管驱动采用动态驱动方式，数码管动态驱动的驱动电路有很多种，常见的主要有：一种是单片机控制三极管直接驱动数码管，这种方法电路简单，编程容易，但占用单片机IO端口较多；另一种是通过2片74HC595采用串行数据传输的方法驱动数码管，这种方法电路设计也不复杂，但需要编写74HC595驱动程序，成本也相对较高。在温度测量方案中，单片机端口占用较少，因此可以选用三极管直接驱动数码管的方案，可以降低编程难度。数码显示温度计方案设计框图如图 1-7 所示。

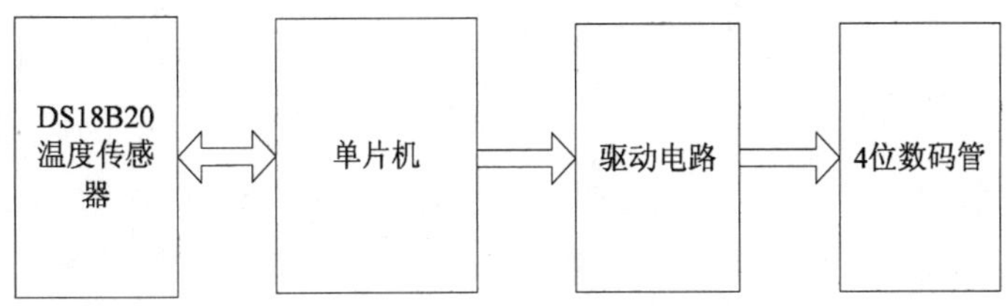

图 1-7　数码显示温度计方案框图

1.4　原理图设计

1.4.1　电源电路设计

温度计电源供电可以设计采用两种方式。一种是用一个独立的电源通过图 1-8 所示的 J4 的 DC 端子连接，为整个板子供电，由于 7805 芯片输入电压范围是 7～36V，因此选择的独立电源的直流输出也要在这个范围之内。另外一种供电方法是用 USB 给板子供电，现在很多电源或者计算机等设备都有直接输出 5V 的 USB 接口，因此这个接口使用也比较方便，如图 1-8 所示的 J6。设计的电源电路原理图如图 1-8 所示。C9、C10 是 7805 输入前的滤波电容，C11、C12 是输出 5V 供电的滤波电容。这里为什么要加一个电解电容和瓷片电容呢？答案是为了滤波，电解电容容量大，对频率低(50Hz)的交流频率滤除效果好，直流更平滑；瓷片电容容量小，滤除交流频率越高，滤除交流成分中的高频干扰杂波有一定的效果，使干扰杂波在进入电源或者稳压中被滤除掉。对于电解电容，可根据输入或输出的纹波大小，选择合适的电容值就可以，没有具体的要求，大的电容值可以选择到 1000μF，小的可以选择到 4.7μF。对于瓷片电容，一般建议选择 104(0.1μF)的瓷片电容。

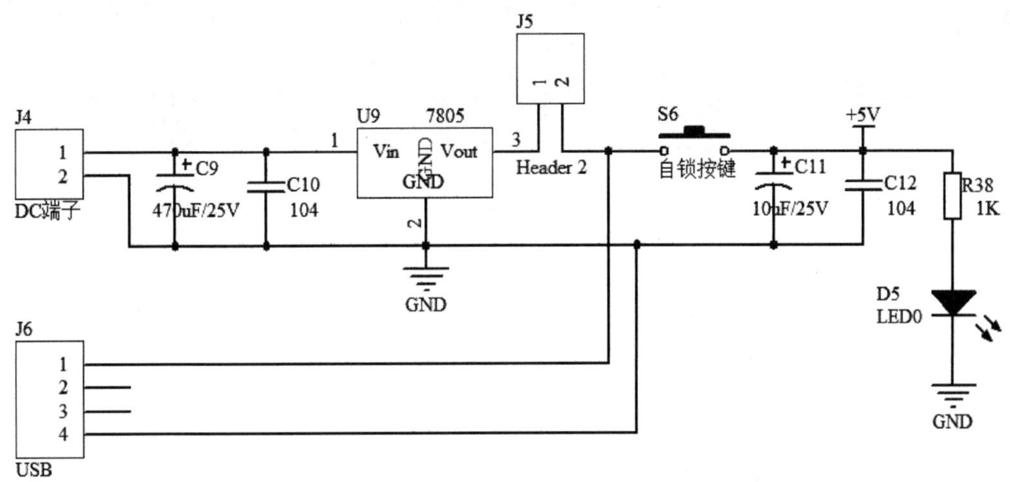

图 1-8　电源电路原理图

图中 J5 是两脚的排针，可以通过跳冒进行连接，以方便选择是使用 7805 的输出，还是使用 USB 的输出作为供电电源。S6 按键是一个自锁按键，是电路板的总开关。为方便确定电源是否供电，在 5V 输出端加了一个 LED 灯，作为电源指示灯。

1.4.2 主控电路设计

主控电路就是 AVR 的最小系统电路，主控电路原理图如图 1-9 所示。U11 为我们使用的主控芯片 ATmega16 单片机。J7 为单片机的 ISP 下载端口，程序烧写器可以通过这个端口将程序下载到芯片中。如果单片机用到 AD 转换部分，AVR 单片机的数据手册上则建议 AVCC 可以由 VCC 接一个 LC 低通滤波器得到。AVR 单片机的复位是低电平复位，S8 为弹起式按键，系统上电时，会有一个短时间的对电容 C13 充电的过程，最终电容充满端电压变成 5V，当按键按下后，单片机的 RESET 引脚接地，单片机复位。Y1 为单片机的外部晶振，C14、C15 是晶振的匹配电容，晶振启振是必须要接这个电容的，不同频率的晶振对应不同容值的电容，一般电容在 15～30pF 之间。

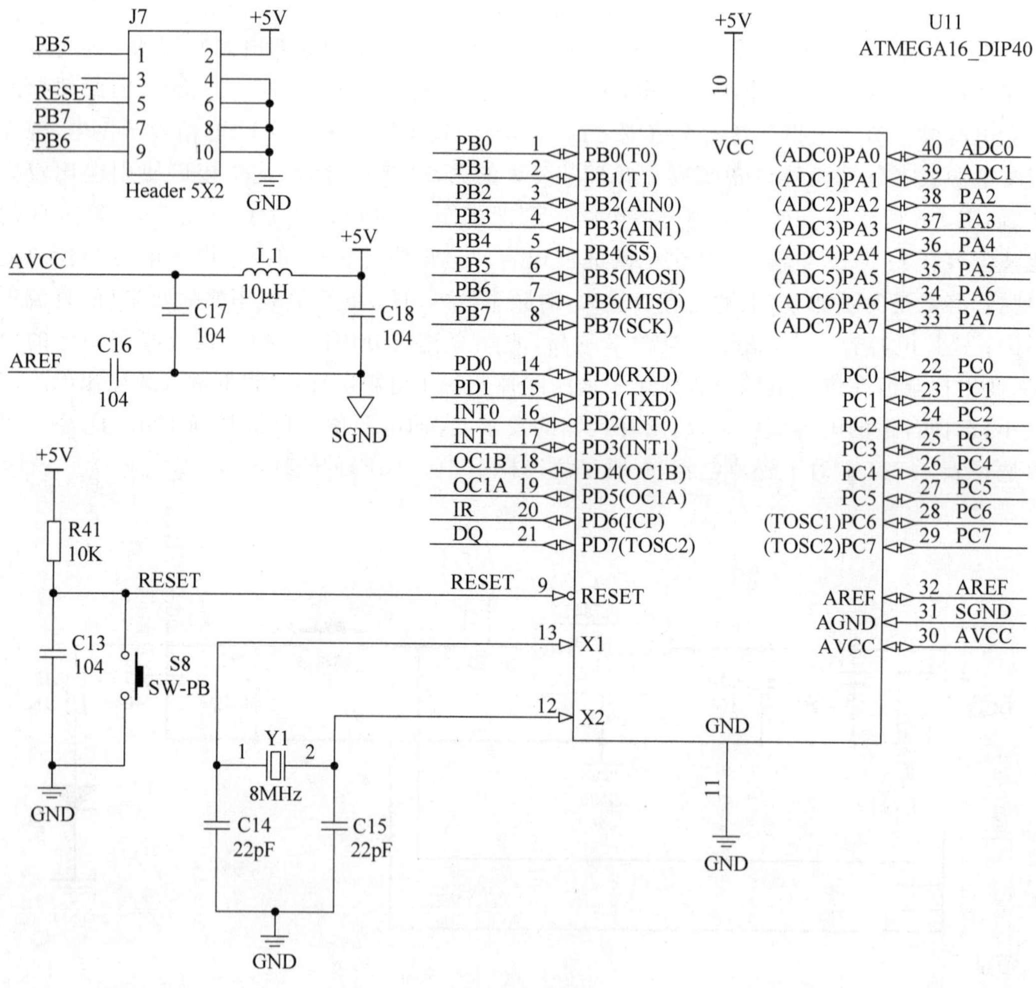

图 1-9 主控电路原理图

1.4.3　温度传感器电路设计

温度传感器DS18B20外围电路比较简单，按照数据手册只需在数据端口DQ加一个10K的上拉电阻，电源和地之间接一个C6电容即可，其中数据端口DQ接到了单片机的PD7端口，温度传感器电路原理图如图1-10所示。

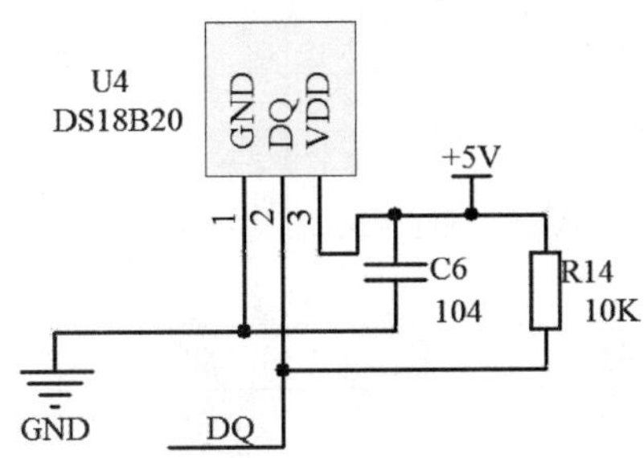

图1-10　温度传感器电路原理图

1.4.4　数码管驱动显示电路

数码管的驱动电路有很多种，有的需要外加驱动芯片，这样占用单片机的IO端口少，但成本稍高；有的直接加三极管驱动，这样占用单片机IO端口多，但成本低。可以根据具体电路确定采用哪种驱动方式，本项目中，外围设备较少，单片机端口足够用，所以直接采用三极管驱动的方式来实现，数码管驱动及显示电路如图1-11所示。由于选用的数码管为共阳极数码管，单片机的端口PC0～PC3通过电阻接到三极管S8550的基极，控制数码管的位选，PB0～PB7通过电阻和数码管的段码串联到三极管的集电极，通过PB0～PB7各位输出电平不同控制数码管显示的数值。

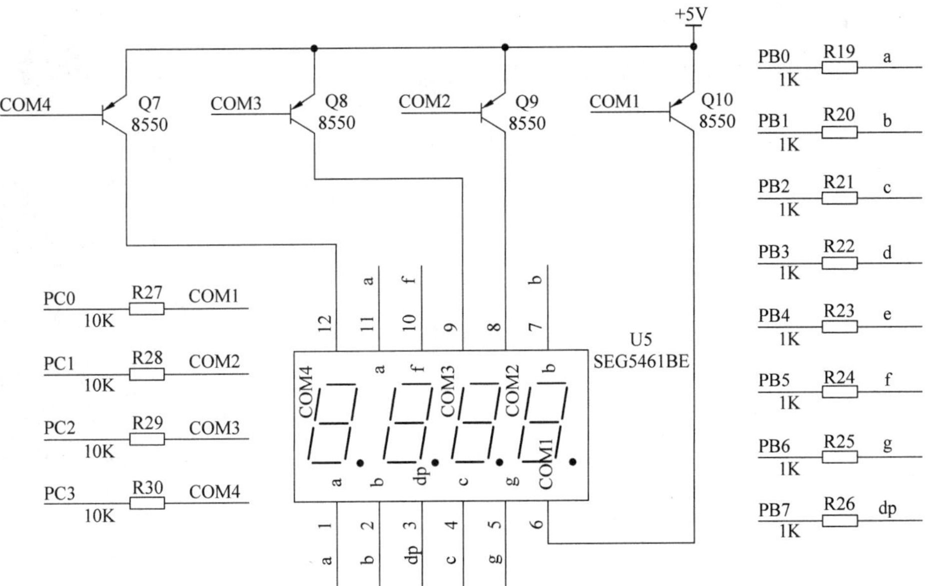

图1-11　数码管驱动及显示电路

1.4.5 元件清单

整个电路所需元器件清单如表 1-2 所示。

表 1-2 元器件清单

序号	元件名称	元件型号	元件编号	封装	数量	备注
1	电阻	1K	R1,R4～R15	0805	13	
2	电阻	10K	R2,R3	0805	2	
3	点解电容	10μF/25V	C1,C3	4 * 7	2	
4	电容	104	C2,C4～C9	0805	7	
5	电容	15pF	C10,C11	0805	2	
6	LED 灯		D1	0805	1	
7	电感	10μH	L1	0805	1	
8	自锁按键		S1	8 * 8	1	
9	弹起按键		S2	6 * 6	1	
10	稳压芯片	78L05	U1	TO-220	1	
11	温度传感器	DS18B20	U2	TO-92	1	
12	单片机	AT-Mega16	U3	DIP-40	1	
13	数码管	3461BS	U4		1	
14	晶振	8MHz	Y1	直插	1	

续表

序号	元件名称	元件型号	元件编号	封装	数量	备注
15	DC 输入端子	2.5/5.5	P1		1	
16	三极管	S8550	Q1～Q4	TO-92	4	
17	USB	方口			1	
18	排针	2.54			若干	

1.5　焊接

该电路设计比较简单，可以不用制作 PCB 电路板，直接在万能板上焊接即可完成。但是为了能够使焊接后电路板元件排列整齐，焊接走线美观，建议先用 PCB 绘图软件把原理图绘制成 PCB，然后按照 PCB 的走线方式去焊接。这样操作可以避免布局不合理造成焊接到一半无法完成后面的走线。下面对焊接的基本技能进行简要介绍。

1.5.1　手工焊接使用的工具及要求

1. 焊锡丝的选择

直径为 0.8mm 或 1.0mm 的焊锡丝，用于电子或电类焊接。

直径为 0.6mm 或 0.7mm 的焊锡丝，用于超小型电子元器件焊接。

2. 烙铁的选用及要求

(1) 电烙铁的功率选用原则

焊接集成电路、晶体管及其他受热易损件的元器件时，考虑选用 20W 内热式电烙铁。

焊接较粗导线及同轴电缆时，考虑选用 50W 内热式电烙铁。

焊接较大元器件时，如金属底盘接地焊片，应选 100W 以上的电烙铁。

(2) 电烙铁铁温度及焊接时间控制要求

有铅恒温烙铁温度一般控制在 280～360℃，默认设置为 330℃±10℃，焊接时间小于 3 秒。焊接时烙铁头同时接触在焊盘和元器件引脚上，加热后送锡丝焊接。部分元器件的特殊焊接要求如下所示。

- SMD 器件：焊接时烙铁头温度为 320℃±10℃；焊接时间为每个焊点 1～3 秒。

拆除元器件时烙铁头温度为310～350℃(注：根据CHIP件尺寸不同请使用不同的烙铁嘴)。

- DIP器件：焊接时烙铁头温度为330℃±5℃；焊接时间为2～3秒。

注：当焊接大功率(TO-220、TO-247、TO-264等封装)或焊点与大铜箔相连，上述温度无法焊接时，烙铁温度可升高至360℃，当焊接敏感怕热零件(LED、CCD、传感器等)时温度控制在260～300℃。

- 无铅制程：无铅恒温烙铁温度一般控制在340～380℃，默认设置为360℃±10℃，焊接时间小于3秒，要求烙铁的回温每秒钟就可将所失的温度拉回至设定温度。

(3) 电烙铁使用注意事项

电烙铁不宜长时间通电而不使用，这样容易使烙铁芯加速氧化而烧断，缩短其寿命，同时也会使烙铁头因长时间加热而被氧化，甚至被"烧死"不再"吃锡"。

手工焊接使用的电烙铁需带防静电接地线，焊接时接地线必须可靠接地，防静电恒温电烙铁插头的接地端必须可靠接交流电源保护地。电烙铁绝缘电阻应大于10MΩ，电源线绝缘层不得有破损。

将万用表打在电阻挡，表笔分别接触烙铁头部和电源插头接地端，接地电阻值稳定显示值应小于3Ω，否则接地不良。

烙铁头不得有氧化、烧蚀、变形等缺陷。烙铁不使用时应上锡保护，长时间不用必须关闭电源防止空烧，下班后必须拔掉电源。

烙铁放入烙铁支架后应能保持稳定、无下垂趋势，护圈能罩住烙铁的全部发热部位。支架上的清洁海绵加适量清水，使海绵湿润不滴水为宜。

3. 手工焊接所需的其他工具

① 镊子：要求端口闭合良好，镊子尖无扭曲、折断。

② 防静电手腕：要求检测合格，手腕带松紧适中，金属片与手腕部皮肤贴合良好，接地线连接可靠。

③ 防静电指套，防静电周转盒、箱，吸锡枪、斜头钳等。

1.5.2 电子元器件的插装

1. 元器件引脚折弯及整形的基本要求

手工弯引脚可以借助镊子或小螺丝刀对引脚整形。所有元器件引脚均不得从根部弯曲，一般应留1.5mm以上，因为制造工艺上的原因，其根部容易折断。折弯半径应大于引脚直径的1～2倍，避免弯成死角。二极管、电阻等的引出脚应平直，要尽量将有字符的元器件面置于容易观察的位置，如图1-12所示。

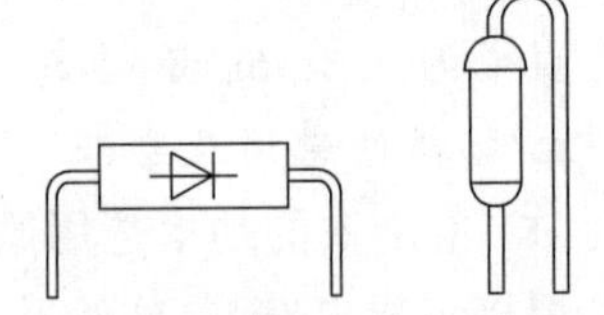

图1-12 元器件引脚折弯要求

2. 元器件插装的原则

① 电子元器件插装要求做到整齐、美观、稳固，元器件应插装到位，无明显倾斜、变形现象，同时应方便焊接和有利于元器件焊接时的散热。

② 手工插装、焊接，应该先插装那些需要机械固定的元器件，如功率器件的散热器、支

架、卡子等，然后再插装需焊接固定的元器件。插装时不要用手直接碰元器件引脚和印制板上铜箔。手工插装、焊接遵循先低后高，先小后大的原则。

③ 插装时应检查元器件应正确、无损伤。插装有极性的元器件，按线路板上的丝印进行插装，不得插反和插错。对于有空间位置限制的元器件，应尽量将元器件放在丝印范围内。

3. 元器件插装的方式

① 直立式：电阻器、电容器、二极管等都应竖直安装在印制电路板上。

② 俯卧式：二极管、电容器、电阻器等元器件均是俯卧式安装在印制电路板上的。

③ 混合式：为了适应各种不同条件的要求或某些位置受面积所限，在一块印制电路板上，有的元器件采用直立式安装，也有的元器件则采用俯卧式安装。

4. 长短脚的插焊方式

(1) 长脚插装

手工插装时可以用食指和中指夹住元器件，再准确地插入印制电路板，如图1-13所示。

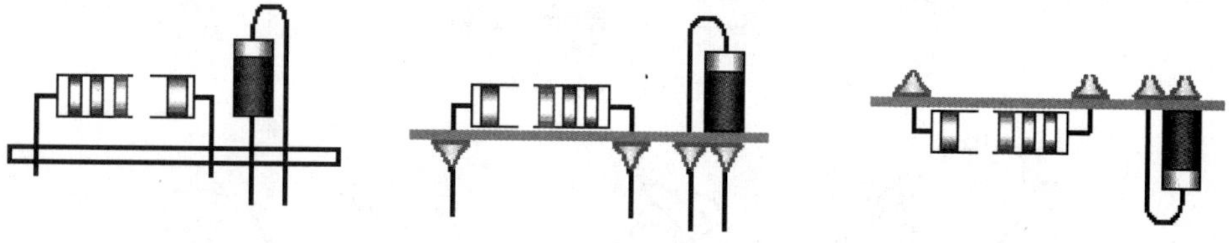

图1-13　长脚插焊方式

(2) 短脚插装

短脚插装的元器件整形后，引脚很短，靠板插装，当元器件插装到位后，用镊子将穿过孔的引脚向内折弯，以免元器件掉出，如图1-14所示。

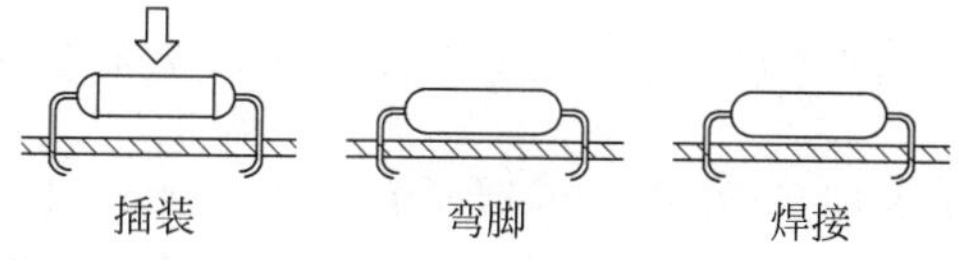

图1-14　短脚插焊方式

1.5.3　手工焊接方法

对于手工焊接，初学者一开始要学习五步法，熟练后可使用三步法完成焊接，如图1-15所示。

1. 电烙铁与焊锡丝的握法

手工焊接握电烙铁的方法有反握、正握及握笔式三种。焊锡丝的两种拿法，如图1-16所示。

2. 手工焊接的步骤

① 准备焊接。清洁焊接部位的积尘及油污，元器件的插装、导线与接线端勾连，为焊接做好前期的预备工作。

② 加热焊接。将沾有少许焊锡的电烙铁头接触被焊元器件约几秒钟。若是要拆下印

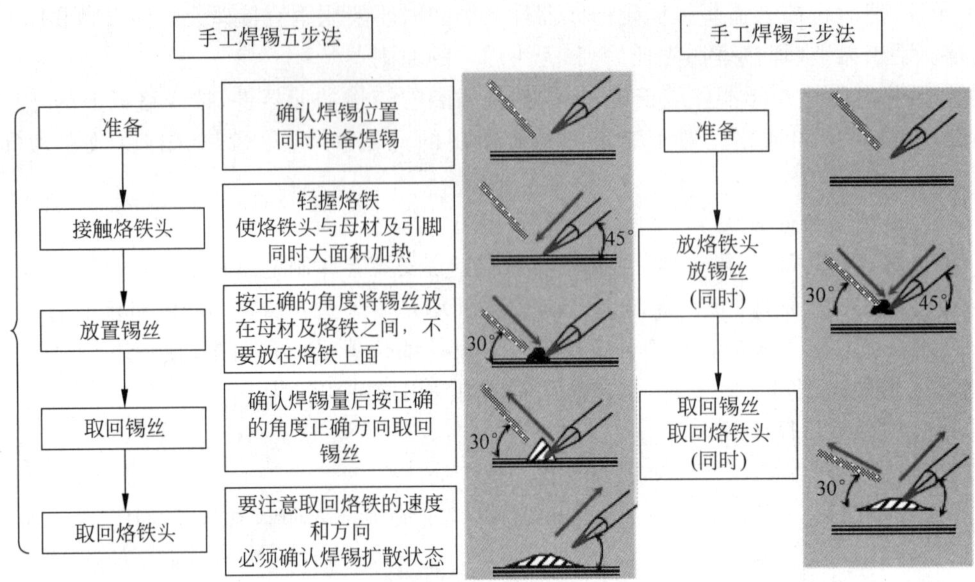

图 1-15　手工焊接的五步法和三步法

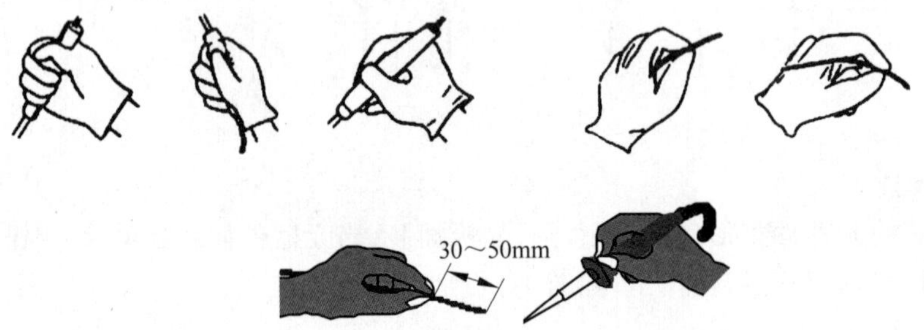

图 1-16　电烙铁的三种握法和焊锡丝的两种拿法

制板上的元器件，则待烙铁头加热后，用手或镊子轻轻拉动元器件，看是否可以取下。

③ 清理焊接面。若所焊部位焊锡过多，可将烙铁头上的焊锡甩掉（注意不要烫伤皮肤，也不要甩到印制电路板上！），然后用烙铁头"沾"些焊锡出来。若焊点焊锡过少、不圆滑时，可以用电烙铁头"蘸"些焊锡对焊点进行补焊。

④ 检查焊点。看焊点是否圆润、光亮、牢固，是否有与周围元器件连焊的现象。

3. 手工焊接的方法

① 加热焊件。电烙铁的焊接温度由实际使用情况决定。一般来说以焊接一个锡点的时间限制在 4 秒最为合适。焊接时烙铁头与印制电路板成 45°角，电烙铁头顶住焊盘和元器件引脚，然后给元器件引脚和焊盘均匀预热，如图 1-17 所示。

② 移入焊锡丝。焊锡丝从元器件脚和烙铁接触面处引入，焊锡丝应靠在元器件脚与烙铁头之间，如图 1-17 所示。

③ 移开焊锡。当焊锡丝熔化（要掌握进锡速度）焊锡散满整个焊盘时，即可以 45°角方向拿开焊锡丝，如图 1-18 所示。

④ 移开电烙铁。焊锡丝拿开后，烙铁继续放在焊盘上持续 1～2 秒，当焊锡只有轻微烟

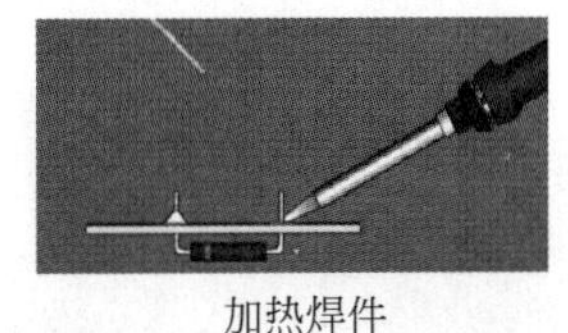
加热焊件

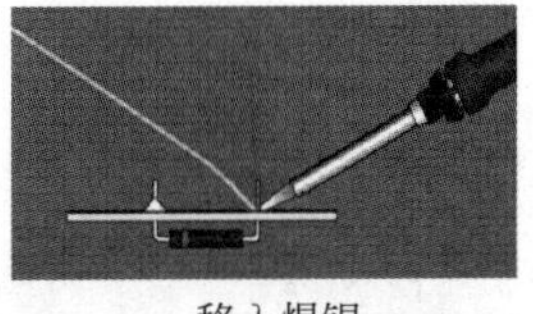
移入焊锡

图 1-17　手工焊接移入

雾冒出时，即可拿开烙铁。拿开烙铁时，不要过于迅速或用力往上挑，以免溅落锡珠、锡点或使焊锡点拉尖等，同时要保证被焊元器件在焊锡凝固之前不要移动或受到震动，否则极易造成焊点结构疏松、虚焊等现象，如图 1-18 所示。

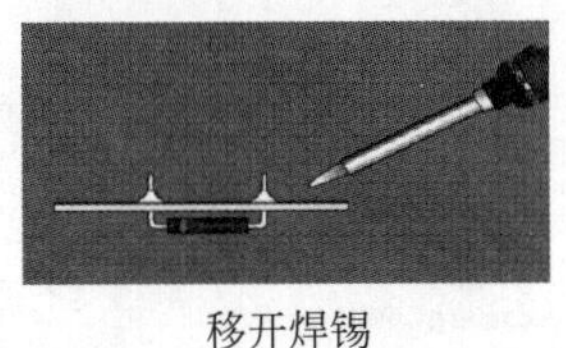
移开焊锡

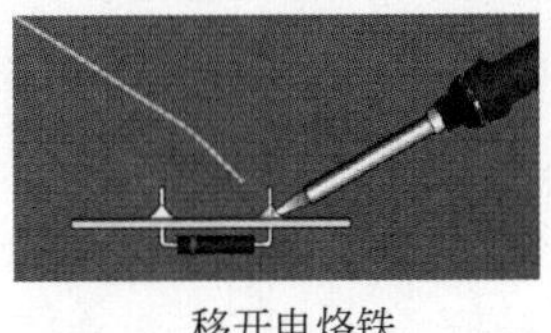
移开电烙铁

图 1-18　手工焊接移开

1.6　程序调试

1.6.1　软件开发平台安装

AVR 单片机软件开发主要平台软件有 AVR Studio、ICC AVR、BASCOM-AVR、MikroC for AVR 等几种主流开发软件。

- AVR Studio 是 ATMEL 的 AVR 单片机的汇编集成环境开发调试软件，完全免费。
- ICC AVR 是 AVR 的 C 语言编译器，是目前应用最广的 AVR 开发软件，需要注册码。
- BASCOM-AVR 是以 BASIC 语言为基础的 AVR 开发平台。
- MikroC for AVR 是近几年才逐渐被使用的编译软件，软件中包含大量的软件和硬件库，包含全面的帮助文件和即用的教程，为项目开发提供了便利。

我们选用的是 MikroC for AVR 软件，下面介绍该软件的安装。

如果没有 MikroC for AVR 这个软件，可以到其官网上进行下载，下载地址是：http://www.mikroe.com/mikroc/avr/，这里下载的软件是含有 4KB 的程序代码限制的，如果编写的程序编译后超过了 4KB，则要购买软件激活码才可以使用，当然一般小项目的程序大小没有达到 4KB，不激活也足够用。

软件下载后，双击安装程序 MikroC_PRO_AVR_2013_Build.6.0.0 进行安装，除了在第二步需要选择“I accept the terms of the License Agreement”外，其他步骤都直接单击“next”即可安装完成，后面的 Flash 等可以不安装。安装完成后，双击桌面上快捷方式即可打开软件。

1.6.2 开发软件基本操作

打开软件后，软件开始界面，如图 1-19 所示。

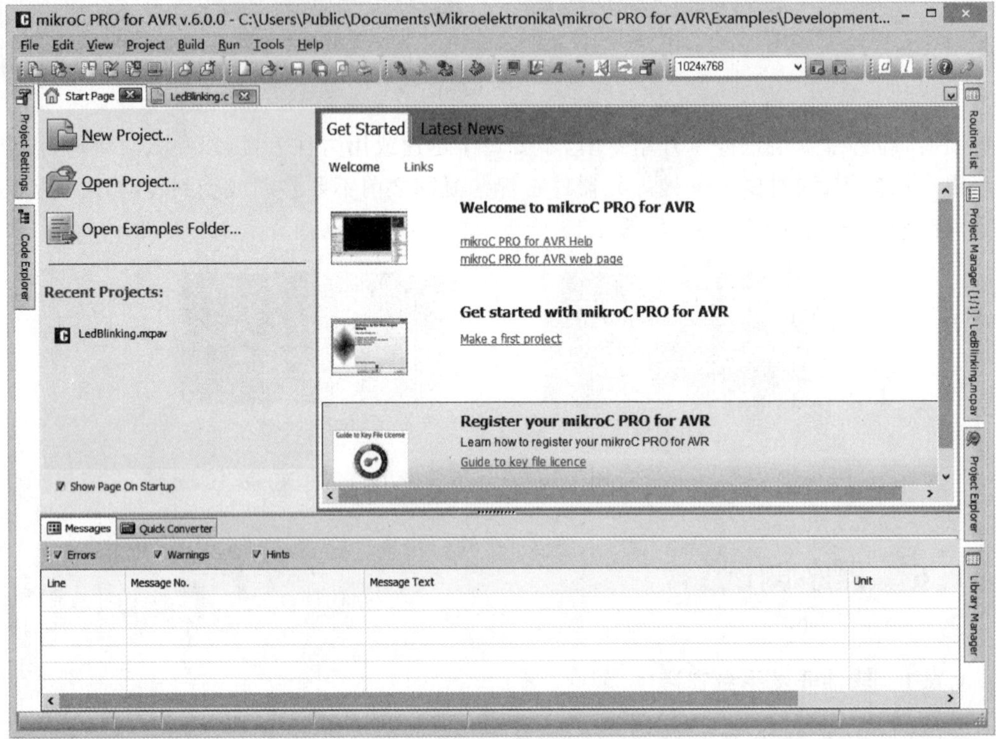

图 1-19　软件开始界面

单击图 1-19 中的“New Project...”新建一个工程，出现新建工程界面如图 1-20 所示。

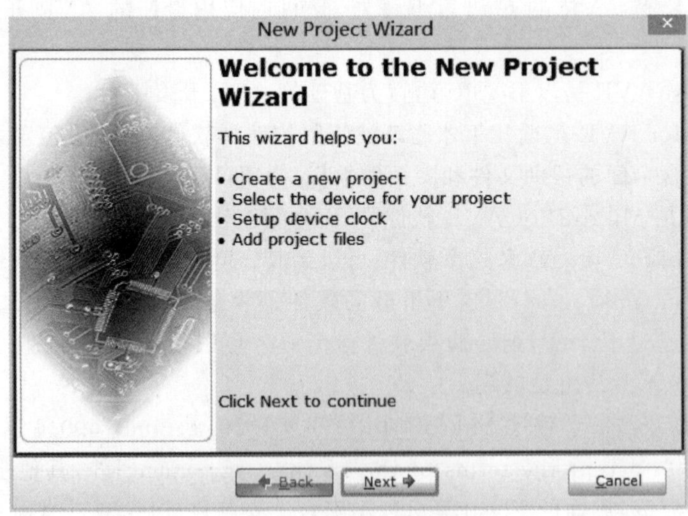

图 1-20　新建工程界面

单击“Next”按钮，进入下一界面，设置项目名称、存储路径、设备型号、芯片时钟等，工程设置界面如图1-21所示。

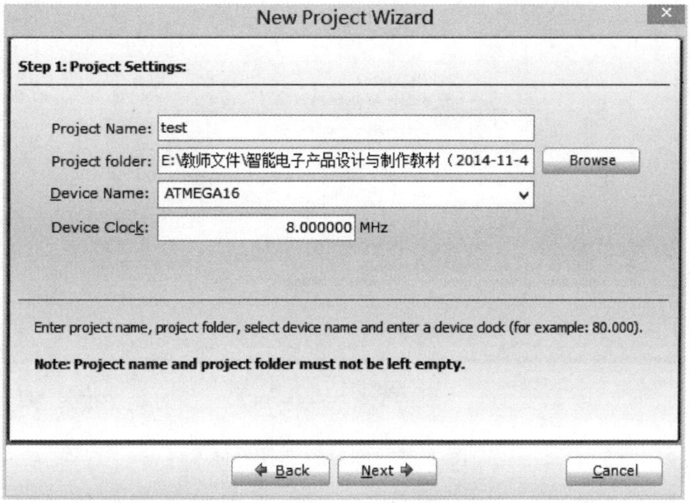

图1-21　工程设置界面

在工程设置界面，“Project Name”项用于设置工程的名称，命名只要符合文件命名规则即可。“Project folder”项用于选择工程存放路径，选择要存储的路径即可，建议每一个项目存储在单独的一个文件夹，以方便管理。“Device Name项”用于选择芯片型号，我们用的是ATmega16单片机，所以这里在下拉菜单中选择“ATMEGA16”。“Device Clock”项用于选择芯片工作时钟，这里使用8MHz，修改成8.000000即可。单击“Next”按钮，进入下一界面，添加程序源文件，如图1-22所示。

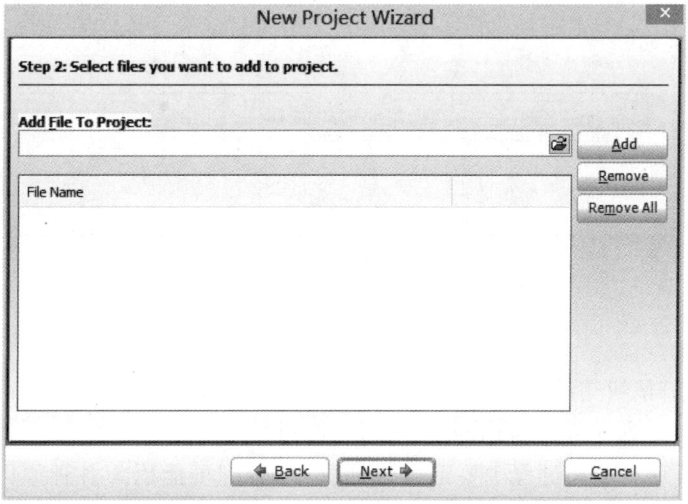

图1-22　添加程序源文件

如果在建立项目之前已经有了C语言文件，就在这一步中添加进去，如果没有则直接单击“Next”按钮跳过这一步，进入库包含选择界面，如图1-23所示。

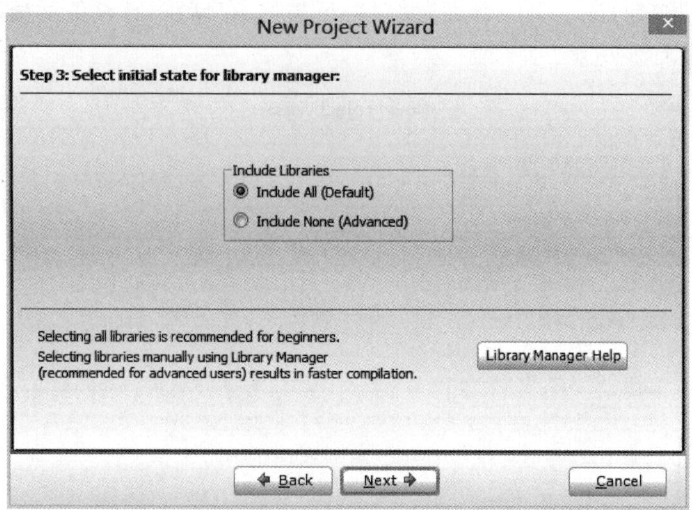

图 1-23　库包含选择界面

这里要求选择包含的库文件，我们在不清楚编程中使用了哪些库的情况下，可以直接选择"Include All"选项，把所有库都包含进去。然后单击"Next"按钮，进入最后一个结束界面，直接单击"Finish"按钮完成工程的建立，如图 1-24 所示。

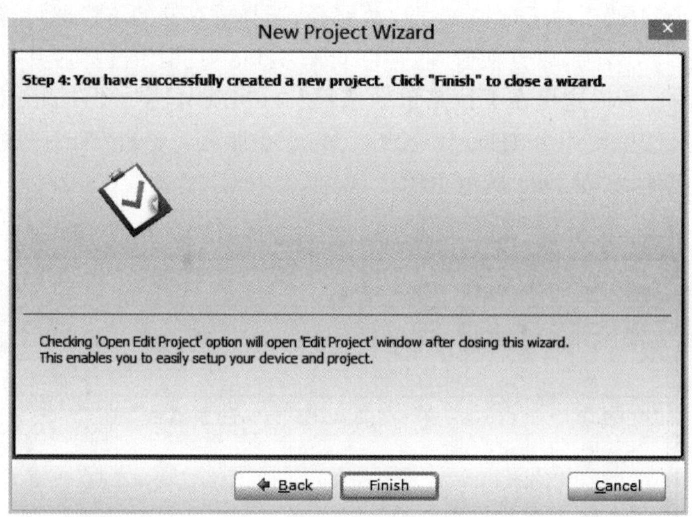

图 1-24　工程结束界面

单击"Finish"按钮完成工程建立操作后，出现编程界面，如图 1-25 所示。

下面对图 1-25 所示界面常用的几个操作进行说明。

- 保存：程序在编写过程中要记得定期保存，否则可能因为各种原因不小心死机，编写的程序会丢失。单击工具栏中的 按钮，即可保存编写的代码。
- 编译：程序编写好后，要进行编译生成单片机可执行的. hex 文件。程序编写完成后，单击工具栏中的 编译按钮，对程序进行编译，编译结果会在下面的 Messages 信息栏进行显示，如果有错误，信息栏会用红色字体提示。

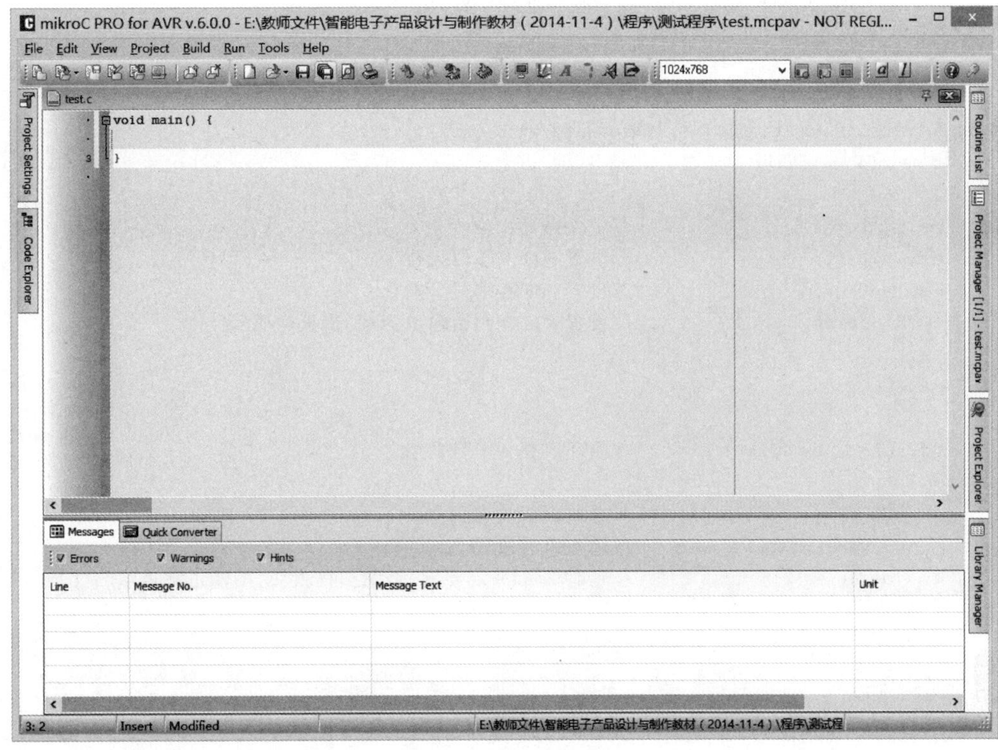

图 1-25　编程界面

1.6.3　数码管显示调试

由图 1-11 可以看出，PC0～PC3 引脚控制 4 个数码管的公共阳极的通断，当单片机的 PC0～PC3 的引脚输出低电平时，PNP 三极管导通，数码管阳极连接到 5V 电源上，这时只要在 PB0～PB7 引脚送入要显示的数字编码就可以显示数字了。为保证每个数码管显示不同的数字，就要采用动态驱动方式驱动数码管。例如，要在这 4 位数码管上显示数字 1，2，3，4，应该按这样的顺序进行控制：PC0 输出 0，其他 3 个端口为 1，第 1 个数码管阳极接电源，送入数字 1 的编码 0xF9，延时一下，PC1 输出 0，其他 3 个端口为 1，第 2 个数码管阳极接电源，送入数字 2 的编码 0xA4，延时一下，PC2 输出 0，其他 3 个端口为 1，第 3 个数码管阳极接电源，送入数字 3 的编码 0xB0，延时一下，PC3 输出 0，其他 3 个端口为 1，第 4 个数码管阳极接电源，送入数字 4 的编码 0x99，延时一下，如此循环下去，就可以看到数码管可以显示出 4 个数码。

将下面的测试代码复制到上面建立的 test 工程的 test.c 文件中，覆盖原来的代码：

```
/*****************************************************
 * 程序名称：test.c
 * 创建时间：2014 - 11 - 11
 * 修改时间：
 * 版本号：V1
 * 作者：YLH
 * 程序功能：在 4 个数码管上显示数字 1,2,3,4
```

```
******************************************************/
//共阳极数码管,数字 0~9 的数字编码
unsigned char seg[10] = {0xc0,0xf9,0xa4,0xb0,0x99,0x92,0x82,0xf8,0x80,0x90};
//数码管位选信号控制
unsigned char position[4] = {0xfe,0xfd,0xfb,0xf7};
void main()
{
  unsigned char i;              //定义循环次数变量
  DDRB = 0xff;                  //设置 PORTB 端口为输出
  DDRC = 0x0f;                  //设置 PORTC 端口为输出
  PORTB = 0xff;                 //设置 PORTB 初始输出为高,熄灭数码管

  while(1)
  {
    for(i=0;i<4;i++)            //循环点亮 4 个数码管
     {
       PORTC = position[i];     //送数码管位选信号
       PORTB = seg[i];          //送数码管段码
       delay_ms(2);             //延时 2ms,一定要有,否则扫描太快,不能正常显示
     }
  }
}
```

代码复制后,保存并进行编译,编译完成后,信息栏没有错误提示,下面就进行程序的下载。程序的下载可以使用 ISP 方式下载,也可以使用 JTAG 仿真器进行在线仿真和下载。ISP 下载器价格低廉,而且 AVR 的 Flash 可以擦除 10 万次,所以采用 ISP 是现在的主流。ISP 下载线实物图如图 1-26 所示。

图 1-26 ISP 下载线实物图

不同商家生产的下载线驱动程序也可能不同,在购买 ISP 下载器时要向商家索取驱动,否则其他的驱动可能不适合这个下载器,而无法安装驱动。AVR 比较常用的驱动和下载软件是 AVR_fighter,目前有针对于 Windows XP 和 Windows 7 64 位的驱动程序,可上网查找安装方法进行安装。

1.6.4 DS18B20 温度显示调试

在编程之前首先要了解 DS18B20 的一些知识,才能够正确编程。下面对 DS18B20 进

行简要说明。

1. DS18B20 特性及内部结构

DS18B20 引脚图如图 1-27 所示，其中 2 脚为数据线 DQ，连接到单片机的 IO 端口。

(1) DS18B20 的特点

- 独特的单线接口，仅需一个端口引脚进行通信。
- 每个器件有唯一的 64 位序列号存储在内部存储器中。
- 简单的多点分布式测温应用。
- 可以通过数据线供电。供电范围为 3.0～5.5V。
- 测温范围为－55～＋125℃。
- 在－10～＋85℃范围内精度为±5℃。
- 温度计分辨率可以被使用者选择为 9～12 位。
- 最多在 750ms 内将温度转换为 12 位数字。
- 用户可定义的非易失性温度报警设置。

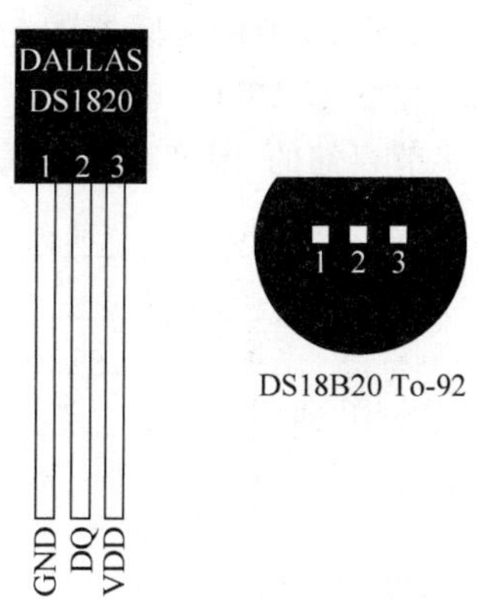

图 1-27　DS18B20 引脚图

(2) DS18B20 概述

图 1-28 所示的是 DS18B20 内容结构图，其内部有一个 64 位只读存储器存储器件的唯一片序列号，就像每个人有唯一的不同于其他人的身份证一样，每个芯片的序列号是唯一的。片内暂存器提供了含有 2 个字节的温度寄存器，这两个寄存器用来存储温度传感器输出的数据。除此之外，暂存器还提供一个直接的温度报警值寄存器 TH 和 TL，和一个字节的配置寄存器，配置寄存器允许用户将温度精度设定为 9、10、11 或 12 位。

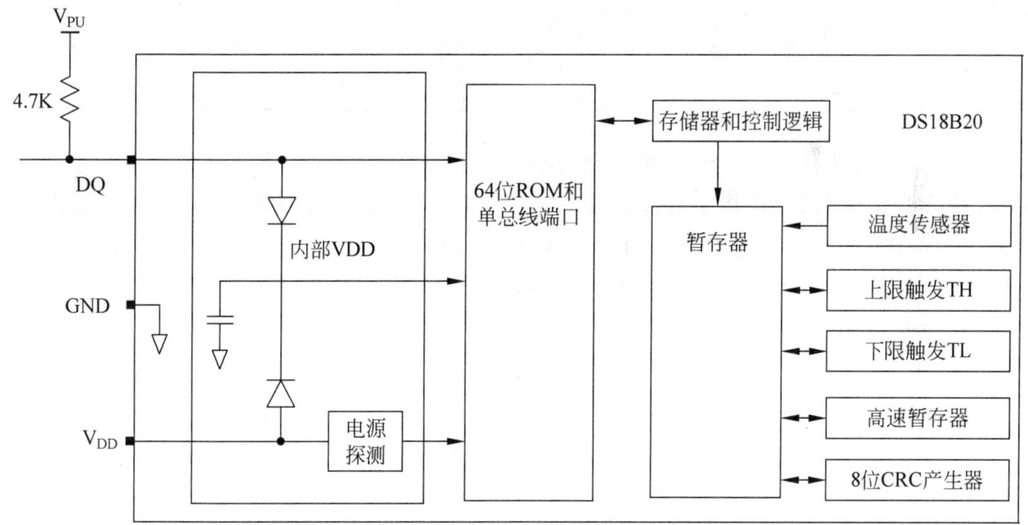

图 1-28　DS18B20 内部结构图

DS18B20 通过达拉斯公司独有的单总线协议依靠一个单线端口通信。微控制器依靠每个器件独有的 64 位片序列号辨识总线上的器件，因此一根总线理论上是可以挂很多个 DS18B20。DS18B20 的另外一个功能是可以在没有外部电源供电的情况下工作。当总线处于高电平状态，数据线与上拉电阻连接通过单总线对器件供电，同时处于高电平状态的总线信号对内部电容(C_{pp})充电,在总线处于低电平状态时,该电容提供能量给器件,这种提供能量的形式被称为"寄生电源"。

(3) 温度存储

DS18B20 温度传感器的精度为用户可编程的 9、10、11 或 12 位,精度分别为 0.5℃、0.25℃、0.125℃和 0.0625℃。在上电状态下默认的精度为 12 位。温度在 DS18B20 中是以 2 个字节存储的,温度存储格式如图 1-29 所示。

	bit 7	bit 6	bit 5	bit 4	bit 3	bit 2	bit 1	bit 0
LS Byte	2^3	2^2	2^1	2^0	2^{-1}	2^{-2}	2^{-3}	2^{-4}
	bit 15	bit 14	bit 13	bit 12	bit 11	bit 10	bit 9	bit 8
MS Byte	S	S	S	S	S	2^6	2^5	2^4

图 1-29 温度存储格式

温度和数据的关系如表 1-3 所示。

表 1-3 温度和数据的关系

温度/℃	数据输出(二进制数)	数据输出(十六进制数)
+125	0000 0111 1101 0000	07D0h
+85	0000 0101 0101 0000	0550h
+25.0625	0000 0001 1001 0001	0191h
+10.125	0000 0000 1010 0010	00A2h
+0.5	0000 0000 0000 1000	0008h
0	0000 0000 0000 0000	0000h
−0.5	1111 1111 1111 1000	FFF8h
−10.125	1111 1111 0101 1110	FF5Eh
−25.0625	1111 1110 0110 1111	FE6Eh
−55	1111 1100 1001 0000	FC90h

对于温度的计算,以 12 位转换位数为例,对于正的温度,只要将测到的数值的整数部分取出,转换为十进制数,再将小数部分乘以 0.0625 就可以得到十进制的小数位的温度值了。而对于负的温度,则需要将采集到的数值取反加 1,即可得到实际温度的十六进制表示。再按照正温度的计算方法就可以得出十进制的负的温度了。

(4) 报警操作

DS18B20 完成一次温度转换后,就拿温度值与存储在 TH 和 TL 中一个字节的用户自定义的报警预置值进行比较。标志位(S)指出温度值的正负:正数 S=0,负数 S=1。TH 和 TL 寄存器是非易失性的,所以它们在掉电时仍然保存数据。TH 和 TL 存储格式如图 1-30 所示。

bit 7	bit 6	bit 5	bit 4	bit 3	bit 2	bit 1	bit 0
S	2^6	2^5	2^5	2^5	2^2	2^1	2^0

图 1-30 报警预置值存储格式

当 TH 和 TL 为 8 位寄存器时,4 位温度寄存器中的 11 个位用来和 TH、TL 进行比较。如果测得的温度高于 TH 或低于 TL,报警条件成立,DS18B20 内部就会置位一个报警标志。每进行一次测温就对这个标志进行一次更新。因此，如果报警条件不成立了，在下一次温度转换后报警标志将被移去。

（5）DS18B20 内部存储器

DS18B20 的内部存储器包括一个高速暂存 RAM 和一个非易失性的可电擦除的 EEPROM，后者存放温度的上、下限报警值和配置寄存器。

高速暂存 RAM 和 EEPROM 的构成如图 1-31 所示。高速暂存 RAM 由 9 个字节组成，当温度转换命令发出后，经转换获得的温度值以二进制补码形式存放在第 0（LSB）和第 1（MSB）个字节内。单片机通过单线接口 DQ 读出该数据，读取时低位在前，高位在后。第 2 和第 3 个字节是温度的上（TH）、下限（TL）报警值，它们没有小数位，第 4 个字节是配置寄存器，主要用以设置工作模式和转换位数。第 5、第 6 和第 7 字节是保留位，没有实际意义，第 8 个字节是前面所有 8 个字节的 CRC 校验码。EEPROM 由 3 个字节构成，用来存放温度的上、下限报警值以及配置寄存器的内容。

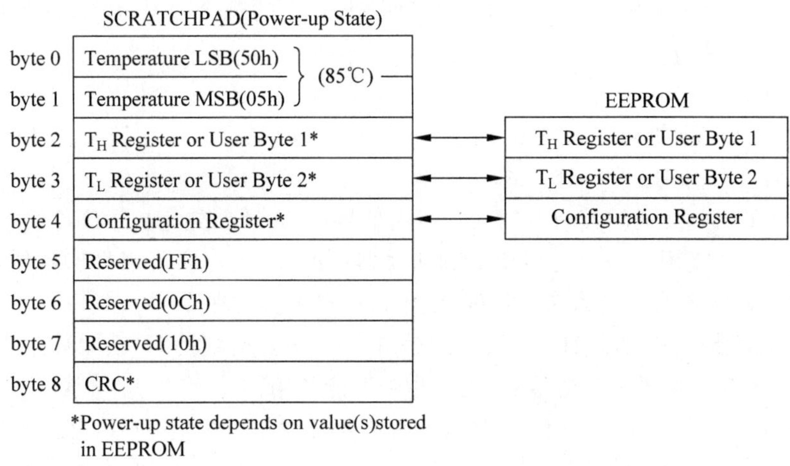

图 1-31　高速暂存 RAM 和 EEPROM 的构成

配置寄存器结构如图 1-32 所示。低 5 位的读出值总是为 1，第 7 位是测试模式位，用于设置 DS18B20 是工作在测试模式还是在工作模式，出厂时默认设置为 0，用户不用改动。R1 和 R0 用来设置温度转换位数。温度值转换位数设置表如表 1-4 所示。

bit 7	bit 6	bit 5	bit 4	bit 3	bit 2	bit 1	bit 0
0	R1	R0	1	1	1	1	1

图 1-32　配置寄存器结构

表 1-4　温度值转换位数设置表

R1	R0	Resolution	Max Conversion Time	
0	0	9－bit	93.75ms	(t_{CONV}/8)
0	1	10－bit	187.5ms	(t_{CONV}/4)
1	0	11－bit	375ms	(t_{CONV}/2)
1	1	12－bit	750ms	(t_{CONV})

2. DS18B20控制及命令

根据DS18B20的通信协议，单片机控制DS18B20完成一次温度转换必须按照以下顺序进行：

① 对DS18B20进行复位操作。

② 写入配置命令，启动温度转换。

③ 对DS18B20进行复位操作。

④ 写入配置命令，读取温度值。

⑤ 读取温度低字节，再读取温度高字节。

(1) 复位

复位要求主机将数据线拉低最少480μs，然后释放，当DS18B20收到信号后，等待15～60μs，然后把总线拉低60～240μs，主机接收到此信号表示复位成功。

(2) ROM指令

ROM指令表明了主机寻址一个或多个DS18B20中的某个或某几个，或者是读取某个DS18B20的64位序列号。

(3) RAM指令

RAM指令用于主机对DS18B20内部RAM的操作(如启动温度转换、读取温度等)。

(4) ROM操作命令

DS18B20采用一线通信接口。因为一线通信接口，必须要先完成ROM设定，否则记忆和控制功能将无法使用。一旦总线检测到从属器件的存在，它便可以发出器件ROM操作指令，所有ROM操作指令均为8位长度，主要提供以下功能命令。

① 读ROM(指令码0X33H)：当总线上只有一个节点(器件)时，读此节点的64位序列号。如果总线上存在多于一个的节点，则此指令不能使用。

② ROM匹配(指令码0X55H)：此命令后跟64位的ROM序列号，总线上只有与此序列号相同的DS18B20才会做出反应。该指令用于选中某个DS18B20，然后对该DS18B20进行读写操作。

③ 搜索ROM(指令码0XF0H)：用于确定接在总线上DS18B20的个数和识别所有的64位ROM序列号。当系统开始工作，总线主机可能不知道总线上的器件个数或者不知道其64位ROM序列号，搜索命令用于识别所有连接于总线上的64位ROM序列号。

④ 跳过ROM(指令码0XCCH)：此指令只适合于总线上只有一个节点。该命令通过允许总线主机不提供64位ROM序列号而直接访问RAM，以节省操作时间。

⑤ 报警检查(指令码0XECH)：此指令与搜索ROM指令基本相同，差别在于只有温度超过设定的上限值或者下限值的DS18B20才会作出响应。只要DS18B20一上电，告警条件就保持在设置状态，直到另一次温度测量显示出非告警值，或者改变TH或TL的设置使得测量值再一次位于允许的范围之内。储存在EEPROM内的触发器用于告警。

这些指令操作作用在每一个器件的64位光刻ROM序列号，可以在挂于一线上多个器件中选定某一个器件，同时，总线也可以知道总线上挂了多少设备以及什么样的设备。

(5) RAM指令

DS18B20有以下6条RAM命令。

① 温度转换(指令码0X44H)：启动DS18B20进行温度转换，结果存入内部RAM。

② 读暂存器(指令码 0XBEH)：读暂存器 9 个字节内容，此指令从 RAM 的第 1 个字节(字节 0)开始读取，直到 9 个字节(字节 8，CRC 值)被读出为止。如果不需要读出所有字节的内容，那么主机可以在任何时候发出复位信号以中止读操作。

③ 写暂存器(指令码 0X4EH)：将上、下限温度报警值和配置数据写入到 RAM 的 2、3、4 字节，此命令后跟需要写入到这三个字节的数据。

④ 复制暂存器(指令码 0X48H)：把暂存器的 2、3、4 字节复制到 EEPROM 中，用以掉电保存。

⑤ 重新调 EERAM(指令码 0XB8H)：把 EEROM 中的温度上下限及配置字节恢复到 RAM 的 2、3、4 字节，用以上电后恢复以前保存的报警值及配置字节。

⑥ 读电源供电方式(指令码 0XB4H)：启动 DS18B20 发送电源供电方式的信号给主 CPU。对于在此命令送至 DS18B20 后所发出的第一次读出数据的时间片，器件都会给出其电源方式的信号。"0"表示寄生电源供电。"1"表示外部电源供电。

3. DS18B20 操作时序

(1) DS18B20 的初始化(复位)时序

在初始化序列期间，总线控制器拉低总线并保持 480μs 以发出一个复位脉冲，然后释放总线，进入接收状态。单总线由 5K 上拉电阻拉到高电平。当 DS18B20 探测到 I/O 引脚上的上升沿后，等待 15～60μs，然后发出一个由 60～240μs 低电平信号构成的存在脉冲，如图 1-33 所示。

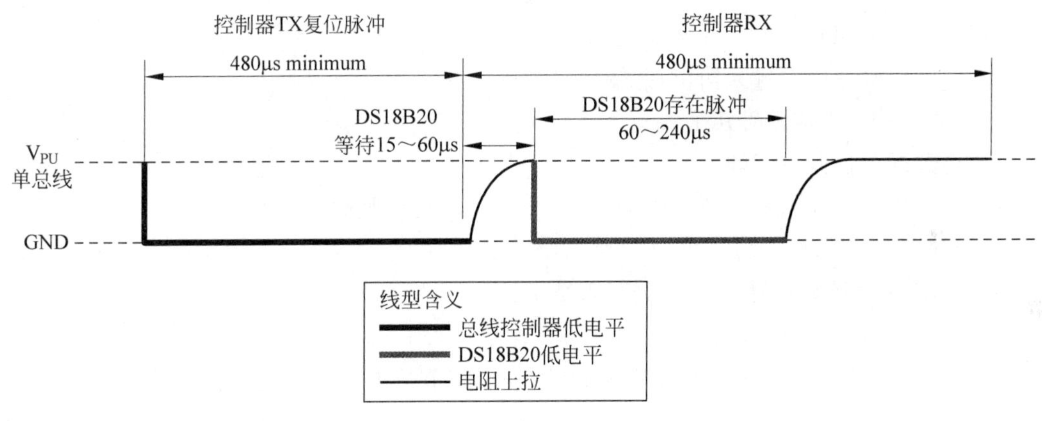

图 1-33　DS18B20 初始化时序图

从以上时序，可以得到一个详细的复位操作时序：

① 将单片机端口设置为输出，并输出高电平。

② 延时一下，正常延时几个 μs。

③ 将数据线拉低，并延时 500μs(480～960μs 之间)。

④ 将单片机端口设置为输入，并延时 60μs(15～240μs 之间)。

⑤ 读取数据线上的电平值，如果读取到低电平，表示复位成功；如果读到高电平，表示复位失败。

⑥ 读取到低电平后，再延时 500μs，复位结束。

具体 C 语言代码详见后面的 DS18B20 初始化函数。

（2）DS18B20 写时序

写时序分为写 1 时序和写 0 时序，总线控制器要产生一个写时序，必须把数据线拉到低电平然后释放，在写时序开始后的 15μs 释放总线。当总线被释放时，5K 的上拉电阻将拉高总线。总线控制器要生成一个写 0 的时序，必须要把数据线拉到低电平并持续保持至少 60μs。总线控制器初始化写时序后，DS18B20 在一个 15μs 到 60μs 的窗口对 I/O 线采样。如果线上是高电平，就写 1，如果线上是低电平，就写 0。写时序如图 1-34 所示。

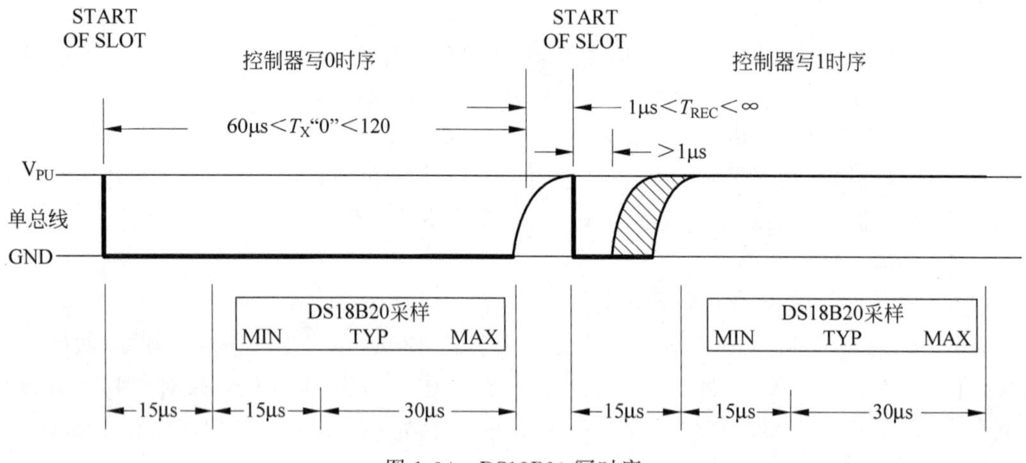

图 1-34 DS18B20 写时序

从以上时序，可以得到一个详细的写操作时序：

① 将单片机端口设置为输出，并输出高电平。

② 延时一下，正常延时几个 μs。

③ 将数据线拉低，并延时 15μs。

④ 判断写入的数据是 0 还是 1，是 0 数据线写 0，是 1 则数据线写 1。

⑤ 延时 45μs，保证 DS18B20 采样完成。

将数据线拉高，并延时 2μs，数据写入结束。

注：①和②步骤可以省略。

具体 C 语言代码详见后面的 DS18B20 写一个字节数据函数。

（3）DS18B20 读时序

所有读时序必须至少达到 60μs，包括 2 个读周期间至少 1μs 的恢复时间。当总线控制器把数据线从高电平拉到低电平时，读时序开始，数据线必须至少保持 1μs，然后总线被释放。在总线控制器发出读时序后，DS18B20 通过拉高或拉低总线上来传输 1 或 0。当传输逻辑 0 结束后，总线将被释放，通过上拉电阻回到上升沿状态。从 DS18B20 输出的数据在读时序的下降沿出现后 15μs 内有效。因此，总线控制器在读时序开始后必须停止把 I/O 脚驱动为低电平 15μs，以读取 I/O 脚状态。读时序如图 1-35 所示。

从以上时序，可以得到一个详细的读操作时序：

① 将单片机端口设置为输出，并拉高数据线。

② 延时一下，正常延时几个 μs。

③ 将数据线拉低，并延时时间时间大于 1μs（时序要求）。

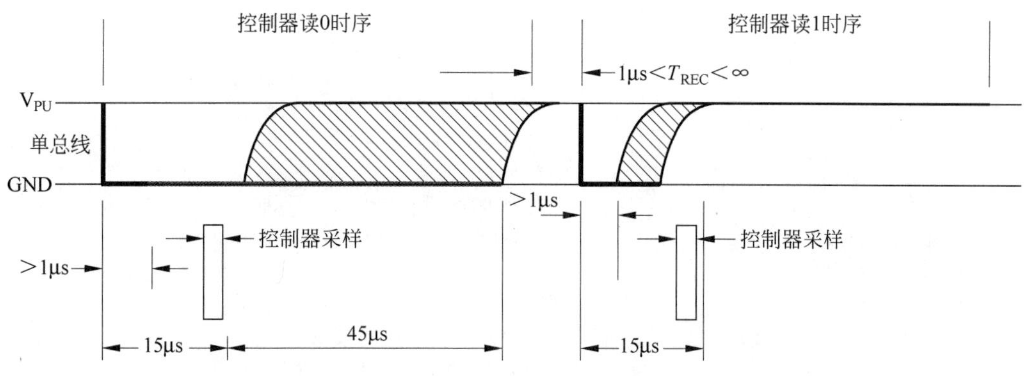

图 1-35　DS18B20 读时序

④ 设置单片机端口为输入，并延时 15μs，等待 18B20 采样完毕。

⑤ 判断读出的数据是 0 还是 1，然后将得到的编码存储。

⑥ 延时 50μs，完成读一个数据位的过程。

具体 C 语言代码详见后面的 DS18B20 读一个字节数据函数。

4. 数码管温度显示调试

详细的编程代码如下。

```
/*********************************************
 * 日期: 2014 年 11 月 27 日
 * 文件名: ds18b20.c
 * 作者: YLH
 * 功能: 实现 18b20 温度的采集,并显示到数码管上。
*********************************************/
#define DQ PORTD7_bit                     //定义字符常量 DQ 表示 DS18B20 的数据接口
#define DS18B20_DIR DDD7_bit
#define DS18B20_PIN PIND7_bit
#define SELECTBIT PORTC
#define SEGDATA PORTB
#define SELECTBITDIR DDRC
#define SEGDATADIR DDRB
unsigned char temp_value[7];              //定义数组存储得到的温度的每一位数据
unsigned char position[4] = {0xfe,0xfd,0xfb,0xf7};      //定义一个数组,对数码管进行位选
unsigned char led[10] = {0xc0,0xf9,0xa4,0xb0,0x99,0x92,0x82,0xf8,0x80,0x90};
                                                        //定义数码管的 0~9 的段码
bit rst_flag;                             //定义一个标志位,判断 DS18B20 是否复位成功
unsigned char templ,temph;                //定义两个变量,存储读取到的温度的低位和高位
unsigned int tempint;                     //温度整数位
unsigned int temppoint;                   //温度小数位
/*********************************************
 * 函数名称: unsigned char ds18b20_rst(void)
 * 函数功能: 实现 DS18B20 的复位操作
 * 输入参数: 无
 * 返回值: rst_flag: 复位是否成功标志位,1 - 复位成功,0 - 复位失败
 * 函数说明: 无
*********************************************/
```

```
unsigned char ds18b20_rst(void)
{
  DS18B20_DIR = 1;                     //对于 AVR 单片机将数据线设置为输出,也就是将
                                       //PD7 端口设置为输出
  DQ = 1;                              //将 DQ 拉高
  delay_us(1);                         //延时一下
  DQ = 0;                              //将 DQ 拉低
  delay_us(500);                       //延时 500μs,延时时间范围是 480～960μs
  DS18B20_DIR = 0;                     //对于 AVR 单片机将数据线设置为输入
  delay_us(60);                        //释放等待时间为 15～60μs
  if(DS18B20_PIN == 0)                 //读取数据线上的数据
    rst_flag = 1;                      //如果 DQ 为低电平,复位成功
  else
    rst_flag = 0;                      //如果 DQ 为高电平,复位失败
  delay_us(500);                       // 延时 500μs
  return rst_flag;                     //返回得到标志位
}

/***********************************************
* 函数名称: unsigned char ds18b20_read_byte(void)
* 函数功能: 实现从 DS18B20 的读一个字节的功能
* 输入参数: 无
* 返回值: dat:从 DS18B20 读取到的一个字节
* 函数说明: 无
***********************************************/
unsigned char ds18b20_read_byte(void)
{
  unsigned char i,dat = 0;             //定义一个循环变量和存储读到的数据变量
  for(i=0;i<8;i++)
  {
    dat >>= 1;                         //将数据右移一位
    DS18B20_DIR = 1;                   //对于 AVR 单片机将数据线设置为输出
    DQ = 1;                            //拉高数据线
    delay_us(1);                       //延时 1μs
    DQ = 0;                            //将数据线拉低
    delay_us(1);                       //延时 1μs,这里根据时序要求,要大于 1μs
    DS18B20_DIR = 0;                   //相对于 AVR 单片机将数据线设置为输入
    delay_us(15);                      //延时 15μs,等待 18b20 采样完毕
    if(DS18B20_PIN == 1)               //判断读到的数据是 0 还是 1
    {
      dat|= 0x80;                      //如果读到的数据为 1,则存储 1,否则存储 0
    }
    delay_us(50);                      //延时 50μs
  }
  return dat;                          //返回得到的数据
}

/***********************************************
* 函数名称: void ds18b20_write_byte(unsigned char dat)
```

```
* 函数功能: 实现向 DS18B20 的写一个字节的功能
* 输入参数: dat:向 DS18B20 写入的一个字节数据
* 返回值: 无
* 函数说明: 无
************************************************* /
void ds18b20_write_byte(unsigned char dat)
{
unsigned char i;                          //定义一个循环变量
for(i = 0;i < 8;i++)
{
   DS18B20_DIR = 1;                       //将数据线设置为输出
   DQ = 1;                                //拉高数据线
   delay_us(1);                           //延时一下
   DQ = 0;                                //将数据线拉低
     delay_us(15);
   if(dat&0x01)                           //写入数据,如果最低位为 0,写入 0,如果为 1,则写入 1
   {
    DQ = 1;                               //当前写入数据为 1,则向数据线打入 1
   }
   else
    DQ = 0;                               //当前写入数据为 0,则向数据线打入 0
    delay_us(45);                         //延时 30μs
    DQ = 1;                               //拉高 DQ
    dat >>= 1;                            //数据右移 1 位
   delay_us(2);                           //延时 30μs
}
}

/ ***********************************************
* 函数名称: void get_temp(void)
* 函数功能: 实现温度的读取及数据处理
* 输入参数: 无
* 返回值: 无
* 函数说明: 通过指令将温度从 DS18B20 读出,然后进行计算处理
************************************************* /
void get_temp(void)
{
ds18b20_rst();                            //复位 18b20
ds18b20_write_byte(0xcc);                 //写入 0xcc,表示忽略 ROM
ds18b20_write_byte(0x44);                 //写入 0x44,开始温度转换
delay_us(120);                            //延时一下,等待转换完成
ds18b20_rst();                            //复位 18b20
ds18b20_write_byte(0xcc);                 //写入 0xcc,表示忽略 ROM
ds18b20_write_byte(0xbe);                 //写入 0xbe,读取 RAM 中的温度转换值
templ = ds18b20_read_byte();              //读取温度的低位字节
temph = ds18b20_read_byte();              //读取温度的高位字节
/ * 下面屏蔽段为 MikroC for AVR 软件自带的库函数实现的 DS18B20 温度的读取 * /
// Ow_Reset(&PORTD, 7);
// Ow_Write(&PORTD, 7, 0xCC);
// Ow_Write(&PORTD, 7, 0x44);
```

```
// Delay_us(120);
//Ow_Reset(&PORTD, 7);
// Ow_Write(&PORTD, 7, 0xCC);
// Ow_Write(&PORTD, 7, 0xBE);
// templ = Ow_Read(&PORTD, 7);
//temph = Ow_Read(&PORTD, 7);
if(temph&0x08)                    //判断温度的正负,为 1 则温度为负,为 0 则温度为正
{
   temph = ~temph;                //高位取反,温度为负,则温度要取反加 1
   templ = ~templ;                // 低位取反
   SREG.SREG_C = 0;               //清零进位标志
   templ = templ + 1;             //温度低字节加 1
   if(SREG.SREG_C == 1)           //判断低字节加 1 后是否有进位
   {
     temph = temph + 1;           //低位字节加 1 后有进位,要高位字节加 1
   }
}
tempint = ((temph << 4)&0x70)|(templ >> 4);    //获得温度的整数位
temp_value[0] = tempint/100;      //整数温度的百位
temp_value[1] = tempint % 100/10; //整数温度的十位
temp_value[2] = tempint % 10;     //整数温度的个位
Temppoint = templ&0x0f;           //取出温度的小数位
temppoint = (temppoint * 625);    //小数位乘以单位值 0.0625,并将其扩大 10000 倍
//得出温度的 4 位小数,显示时加小数点
temp_value[3] = temppoint/1000;   //得到一个小数位
}

/***********************************************
 * 函数名称: void ds18b20_display(void)
 * 函数功能: 实现温度的显示
 * 输入参数: 无
 * 返回值: 无
 * 函数说明: 将读取并处理后的温度显示到数码管上
***********************************************/
void ds18b20_display(void)
{
  unsigned int j;                 //定义一个循环变量
  for(j = 0;j < 4;j++)
  {
    if(j == 0)                    //是否需要显示温度整数的百位
     {
      if(temp_value[0] == 0)      //如果百位为 0,则不显示
       SELECTBIT = 0xff;
      else                        //如果百位不为 0,则正常显示
      {
       SEGDATA = led[temp_value[0]];   //将相应位的数据送入段码数据线上
       SELECTBIT = position[0];        //选通该位数码管
      }
     }
      else if(j == 3)
          {
```

```
                SEGDATA = led[temp_value[3]]&0x7f;      //将相应位的数据送入段码数据线上
                SELECTBIT = position[3]; //选通该位数码管
            }
          else
           {
                SEGDATA = led[temp_value[j]];      //将相应位的数据送入段码数据线上
                SELECTBIT = position[j]; //选通该位数码管
           }
        delay_ms(1);                        //延时一下
    }
}

void main()
{
  unsigned char k = 0;
  rst_flag = 0;                             //初始化复位标志位为 0
  SEGDATADIR = 0xff;                        //初始化端口 B,即数码管段码数据线为输出
  SELECTBITDIR = 0xff;                      //初始化端口 A,即数码管位选线为输出
  SEGDATA = 0xff;
  SELECTBIT = 0xff;
  ds18b20_rst();                            //复位 DS18B20
    while(k<10)
   {
     if(rst_flag == 0)                //判断是否复位成功,如果为 0,表示复位不成功,重新复位
      {
        ds18b20_rst();
      }
      else
          break;
      k++;
     }
     while(1)
     {
       get_temp();                          //调用温度处理函数,对温度进行处理
       ds18b20_display();                   //调用显示函数,将温度显示到数码管上
     }
}
```

将程序下载到板子上,观察温度是否显示正常。如果温度显示不正常,首先检查硬件电路是否有连线错误,在确认硬件电路无误后,分析程序是否存在错误,直到调试完成。

1.7　思考

1. 根据 DS18B20 的 2 个字节的温度存储分析,思考 DS18B20 温度小数最多保留几位是比较准确的?

2. 修改程序实现温度显示能够保留 2 位小数。

3. 如何实现温度的浮点显示?说明:浮点显示就是当温度为 3 位整数时温度小数保留 1 位,当温度为 2 位整数时温度小数保留 2 位,当温度为 1 位整数时温度小数保留 3 位。

项目 2

点阵屏显示

2.1　项目任务

设计一个汉字显示点阵屏，能够显示汉字信息，并能够实现汉字的左右和上下移动。

2.2　考查知识点

2.2.1　点阵屏显示原理

汉字点阵显示屏在我们生活中到处都可以见到，被广泛应用于车站、医院、银行、广告行业等。目前点阵屏主要有由 8 * 8 的点阵基本模块拼接或者直接由 LED 灯阵列组成两种屏，两种屏的基本原理和驱动方法是一样的。这里选取 8 * 8 的点阵模块拼接的点阵屏来讲解其原理。

下面介绍点阵屏模块的显示原理，如图 2-1 所示为 8 * 8 点阵屏模块及其拼接的点阵屏实物图。

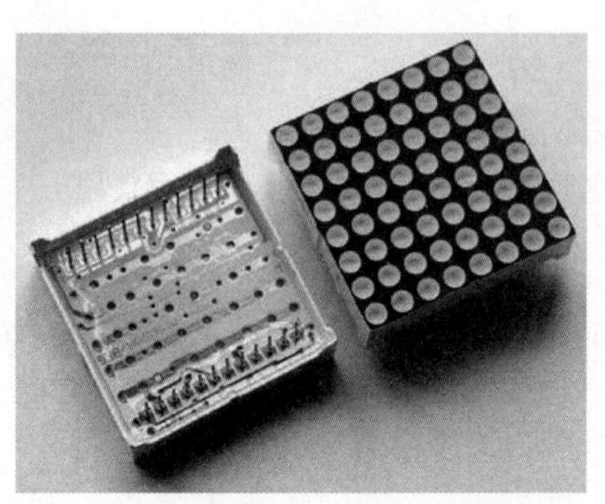

图 2-1　8 * 8 点阵屏模块及其拼接的点阵屏实物图

点阵屏上每一个点就是一个发光二极管。发光二极管正极为高电平，负极为低电平就可以点亮，其他情况不亮。点阵模块就是由这些发光二极管组成的二极管阵列，8 * 8 点阵模块内部结构如图 2-2 所示。点阵模块内部结构分为 2 种，一种是共阴极正向电压驱动，如图 2-2(a)所示，行驱动为 0，则输入的数据编码为 1 时对应的点亮，输入的数据编码为 0 时对应的点灭；另一种是共阳极反向电压驱动，如图 2-2(b)所示，行驱动为 1，则输入的数据编码为 0 时对应的点亮，输入的数据编码为 1 时对应的点灭。

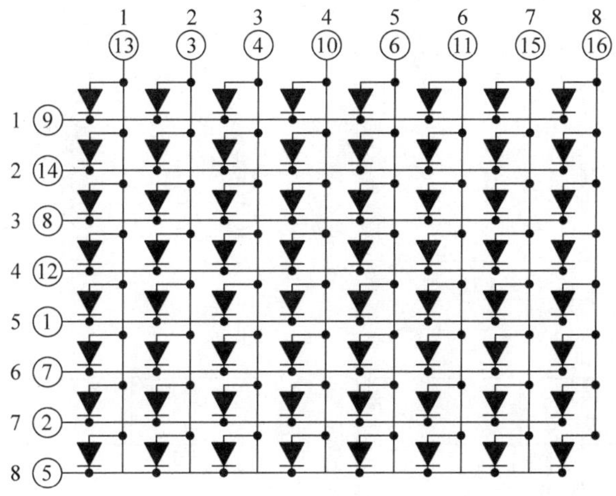

(a) 共阴极正向电压驱动

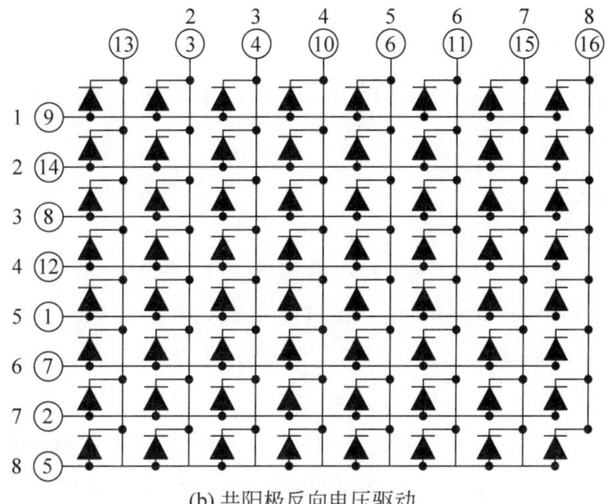

(b) 共阳极反向电压驱动

图 2-2　点阵模块内部结构

点阵屏点直径为 3.75mm 的模块的尺寸结构图如图 2-3 所示。

LED 点阵显示屏显示的方式是采用行扫描来实现的，也就是一行一行显示的。可能有人会问，一行一行显示，这样每次只能看到一行显示，能显示出需要的汉字、图形信息吗？其实，如果行扫描时间足够快的话，人的眼睛由于有暂留现象，只要每行扫描的频率在 50Hz 左右以上，人的眼睛就看不出闪烁的现象，LED 点阵屏显示正是利用这个特点进行扫描显示的。当然扫描的频率也不要太高，太高的扫描频率会使每行显示的时间太短，导致亮度降低。

以图 2-2(a)为例介绍点阵屏显示原理，例如现在要求图中的第一行的 3、6、7 的 3 个点亮，其他 5 个点灭，为了能够使 LED 亮，则行输入的电平必须为 0，否则无论列输入的是 0 还是 1 都不会亮，如果我们输入的数据是低位先进，则第一行的第 8 个点对应最低位，第一行的第 1 个点对应最高位，输入的二进制数据为 00100110B，转换成十六进制数就是 0x26。

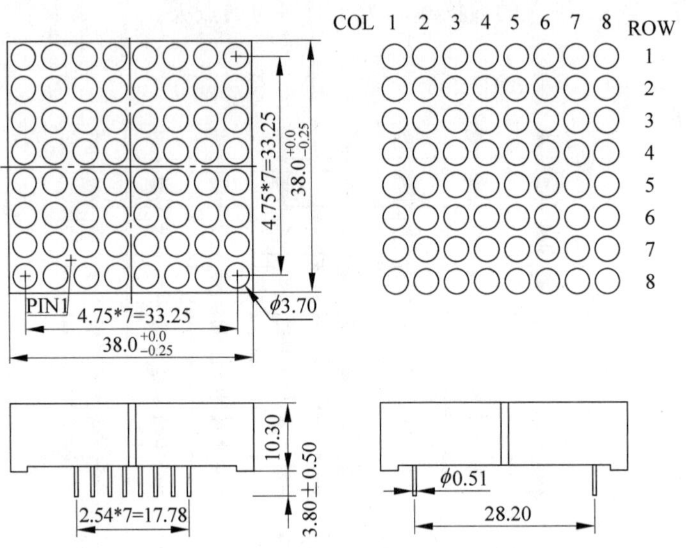

图 2-3　点阵屏尺寸结构图

如果我们输入的数据是高位先进，则第一行的第 8 个点对应最高位，第一行的第 1 个点对应最低位，则输入的二进制数据为 01100100B，转换成十六进制就是 0x64。这样就会使其中的 3 个点亮，其他的点灭了。

2.2.2　点阵屏驱动原理

下面结合一个实际的 32＊64 个点的点阵屏来讲解点阵屏驱动的原理，点阵屏电路原理图如图 2-4 所示，本点阵屏的行驱动采用 74HC138，列驱动采用 74HC595。电路中 2 片 74HC138 组成 4-16 线的译码器，并联控制上半屏和下半屏。8 片 74HC595 芯片将要显示的 64 个点的数据送入到对应的列，上半屏由 8 个 74HC595 控制，下半屏由另外 8 个 74HC595 控制。74HC138 选中某一行时，74HC595 将这一行要显示的数据送入进行显示。74HC138 从第 0 行扫描到第 15 行，如此循环，要在上半屏显示时，只需要控制上半屏的 8 个 74HC595 送入数据；要在下半屏显示时，只需要控制下半屏的 8 个 74HC595 送入数据。具体的 74HC138 和 74HC595 的工作原理请查看相关数据手册。

对于点阵模块，可以通过加电源驱动来观察所使用的点阵屏模块是共阴极正向电压驱动还是共阳极反向电压驱动，如果在行上加低电平，列上加高电平，LED 灯亮，说明是共阴极正向电压驱动结构，即图 2-2(a)所示结构；如果在行上加高电平，列上加低电平，LED 灯亮，说明共阳极反向电压驱动即图 2-2(b)所示结构。但是这样加了电平之后发现点阵屏上的点并不会亮，这是为什么呢？我们注意到 74HC138 芯片的输出并没有直接接到点阵模块的引脚上，而是通过 APM4953 芯片后再连接到点阵模块的。通过对 APM4953 芯片的功能分析知道，这个芯片内部含有 2 个 P 沟道的 MOS 管。而 74HC138 的输出端接到了 MOS 管的栅极，MOS 管的源极接到 5V 电源上。因此 74HC138 输出为低电平时，经过 MOS 管后变成高电平。所以在测试时，行和列都加高电平或者低电平才能点亮 LED 灯。经测试此点阵屏的结构是图 2-2(b)所示结构。如果我们购买的是成品点阵屏模组，也可以根据模组原理图分析出其结构从而掌握其驱动方法。根据图 2-4 所示电路图，行驱动 74HC138

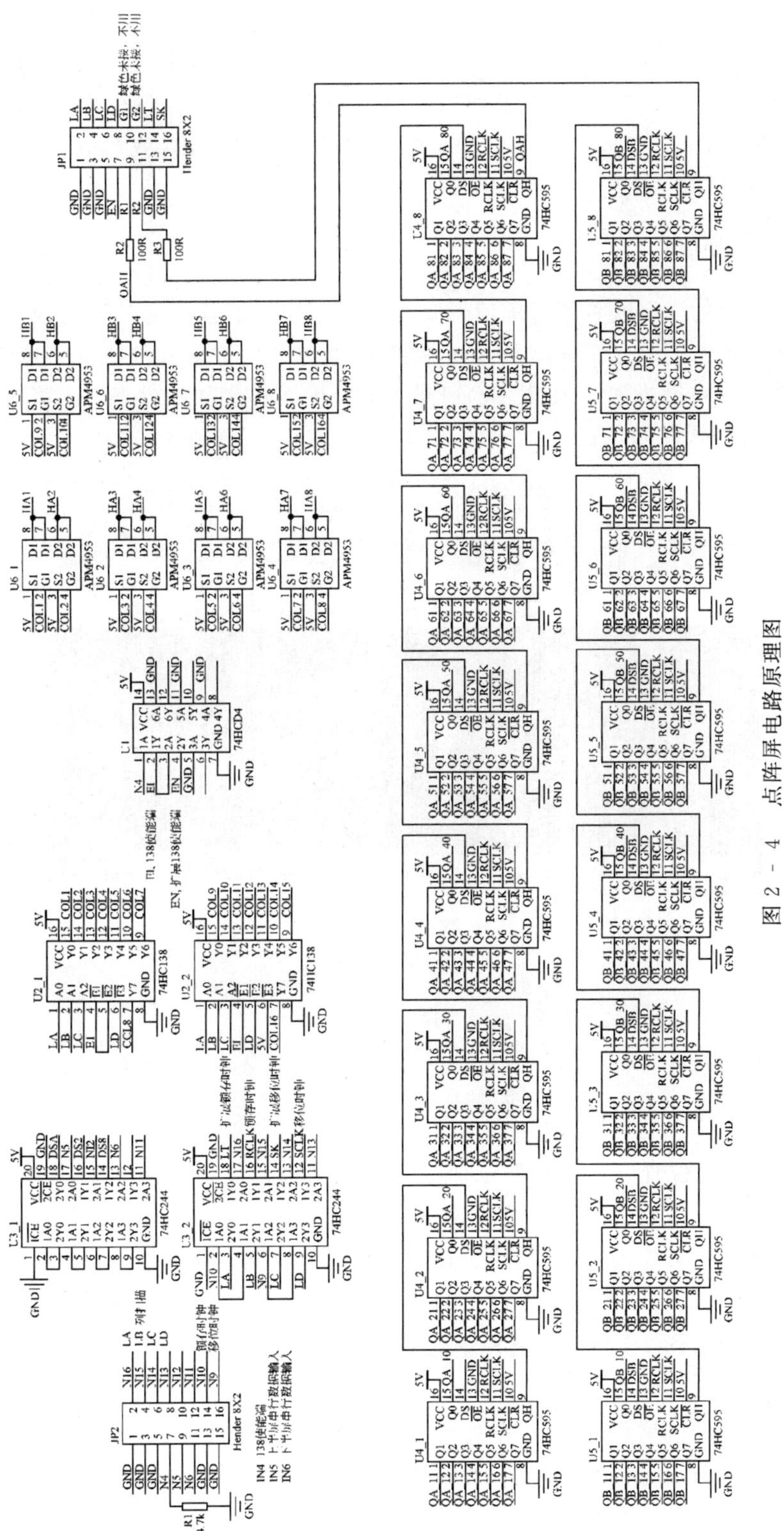

图 2-4　点阵屏电路原理图

控制时只有一路输出为低电平，经过 APM4953 芯片后变成高电平，则可以判断出本点阵模组的点阵模块是图 2-2(b)所示结构。因此可以明确其驱动方法。通过两片 74HC138 的 4 位输入二进制编码，使输出某一行为高电平。74HC595 输出的数据为 0 时，对应的 LED 灯亮，为 1 时，对应的 LED 灯灭。当我们要显示数字或者图形时，只要通过字模或者图形提取软件将数据提取后，分行送入到 74HC595，配合 74HC138 的输出，就可以在点阵屏上显示出需要的汉字或者图形了。

2.2.3 字模提取软件

点阵屏要显示的汉字或者图形等信息要借助于字模提取软件将其转换成点数据，才能够在点阵屏上显示。这里介绍一款字模提取软件，通过字模提取软件将汉字或者图形等信息转换成点数据。在网上可以搜索 PCtoLCD2002 并下载这款软件，双击 PCtoLCD2002.exe 应用程序，打开软件，如图 2-5 所示。

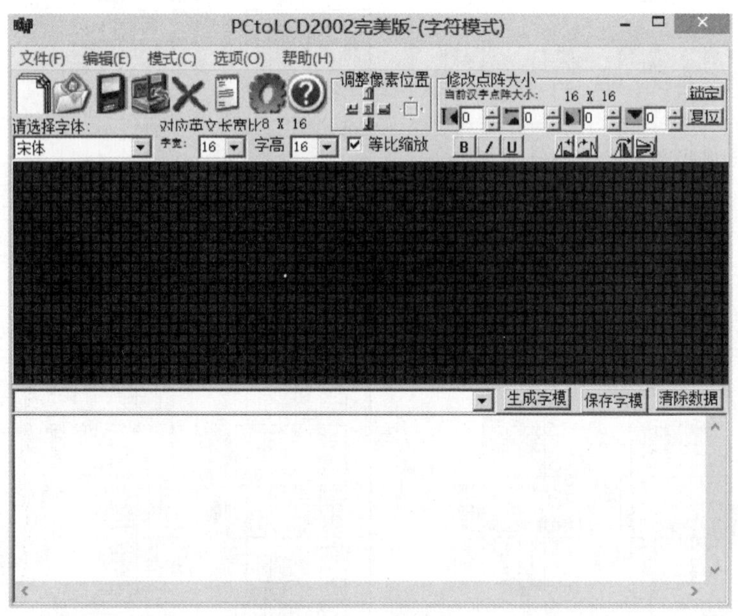

图 2-5 字模提取软件

在图 2-5 的中间位置可以输入要提取的汉字或者字符，然后单击“生成字模”按钮，在下面的空白处就可以生成对应的数据了，如图 2-6 所示。

但是这样提取的数据不一定符合我们的要求，因为字模提取有很多种方式，所以还要进行相应的设置，应保证与编程时送入数据的顺序一致，才能够使提取出的数据送入到点阵屏上时正确显示。单击图 2-6 所示工具栏中的 ，出现图 2-7 所示界面，按照图中的设置进行修改。

图中需要设置的选项如下：“点阵格式”选择“阳码”，“取模方式”选择“逐行式”，“取模走向”选择“顺向(高位在前)”，“自定义格式”选择“C51 格式”，“行前缀”的“}”去掉，“行后缀”的“}”，但要留下“,”。修改完成之后单击“确定”按钮，再重新单击“生成字模”按钮，我们看到生成了和之前不同的数据，如图 2-8 所示。

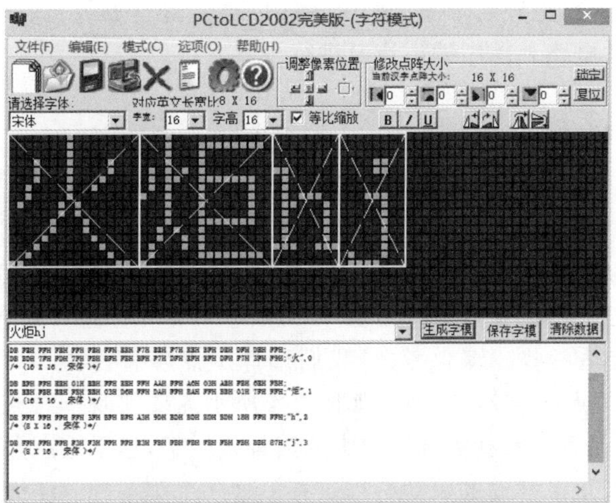

图 2-6　字模数据提取

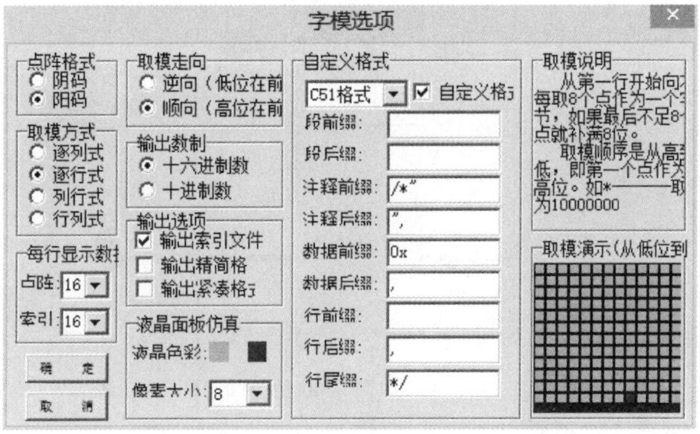

图 2-7　字模提取设置选项

图 2-8　C 语言格式字模提取

当然，上面的设置只是针对于图 2-4 所示的原理图进行的设置。软件取模方式的设置要根据点阵屏的硬件电路和程序编写情况进行设置才可以。

2.3 方案选择

点阵屏驱动电路有很多种，一种是 74HC138 和 74HC595 组合的驱动，一种是 74HC164 和 74HC595 组合的驱动，还有一些由专用芯片来驱动。因为本身点阵模块价格比较贵，因此一个 32 * 64 的点阵屏价格也相对较高，对于个人学习而言，可以直接去购买二手的点阵屏，相对合适一些。综合考虑，我们选择了点阵直径为 3.75mm 的 74HC138 和 74HC595 组合驱动的点阵屏，其原理图如图 2-4 所示。要实现一个点阵屏的显示、各种动态效果、数据传输以及存储等就需要比较大的篇幅来讲解，这里重点介绍点阵屏汉字的静态显示和汉字的左右及上下移动的驱动编程。有了这几个基本的驱动编程，后期的效果，只要对这些基本程序进行修改就可以实现了。本项目的点阵驱动原理框图如图 2-9 所示。

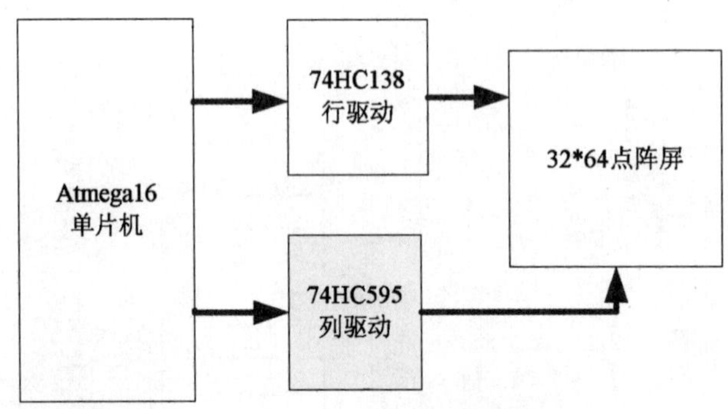

图 2-9　点阵驱动原理框图

2.4 原理图设计

要实现简单驱动，单片机只要利用其最小系统就可以了，这里依然使用项目一的电路，电路如图 2-10 所示。

从图 2-4 所示的点阵屏原理图可以看出，点阵屏对外引脚有 16 个，其中有 9 根是信号线，剩下的几根接地或者悬空，也就是单片机只需要 9 个 IO 端口就可以控制点阵屏。这里通过杜邦线连接 AVR 系统板和点阵屏，信号线对应如下：

PC0→IN16(通过 74HC244 连接到 74HC138 的输入端 A0)；

PC1→IN15(通过 74HC244 连接到 74HC138 的输入端 A1)；

PC2→IN14(通过 74HC244 连接到 74HC138 的输入端 A2)；

PC3→IN13(通过 74HC244 连接到 74HC138 的控制端 E2 和另一片的 E3)；

PC4→IN10(通过 74HC244 连接到 74HC595 的输入端 RCLK)；

PC5→IN9(通过 74HC244 连接到 74HC595 的输入端 SCLK)；

PC6→IN6(通过 74HC244 连接到下半屏 74HC595 的串行数据输入端 DS)；

PC7→IN5(通过 74HC244 连接到上半屏 74HC595 的串行数据输入端 DS)；

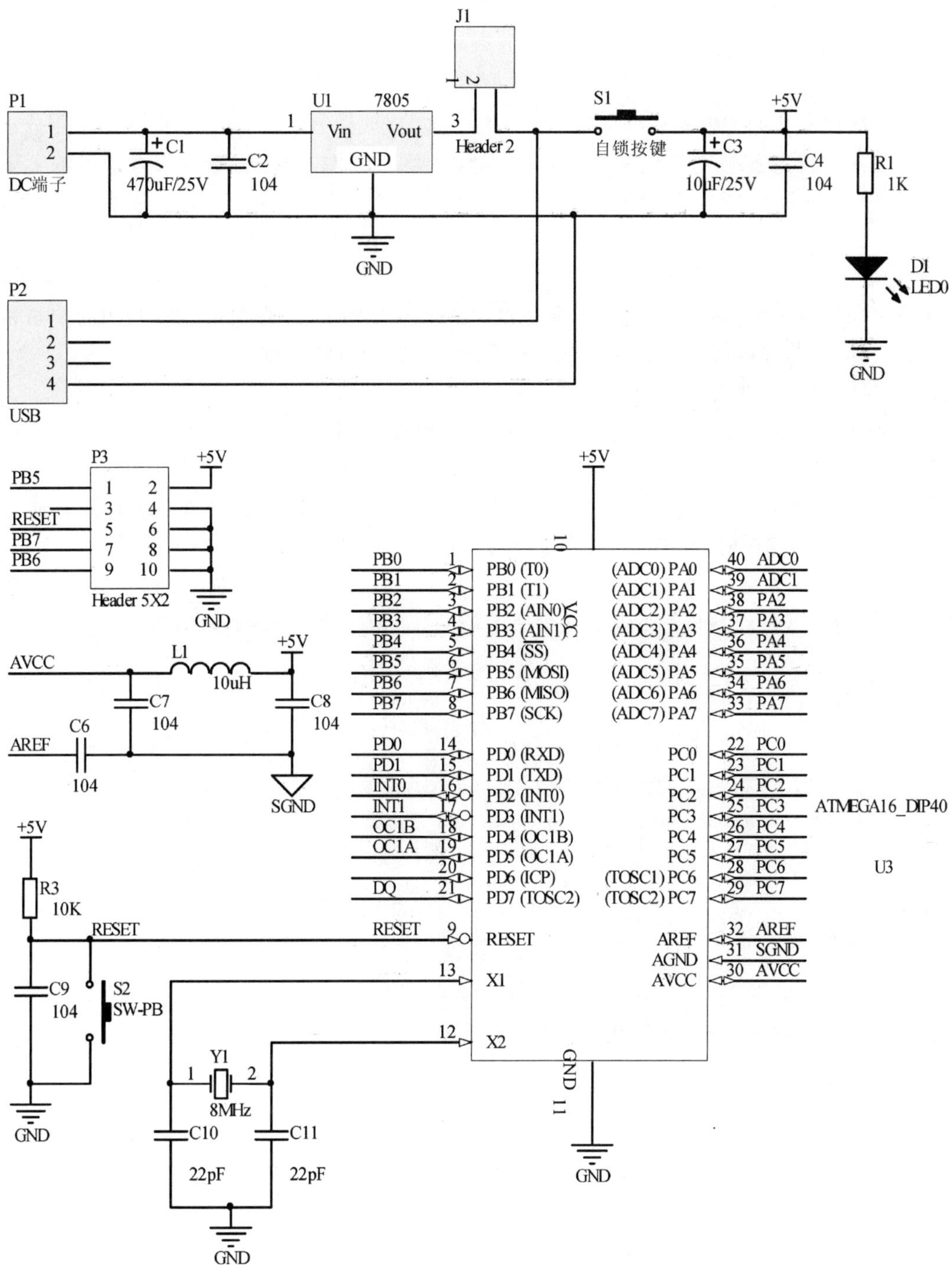

图 2-10　单片机最小系统原理图

PD0→IN4(通过 74HC04 连接到 74HC138 的控制端 E1)。

信号线连接好后,再把电源和地连接上就完成了硬件电路的连接工作。这里还要注意的是点阵屏显示时需要比较大的电流,一般不能用 AVR 系统板上的电源供电,需要单独加大电流输出的 5V 电源供电。

2.5 程序调试

点阵屏驱动我们主要实现汉字显示、汉字的左右移动和上下移动，调试时依然采用分步调试的方法。首先实现汉字的静态显示，然后实现汉字的左右移动，最后实现汉字的上下移动。

2.5.1 汉字静态显示

这里所说的汉字静态显示是指汉字一直在某个位置显示，也是要通过行和列的扫描来实现的。要实现点阵屏的显示，先要编写几个函数和提取点阵数据。

1. 74HC595 发送字节函数

点阵屏每一行有 64 个点，8 个 74HC595 首尾相接，每个 74HC595 的输出驱动 8 个点。从图 2-4 所示原理图来看，从左侧第一个串行输入的数据位经过 64 次移位之后将会被移到屏的最右端，即最后一个 74HC595 的最高位。为保证数据显示不混乱，要保证通过 74HC595 的串行移位时钟 SCLK 串行移位将 64 个点的数据全部移入 8 个 74HC595 之后，再通过 74HC595 的锁存时钟 RCLK 使能一起将 64 个点的数据送出并进行驱动显示。明白了这个原理，就可以编写一个发送 8 个字节的函数。函数具体代码如下：

```
#define SCLK PORTC5_bit                    //串行移位时钟
#define DSA PORTC7_bit                     //上半屏串行数据输入
#define DSB PORTC6_bit                     //下半屏串行数据输入

/***************************************************
*  函数名称：void Send_8Byte_HC595(unsigned char *p,unsigned char screen)
*  函数功能：串行送入到 8 个 74HC595 中 8 个字节的数据
*  输入参数：p-->要送入的数据的数组,screen--> 上半屏和下半屏选择,0--上半屏,1--下
*半屏
*  返回值：无
*  函数说明：无
***************************************************/
void Send_8Byte_HC595(unsigned char *p,unsigned char screen)
{
  unsigned char i,j;
  for(i=0;i<8;i++)                         //送入 8 个字节,循环 8 次
  {
    for(j=0;j<8;j++)                       //1 个字节,分 8 次串行送入
    {
      SCLK = 0;                            //移位时钟拉低
      if(p[i]&0x80)                        //高位先送入
       {
         if(screen==0)                     //上半屏
           DSA = 1;
         if(screen==1)                     //下半屏
           DSB = 1;
       }
      else
```

```
        {
          if(screen == 0)
            DSA = 0;
          if(screen == 1)
            DSB = 0;
        }
      delay_us(10);                    //延时 10μs
      SCLK = 1;                        //SCLK = 1
      delay_us(10);
      p[i]<<= 1;                       //左移 1 位,将低位移到高位,以提取对应位,送入
    }
  }
}
```

通过上面的这个函数就可以实现点阵屏一行数据的传送。再配合 74HC138 的行选信号就可以实现一行数据的显示了。

2. 点阵数据的提取

点阵数据的提取可以采用字模提取软件 PCtoLCD2002 来实现,字模软件提取前的设置需要结合具体的点阵屏驱动电路和编程方法来确定,根据我们所使用的 32＊64 的点阵屏和编程,只要按照图 2-7 进行设置即可。这里以显示"电子制作"4 个汉字为例讲解点阵屏数据的提取及后处理。按照图 2-7 的设置,在软件主界面输入"电子制作"4 个汉字,将提取到的数据放到一个二维数组中:

```
unsigned char LedData[64][2] = {
// 电(0) 子(1) 制(2) 作(3)
0xFE,0xFF,0xFE,0xFF,0xFE,0xFF,0xC0,0x07,0xDE,0xF7,0xDE,0xF7,0xDE,0xF7,0xC0,0x07,
0xDE,0xF7,0xDE,0xF7,0xDE,0xF7,0xC0,0x07,0xDE,0xF5,0xFE,0xFD,0xFE,0xFD,0xFF,0x01,
/*"电",0*/  /* (16 X 16 , 宋体 )*/
0xFF,0xFF,0x80,0x07,0xFF,0xEF,0xFF,0xDF,0xFF,0xBF,0xFE,0x7F,0xFE,0xFF,0x00,0x01,
0xFE,0xFF,0xFE,0xFF,0xFE,0xFF,0xFE,0xFF,0xFE,0xFF,0xFE,0xFF,0xFA,0xFF,0xFD,0xFF,
/*"子",1*/  /* (16 X 16 , 宋体 )*/
0xFB,0xFB,0xDB,0xFB,0xDB,0xFB,0xC0,0x5B,0xBB,0xDB,0xFB,0xDB,0x00,0x1B,0xFB,0xDB,
0xFB,0xDB,0xC0,0x5B,0xDB,0x5B,0xDB,0x5B,0xD9,0x7B,0xDA,0xFB,0xFB,0xEB,0xFB,0xF7,
/*"制",2*//* (16 X 16 , 宋体 )*/
0xF6,0xFF,0xF6,0xFF,0xF6,0xFF,0xEE,0x01,0xED,0x7F,0xCD,0x7F,0xCB,0x7F,0xAF,0x07,
0x6F,0x7F,0xEF,0x7F,0xEF,0x7F,0xEF,0x03,0xEF,0x7F,0xEF,0x7F,0xEF,0x7F,0xEF,0x7F,
/*"作",3*//* (16 X 16 , 宋体 )*/
};
```

得到 4 个汉字的数据后,我们还不能直接把这个数据按顺序送入到显示屏,这是因为软件在数据提取时,是先提取完一个汉字,然后再提取下一个汉字的,而我们送数据时是先送第一个汉字第一行的 2 个字节,然后再送第二个汉字第一行的 2 个字节直到送完第 4 个汉字的第一行的 2 个字节,然后再送 4 个汉字的第二行,如此按顺序送数据。因此要对得到的数据进行整理,一种方法是人工整理,这对于大量的点阵数据,速度比较慢,另一种方法是采用编程的方法,编写一个函数实现这个数据的重新排列。下面就按照点阵屏送入数据的顺序,通过程序对得到的数据重新排列,具体实现函数代码如下:

```
unsigned char LedDataTemp[16][8];
/****************************************************
* 函数名称: void LedDataCov(void)
* 函数功能: 将字模提取软件提取的数据进行重新排列
* 输入参数: 无
* 返回值: 无
* 函数说明: 将提取的数据按照显示顺序重新整理,将 64 行 2 列的 4 个汉字数据变换成 16 行 8 列
的汉字数据
****************************************************/
void LedDataCov(void)
{
  unsigned char i,j;
  for(i = 0;i < 16;i++)                    //16 行数据
   {
     for(j = 0;j < 8;j++)                  //8 列数据
      {
        if(j == 0||j == 1)
         {
           LedDataTemp[i][j] = LedData[i][j];
         }
        if(j == 2||j == 3)
         {
           LedDataTemp[i][j] = LedData[i + 16][j - 2];
         }
        if(j == 4||j == 5)
         {
           LedDataTemp[i][j] = LedData[i + 32][j - 4];
         }
        if(j == 6||j == 7)
         {
           LedDataTemp[i][j] = LedData[i + 48][j - 6];
         }
      }
   }
}
```

通过上面的函数就可以按照送入到点阵屏的数据进行整理,经过整理后的数据就可以直接送入到点阵屏了。

3. 汉字的静态显示

有了上面的两个函数和点阵数据,再结合 74HC138 的行选信号就可实现汉字的显示了,下面给出完整代码:

```
/************************ main.c **************************/
#define SCLK PORTC5_bit                    //74HC595 串行移位时钟
#define DSA PORTC7_bit                     //上半屏串行数据输入
#define DSB PORTC6_bit                     //下半屏串行数据输入
#define RCLK PORTC4_bit                    //74HC595 锁存时钟
#define EN PORTD0_bit                      //74HC138 使能端
#define LA PORTC0_bit                      //2 片 74HC138 组成的 4 - 16 线的数据输入 A0
#define LB PORTC1_bit                      //2 片 74HC138 组成的 4 - 16 线的数据输入 A1
```

```
#define LC PORTC2_bit                              //2片74HC138组成的4-16线的数据输入A2
#define LD PORTC3_bit                              //2片74HC138组成的4-16线的数据输入E1

unsigned char LedDataTemp[16][8];
unsigned char led[8];
unsigned char LedData[64][2] = {                   //取码格式：阳码、逐行、逆向
// 电(0) 子(1) 制(2) 作(3)
0xFE,0xFF,0xFE,0xFF,0xFE,0xFF,0xC0,0x07,0xDE,0xF7,0xDE,0xF7,0xDE,0xF7,0xC0,0x07,
0xDE,0xF7,0xDE,0xF7,0xDE,0xF7,0xC0,0x07,0xDE,0xF5,0xFE,0xFD,0xFE,0xFD,0xFF,0x01,
/*"电",0*//* (16 X 16 , 宋体 )*/
0xFF,0xFF,0x80,0x07,0xFF,0xEF,0xFF,0xDF,0xFF,0xBF,0xFE,0x7F,0xFE,0xFF,0x00,0x01,
0xFE,0xFF,0xFE,0xFF,0xFE,0xFF,0xFE,0xFF,0xFE,0xFF,0xFE,0xFF,0xFA,0xFF,0xFD,0xFF,
/*"子",1*//* (16 X 16 , 宋体 )*/
0xFB,0xFB,0xDB,0xFB,0xDB,0xFB,0xC0,0x5B,0xBB,0xDB,0xFB,0xDB,0x00,0x1B,0xFB,0xDB,
0xFB,0xDB,0xC0,0x5B,0xDB,0x5B,0xDB,0x5B,0xD9,0x7B,0xDA,0xFB,0xFB,0xEB,0xFB,0xF7,
/*"制",2*//* (16 X 16 , 宋体 )*/
0xF6,0xFF,0xF6,0xFF,0xF6,0xFF,0xEE,0x01,0xED,0x7F,0xCD,0x7F,0xCB,0x7F,0xAF,0x07,
0x6F,0x7F,0xEF,0x7F,0xEF,0x7F,0xEF,0x03,0xEF,0x7F,0xEF,0x7F,0xEF,0x7F,0xEF,0x7F,
/*"作",3*//* (16 X 16 , 宋体 )*/
};

void main() {
  unsigned char m,n;                               //用于循环计数
  DDRC = 0xff;                                     //设置PC端口为输出
  DDD0_bit = 1;                                    //设置PD0端口为输出
  PORTC = 0x00;                                    //初始为低电平
  PORTD0_bit = 0;                                  //初始为低电平
  EN = 1;                                          //74HC138使能信号使能
  LedDataCov();                                    //数据重新排列
  while(1)
  {
    DSB = 1;                                       //下半屏不显示,
    for(m=0;m<16;m++)                              //16行点阵数据
    {
      for(n=0;n<8;n++)                             //每行8个字节
      {
        led[n] = LedDataTemp[m][n];                //将对应行的8个字节数据提取出
      }
      Send_8Byte_HC595(led,0);                     //发送提取的8个字节数据
      RCLK = 0;
      RCLK = 1;                                    //锁存RCLK产生下降沿将数据送到点阵显示
      switch(m)
      {
        case 0: LA = 0; LB = 0; LC = 0; LD = 0; //选中第0行
            break;
        case 1: LA = 1; LB = 0; LC = 0; LD = 0; //选中第1行
          break;
        case 2: LA = 0; LB = 1; LC = 0; LD = 0; //选中第2行
            break;
        case 3: LA = 1; LB = 1; LC = 0; LD = 0; //选中第3行
            break;
```

```
        case 4: LA = 0; LB = 0; LC = 1; LD = 0; //选中第 4 行
            break;
        case 5: LA = 1; LB = 0; LC = 1; LD = 0; //选中第 5 行
            break;
        case 6: LA = 0; LB = 1; LC = 1; LD = 0; //选中第 6 行
            break;
        case 7: LA = 1; LB = 1; LC = 1; LD = 0; //选中第 7 行
            break;
        case 8: LA = 0; LB = 0; LC = 0; LD = 1; //选中第 8 行
            break;
        case 9: LA = 1; LB = 0; LC = 0; LD = 1; //选中第 9 行
            break;
        case 10:LA = 0; LB = 1; LC = 0; LD = 1;//选中第 10 行
            break;
        case 11:LA = 1; LB = 1; LC = 0; LD = 1;//选中第 11 行
            break;
        case 12:LA = 0; LB = 0; LC = 1; LD = 1;//选中第 12 行
           break;
        case 13:LA = 1; LB = 0; LC = 1; LD = 1;//选中第 13 行
            break;
        case 14:LA = 0; LB = 1; LC = 1; LD = 1;//选中第 14 行
            break;
        case 15:LA = 1; LB = 1; LC = 1; LD = 1;//选中第 15 行
            break;
        default: break;
      }
    }
  }
}
```

单片机系统板和点阵屏按照前面的说明进行连接，并给点阵屏供电，编译和下载上面的程序，就可以看到点阵屏的上半屏显示了“电子制作”4 个汉字。

2.5.2 汉字的左右移动

在日常生活中，我们经常看到点阵屏幕上的内容可以左右移动。下面以所使用的点阵屏模块的汉字右移为例说明点阵屏上内容左右移动的原理。我们看到屏幕内容向右移动时，显示的内容依次一列一列地向右移动，当显示的内容右移到最后一列时，最后一列再移动一次后将会变到点阵屏最左侧一列。从现象上观察就不难得出点阵屏向右移动的原理了，当显示完一屏内容之后，只要将这一屏数据内容全部右移一位，如果是最后一列的数据位则直接移到最左列数据的最低位，移位完成后，得到新的一屏数据，再将移位后得到的整屏数据送入到点阵屏进行显示就会出现移位的效果了。因此我们要实现的屏幕内容左右移动就是对数据的左右移动。根据这个原理，我们定义了一个二维数组来存放修改后的数据，每移动一次，更新一次二维数组，如此循环就实现了屏幕内容的右移。

完整左右移动显示的代码如下：

```
#define SCLK PORTC5_bit                    //74HC595 串行移位时钟
#define DSA PORTC7_bit                     //上半屏串行数据输入
```

```
#define DSB PORTC6_bit                        //下半屏串行数据输入
#define RCLK PORTC4_bit                       //74HC595 锁存时钟
#define EN PORTD0_bit                         //74HC138 使能端
#define LA PORTC0_bit                         //2 片 74HC138 组成的 4-16 线的数据输入 A0
#define LB PORTC1_bit                         //2 片 74HC138 组成的 4-16 线的数据输入 A1
#define LC PORTC2_bit                         //2 片 74HC138 组成的 4-16 线的数据输入 A2
#define LD PORTC3_bit                         //2 片 74HC138 组成的 4-16 线的数据输入 E1

unsigned char LedDataTemp[16][8];
unsigned char led[8];
unsigned char LedData[64][2] = {              //取码格式：阳码、逐行、逆向
// 电(0) 子(1) 制(2) 作(3)
0xFE,0xFF,0xFE,0xFF,0xFE,0xFF,0xC0,0x07,0xDE,0xF7,0xDE,0xF7,0xDE,0xF7,0xC0,0x07,
0xDE,0xF7,0xDE,0xF7,0xDE,0xF7,0xC0,0x07,0xDE,0xF5,0xFE,0xFD,0xFE,0xFD,0xFF,0x01,
/*"电",0*//*（16 X 16，宋体）*/
0xFF,0xFF,0x80,0x07,0xFF,0xEF,0xFF,0xDF,0xFF,0xBF,0xFE,0x7F,0xFE,0xFF,0x00,0x01,
0xFE,0xFF,0xFE,0xFF,0xFE,0xFF,0xFE,0xFF,0xFE,0xFF,0xFE,0xFF,0xFA,0xFF,0xFD,0xFF,
/*"子",1*//*（16 X 16，宋体）*/
0xFB,0xFB,0xDB,0xFB,0xDB,0xFB,0xC0,0x5B,0xBB,0xDB,0xFB,0xDB,0x00,0x1B,0xFB,0xDB,
0xFB,0xDB,0xC0,0x5B,0xDB,0x5B,0xDB,0x5B,0xD9,0x7B,0xDA,0xFB,0xFB,0xEB,0xFB,0xF7,
/*"制",2*//*（16 X 16，宋体）*/
0xF6,0xFF,0xF6,0xFF,0xF6,0xFF,0xEE,0x01,0xED,0x7F,0xCD,0x7F,0xCB,0x7F,0xAF,0x07,
0x6F,0x7F,0xEF,0x7F,0xEF,0x7F,0xEF,0x03,0xEF,0x7F,0xEF,0x7F,0xEF,0x7F,0xEF,0x7F,
/*"作",3*//*（16 X 16，宋体）*/
};


/*****************************************************
* 函数名称：void Display_HalfScreen(unsigned char screen)
* 函数功能：送入半屏数据
* 输入参数：screen-->上半屏和下半屏选择,0--上半屏,1--下半屏
* 返回值：无
* 函数说明：无
*****************************************************/
void Display_HalfScreen(unsigned char screen)
{
   unsigned char m,n;
   if(screen == 0)                            //显示上半屏
     DSB = 1;                                 //则下半屏不显示
   if(screen == 1)                            //显示下半屏
     DSA = 1;                                 //则上半屏不显示
   for(m=0;m<16;m++)                          //16 行点阵数据
   {
     for(n=0;n<8;n++)                         //每行 8 个字节
     {
       led[n] = LedDataTemp[m][n];            //将对应行的 8 个字节数据提取出
     }
     Send_8Byte_HC595(led,screen);            //发送提取的 8 个字节数据
     RCLK = 0;
     RCLK = 1;                                //锁存 RCLK 产生下降沿将数据送到点阵显示
     switch(m)
```

```
        {
          case 0: LA = 0; LB = 0; LC = 0; LD = 0;
                  break;
          case 1: LA = 1; LB = 0; LC = 0; LD = 0;
                  break;
          case 2: LA = 0; LB = 1; LC = 0; LD = 0;
                  break;
          case 3: LA = 1; LB = 1; LC = 0; LD = 0;
                  break;
          case 4: LA = 0; LB = 0; LC = 1; LD = 0;
                  break;
          case 5: LA = 1; LB = 0; LC = 1; LD = 0;
                  break;
          case 6: LA = 0; LB = 1; LC = 1; LD = 0;
                  break;
          case 7: LA = 1; LB = 1; LC = 1; LD = 0;
                  break;
          case 8: LA = 0; LB = 0; LC = 0; LD = 1;
                  break;
          case 9: LA = 1; LB = 0; LC = 0; LD = 1;
                  break;
          case 10:LA = 0; LB = 1; LC = 0; LD = 1;
                  break;
          case 11:LA = 1; LB = 1; LC = 0; LD = 1;
                  break;
          case 12:LA = 0; LB = 0; LC = 1; LD = 1;
                  break;
          case 13:LA = 1; LB = 0; LC = 1; LD = 1;
                  break;
          case 14:LA = 0; LB = 1; LC = 1; LD = 1;
                  break;
          case 15:LA = 1; LB = 1; LC = 1; LD = 1;
                  break;
          default: break;
        }
    }
}

/***************************************************
 * 函数名称: void DZ_LeftRight(u8 LefRig,u16 speed,u8 screen)
 * 函数功能: 实现汉字或图形的左右移动
 * 输入参数: LefRig--> 左移或者右移选择,speed-->速度设置,值越大,移动越慢
 * screen--> 上下半屏控制,0-->上半屏,1-->下半屏
 * 返回值: 无
 * 函数说明: 无
 ***************************************************/
//实现数据的左右移动,速度控制,上下半屏控制
void DZ_LeftRight(unsigned char LefRig,unsigned int speed,unsigned char screen)
{
  unsigned char i,j,k,m;
  unsigned char temp1,temp2;
```

```
    for(i = 0;i < 16;i++)
    {
     for(m = 0;m < speed;m++)
      {
        if(LefRig == 0)                          //左移
          {
            for(j = 0;j < 16;j++)
            {
              for(k = 0;k < 8;k++)
                  {
                  if(k == 7)
                    {
                      temp1 = (LedData[j][0]&0x80)>> 7;
                      //将 8 个字节的最高位放到第 1 个字节的最低位,合并成一个字节
                      LedDataTemp[j][7] = (LedData[j][7]<< 1)|temp1;
                    }
                    else
                    {
                      temp2 = (LedData[j][k + 1]&0x80)>> 7;
                      //将本字节左移 1 位,并将前一个字节的最高位合并到本字节的最低位
                      LedDataTemp[j][k] = (LedData[j][k]<< 1)|temp2;
                    }
              }
          }
        }
      else                                       //右移
      {
          for(j = 0;j < 16;j++)
          {
            for(k = 0;k < 8;k++)
              {
               if(k == 0)
                  //将 8 个字节的最低位放到第 8 个字节的最高位,合并成 1 个字节
                  LedDataTemp[j][0] = (LedData[j][0]>> 1)|((LedData[j][7]&0x01)<< 7);
               else
               //将本字节向右移动 1 位,并将前一个字节的最低位合并到本字节最高位
               LedDataTemp[j][k] = (LedData[j][k]>> 1)|((LedData[j][k - 1]&0x01)<< 7);
              }
          }
      }
      Display_HalfScreen(screen);                //调用显示一屏的函数
    }
    for(j = 0;j < 16;j++)
      {
        for(k = 0;k < 8;k++)
        LedData[j][k] = LedDataTemp[j][k];       //对数据数据进行更新
      }
    }
}
```

```
void main() {
  unsigned char i,j;                          //用于循环计数
  DDRC = 0xff;                                //设置 PC 端口为输出
  DDD0_bit = 1;                               //设置 PD0 端口为输出
  PORTC = 0x00;                               //初始为低电平
  PORTD0_bit = 0;                             //初始为低电平
  EN = 1;                                     //74HC138 使能信号使能

  while(1)
  {
    LedDataCov();                             //数据重新排列
    DZ_LeftRight(0,10,0) ;                    //左移,速度 10,上半屏,
  }
}
```

将程序下载后,看到点阵屏上的汉字会向右移动。如果要调节显示屏文字移动方向,只需要修改 DZ_LeftRight 函数中的第一个参数,其值为 0 时是右移,为 1 时则是左移;如果要调节显示屏文字移动速度,只需要修改函数中的第二个参数,其修改范围是 0～65535,值越大移动速度越慢;如果要确定是上半屏还是下半屏显示,只需要修改函数中的第三个参数即可,其值为 0 时为上半屏显示,为 1 时为下半屏显示。

2.5.3 汉字的上下移动

完成了屏幕内容的左右移动显示,再来设计屏幕内容的上下移动。对于所使用的点阵屏模组来说,上下移动相对于左右移动要简单一些。下面以这个屏内容向下移动为例说明点阵屏上下移动的原理。屏幕内容向下移动时,显示的内容依次一行一行地向下移动,当显示的内容下移到最后一行时,最后一行再移动一次后将会变到点阵屏最上端一行。从现象上观察就不难得出点阵屏向下移动的原理了。当显示完一屏内容之后,只要将这一屏数据内容全部下移一行,如果显示的是最后一行的数据则直接移到最上端一行。移动完成后,得到新的一屏数据,再将移动后得到的整屏数据送入到点阵屏进行显示就会出现下移的效果了。同左右移动一样,我们定义了一个二维数组来存放修改后的数据,每移动一次,更新一次二维数组,如此循环就实现了屏幕内容的下移。

这里只需要再建立一个上下移动的函数,主函数直接调用就可以实现显示屏的上下移动了。下面给出汉字上下移动的具体的代码。

```
/***************************************************
 * 函数名称: void DZ_UpDown(unsigned char updown,unsigned int speed,unsigned char screen)
 * 函数功能: 实现数据的上下移动,速度控制,上下半屏控制
 * 输入参数: updown --> 上移或者下移选择,speed -->速度设置,值越大,移动越慢
 * screen --> 上下半屏控制,0 -->上半屏,1 -->下半屏
 * 返回值: 无
 * 函数说明: 无
****************************************************/
void DZ_UpDown(unsigned char updown,unsigned int speed,unsigned char screen)
{
  unsigned char i,j,k,m;
  for(i = 0;i < 16;i++)                       //16 次循环,正好循环一个周期
  {
```

```
    for(m = 0;m <= speed;m++)                    //speed 值越小，移动速度越快，越大，移动速度越慢
    {
     if(updown == 0)                                   //向下移动
      {
        for(j = 0;j < 16;j++)                          //对缓存数据进行处理
         {
           for(k = 0;k < 8;k++)
            {
              if(j == 15)
                LedDataTemp[0][k] = LedData[15][k];    //将最后一行的数据放到第一行
              else
                LedDataTemp[j + 1][k] = LedData[j][k]; //其他行顺序下移一行
            }
         }
      }
    else                                               //向上移动
     {
       for(j = 0;j < 16;j++)
        {
          for(k = 0;k < 8;k++)
           {
              if(j == 0)
                LedDataTemp[15][k] = LedData[0][k];    //将第一行的数据放到最后一行
              else
                LedDataTemp[j - 1][k] = LedData[j][k]; //其他行顺序上移一行
           }
        }
     }
    Display_HalfScreen(screen);                        //调用显示一屏的函数
   }
    for(j = 0;j < 16;j++)
     {
       for(k = 0;k < 8;k++)
       LedData[j][k] = LedDataTemp[j][k];              //对数据数据进行更新
     }
    }
  }
```

在主函数中只要调用 DZ_UpDown 这个函数即可。如果要调节显示屏文字移动方向，只需要修改 DZ_UpDown 函数中的第一个参数，其值为 0 时则上移，为 1 时则下移。如果要调节显示屏文字移动速度，只需要修改函数中的第二个参数，其修改范围是 0～65535，值越大移动速度越慢。

2.6　思考

1. 对于本点阵模组，如何实现整屏显示内容的左右移动和上下移动？
2. 对于更大的点阵屏，数据是如何存储的？
3. 如何能够直接在计算机上修改要显示的内容？
4. 如何显示一些动态的数据，如环境温度、湿度实时显示？

项目 3

简易数显电子时钟

3.1　项目任务

设计一个 1602 液晶屏显示的简易电子钟，可以通过三个按键调整日期和时间。

3.2　考查知识点

3.2.1　实时时钟芯片

现在实时时钟芯片有很多种，也有的 ARM 里面已经自带了实时时钟。实时时钟芯片精度比较高的价格也相对较高，而对于我们日常使用，采用一般的时钟芯片即可。这里选择常用的 DS1302 实时时钟芯片进行计时。下面简单介绍 DS1302 的内部寄存器及读写方法。

1. DS1302 基本特性

DS1302 是 DALLAS 公司推出的涓流充电时钟芯片，内含一个实时时钟/日历和 31 字节静态 RAM ，通过简单的串行接口与单片机进行通信。实时时钟/日历电路提供秒、分、时、日、周、月、年的信息，每月的天数和闰年的天数可自动调整。时钟操作可通过 AM/PM 指示决定采用 24 或 12 小时格式。DS1302 与单片机之间能简单地采用同步串行的方式进行通信，仅需用到三个口线：RES 复位、I/O 数据线、SCLK 串行时钟。时钟/RAM 的读/写数据以一个字节或多达 31 个字节的字符组方式通信。DS1302 工作时功耗很低，保持数据和时钟信息时功率小于 1mW。

DS1302 是由 DS1202 改进而来的，其增加了以下的特性：双电源引脚用于主电源和备份电源供应，V_{CC1} 为可编程涓流充电电源，附加 7 个字节存储器。它广泛应用于电话、传真、便携式仪器以及电池供电的仪器仪表等产品领域。下面将主要的性能指标作一综合：

- 实时时钟具有能计算 2100 年之前的秒、分、时、日、星期、月、年的能力，还有闰年调整的能力。
- 31 个 8 位暂存数据存储 RAM。
- 串行 I/O 口方式使得引脚数量最少。
- 宽范围工作电压 2.0～5.5V。
- 工作电流在电压 2.0V 时，小于 300nA。
- 读/写时钟或 RAM 数据时有两种传送方式，即单字节传送和多字节传送字符组方式。

- 8 脚 DIP 封装或可选的 8 脚 SOIC 封装时可根据表面装配。
- 简单 3 线接口。
- 与 TTL 兼容，$V_{CC}=5V$。
- 可选工业级温度范围－40～＋85℃。
- 双电源管用于主电源和备份电源供应。

2. DS1302 电路连接

(1) DS1302 引脚功能

DS1302 芯片封装分直插 DIP-8 和贴片 SO-8 两种，引脚功能如图 3-1 所示。

引脚功能如下：

V_{CC2}——电源引脚。

X1——时钟晶振引脚。

X2——时钟晶振引脚。

GND——电源地。

$\overline{RST}$——芯片复位引脚。

I/O——数据输入/输出。

SCLK——串行时钟。

V_{CC2}	1	8	V_{CC1}
X1	2	7	SCLK
X2	3	6	I/O
GND	4	5	$\overline{RST}$

图 3-1　DS1302 引脚功能

(2) 和单片机的接口电路

DS1302 和单片机的接口电路如图 3-2 所示。

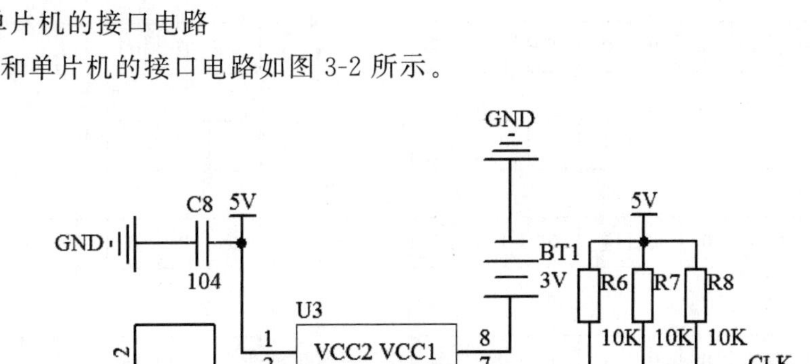

图 3-2　DS1302 和单片机的接口电路

图 3-2 中，DS1302 和单片机的接口只有三根线，三根线接到单片机的普通 I/O 端口就可以，并且都要加上拉电阻，也就是在空闲状态时，数据线保持为高电平。DS1302 的第 8 脚接 3V 纽扣电池，当系统电路板断电时，可由 8 脚后备电源供电。

3. DS1302 的寄存器

操作 DS1302 的大致过程，就是将各种数据写入 DS1302 的寄存器，以设置它当前的时间以及格式。然后使 DS1302 开始运作，DS1302 时钟会按照设置情况运转，再用单片机将其寄存器内的数据读出。最后用液晶显示，就是我们常说的简易电子钟。所以总的来说对 DS1302 的操作分两步。

DS1302 的寄存器的格式如下：

1	RAM / $\overline{CK}$	A4	A3	A2	A1	A0	RD / $\overline{W}$

- 第 7 位永远都是 1。
- 第 6 位,1 表示 RAM,寻址内部存储器地址;0 表示 CK,寻址内部寄存器。
- 第 5 到第 1 位,为 RAM 或者寄存器的地址;最低位,高电平表示 RD,即下一步操作将要“读”;低电平表示 W,即下一步操作将要“写”。

DS1302 内部寄存器如图 3-3 所示。

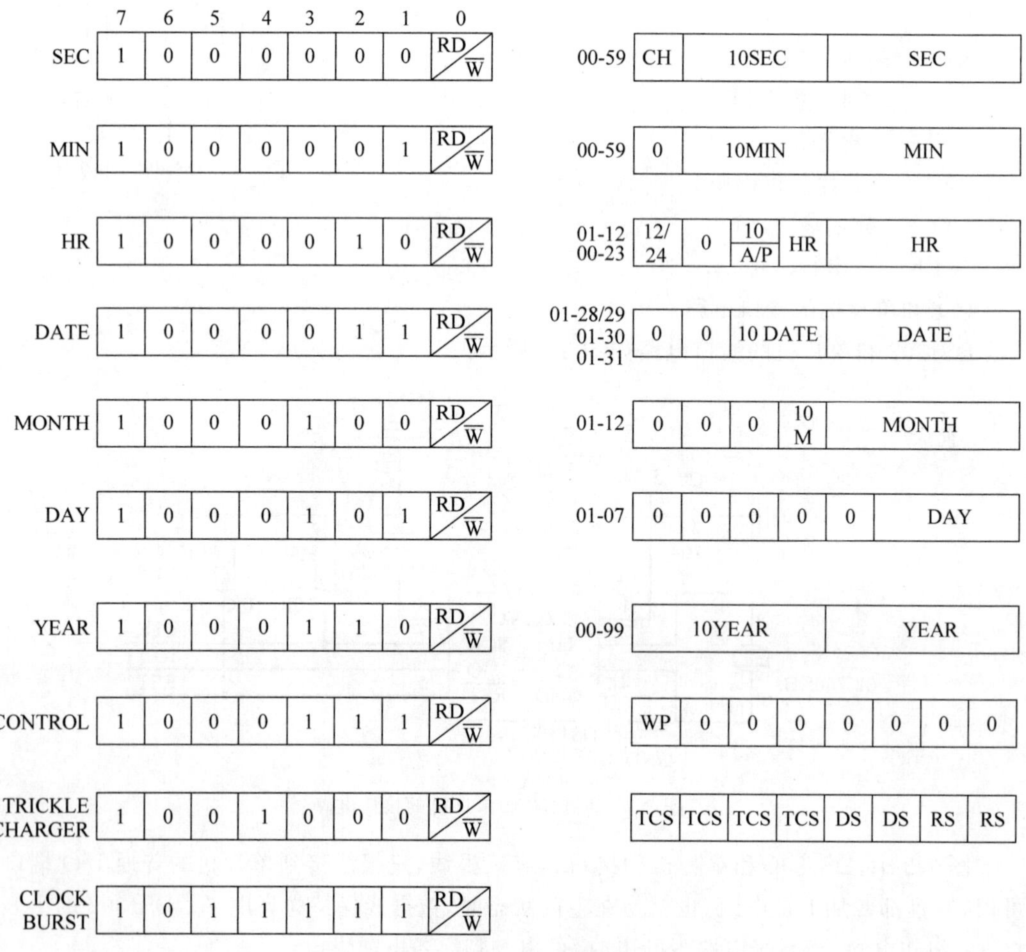

图 3-3　DS1302 内部寄存器

(1) 秒寄存器 SEC　　地址:0x80

秒时钟寄存器,除了记录秒钟以外,还控制 DS1302 的时钟开关。该位第 7 位 CH,当写入逻辑 1 时 DS1302 停止工作,时间的计时保持最后一次的状态。如果写入逻辑 0 时,DS1302 则开始工作,时间从最后一次状态中继续计时。这里要特别注意的是,时间寄存器里时间是以 BCD 码的格式来存放的。因此高 4 位中的 BIT4～BIT6 记录十位,而低 4 位记录个位。秒钟最大值可以记到 59,如果换成十六进制数的话就是 0x59。

(2) 分寄存器 MIN　　地址:0x82

八位寄存器,高 4 位记录分的十位,低 4 位记录个位。

(3) 时寄存器 HR　　地址:0x84

小时寄存器,最高位为 12/24 小时的格式选择位,该位为 1 时表示 12 小时格式,为 0 表示 24 小时格式。当设置为 12 小时显示格式时,第 5 位的高电平表示下午(PM);而当设置为 24 小时格式时,第 5 位为具体的时间数据。

(4) 日寄存器 DATE　　地址:0x86

八位寄存器,高 4 位记录日的十位,低 4 位记录个位。

(5) 月寄存器 MONTH　　地址:0x88

八位寄存器,高 4 位记录月的十位,低 4 位记录个位。

(6) 周寄存器 DAY　　地址:0x8a

八位寄存器,仅有低 4 位被使用,用来记录个位。

(7) 年寄存器 YEAR　　地址:0x8C

八位寄存器,高 4 位记录年的十位,低 4 位记录个位。不记录世纪,也就是只记年的后两位。

(8) 控制寄存器 CONTROL　　地址:0x8e

八位寄存器,仅 BIT7 有用,即写保护控制位 WP,逻辑 0 解除写保护,逻辑 1 开启写保护。

(9) 充电寄存器(Trickle Charge)　　地址:0x90

(10) 爆发寄存器(Burst Mode)　　地址:0x92

还要注意的是:从寄存器的格式来看,最后一位是读写的标志位,以秒为例,写秒数据时地址是 0x80,但读秒数据时地址是 0x81。

下面介绍 DS1302 的 RAM。DS1302 内部设立了 31 个字节的 RAM 空间,RAM 空间的起始地址是 0xC0。RAM 空间可以当做外存储器,存储少量数据。但在这 31 个存储空间中,最后一个是 RAM BURST 的寄存器,设置该寄存器可以达到对 RAM 连续读写的作用。所以 DS1302 的可用存储空间实际上为 30 个字节。RAM 寄存器地址分配表如表 3-1 所示。

表 3-1　RAM 寄存器地址分配表

读地址	写地址	数据范围
C1H	C0H	00～FFH
C3H	C2H	00～FFH
C5H	C4H	00～FFH
C7H	C6H	00～FFH
C9H	C8H	00～FFH
⋮	⋮	⋮
FDH	FCH	00～FFH

4. DS1302 操作时序

对 DS1302 时间的读和写都要按照其要求时序进行操作,下面给出 DS1302 的写时序和读时序。

（1）写时序

图 3-4 所示的是 DS1302 一个字节写入的时序图。第一个字节是地址字节，第二个字节是数据字节。在写地址和数据时 RST 信号必须拉高，否则数据的写入是无效的。地址字节和数据字节的读取在时钟 SCLK 的上升沿有效，而且是从 LSB 开始写入的。

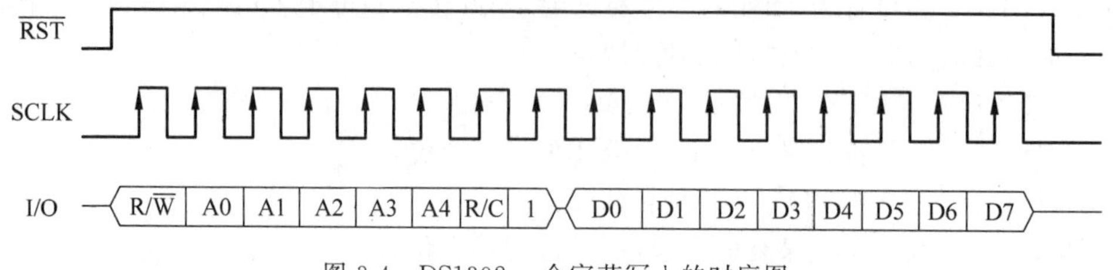

图 3-4　DS1302 一个字节写入的时序图

（2）读时序

图 3-5 所示的是 DS1302 一个字节读出的时序图。首先写入要读取的地址字节，然后读出数据字节。写地址字节时上升沿有效，而读数据字节时下降沿有效。写地址字节和读数据字节同样是从 LSB 开始的。

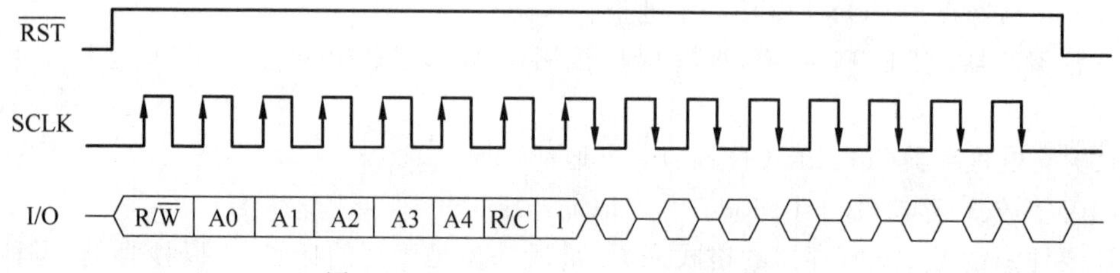

图 3-5　DS1302 一个字节读出的时序图

3.2.2　1602 液晶屏显示原理

液晶显示屏有很多种，像手机、电脑的显示屏都是液晶屏，在其他电子产品上也经常使用通用或者订制的单色或者彩色液晶屏，不同的液晶屏模块驱动方法也不同。这里介绍字符液晶屏 1602 的原理。

1. 1602 液晶屏概述

字符型液晶显示模块是一种专门用于显示字母、数字、符号等点阵式 LCD，目前常用 16＊1，16＊2，20＊2 和 40＊2 行等的模块。一般 1602 字符型液晶显示器实物如图 3-6 所示。

图 3-6　一般 1602 字符型液晶显示器实物图

LCD1602 总共有 32 个矩形框，每个框代表显示一个字符的位置。每个矩形框由 5＊7 或者 5＊8 个小矩形组成，每个点，可以成为一像素，它对应 1bit 存储空间，写 1 点显示，写 0 点则不显示，示意图如图 3-7 所示。

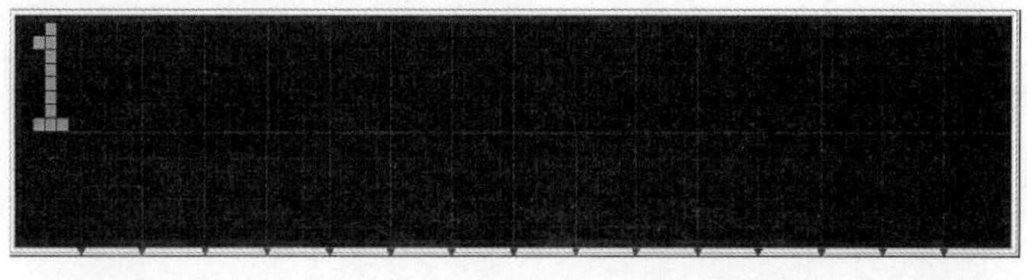

图 3-7　1602 液晶屏显示示意图

1602LCD 分为带背光和不带背光两种，基本控制器大部分为 HD44780，带背光的比不带背光的厚，是否带背光在应用中并无差别，两者尺寸差别如图 3-8 所示。

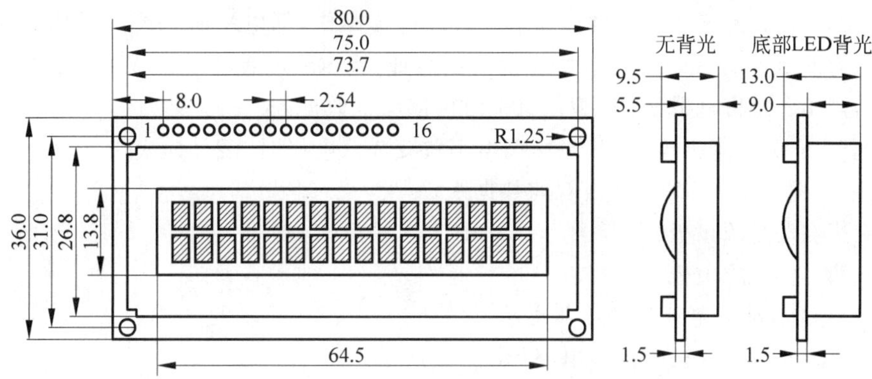

图 3-8　1602 液晶模块尺寸图

LCD1602 主要技术参数如下所示。

- 显示容量：16×2 个字符。
- 芯片工作电压：4.5～5.5V。
- 工作电流：2.0mA(5.0V)。
- 模块最佳工作电压：5.0V。
- 字符尺寸：2.95×4.35(W×H)mm^2。

2. 1602 液晶屏引脚功能说明

1602LCD 采用标准的 14 脚（无背光）或 16 脚（带背光）接口，各引脚接口说明如表 3-2 所示。

表 3-2　1602 液晶屏各引脚接口说明

编号	符号	引脚说明	编号	符号	引脚说明
1	V_{SS}	电源地	6	E	使能信号
2	V_{DD}	电源正极	7	D0	数据
3	VL	液晶显示偏压	8	D1	数据
4	RS	数据/命令选择	9	D2	数据
5	R/W	读/写选择	10	D3	数据

续表

编号	符号	引脚说明	编号	符号	引脚说明
12	D5	数据	14	D7	数据
11	D4	数据	15	BLA	背光源正极
13	D6	数据	16	BLK	背光源负极

各引脚功能说明如下。

第 1 脚：V_{SS}为地电源。

第 2 脚：V_{DD}接 5V 正电源。

第 3 脚：VL 为液晶显示器对比度调整端，接正电源时对比度最弱，接地时对比度最高，对比度过高会产生"鬼影"，使用时可以通过一个 10K 的电位器调整对比度。

第 4 脚：RS 为寄存器选择，高电平时选择数据寄存器，低电平时选择指令寄存器。

第 5 脚：R/W 为读/写信号线，高电平时进行读操作，低电平时进行写操作。当 RS 和 R/W 共同为低电平时可以写入指令或者显示地址，当 RS 为低电平 R/W 为高电平时可以读忙信号，当 RS 为高电平 R/W 为低电平时可以写入数据。

第 6 脚：E 端为使能端，当 E 端由高电平跳变成低电平时，液晶模块执行命令。

第 7～14 脚：D0～D7 为 8 位双向数据线。

第 15 脚：背光源正极。

第 16 脚：背光源负极。

3. 1602 液晶屏与单片机的连接电路

1602 液晶屏与单片机的接口电路如图 3-9 所示。

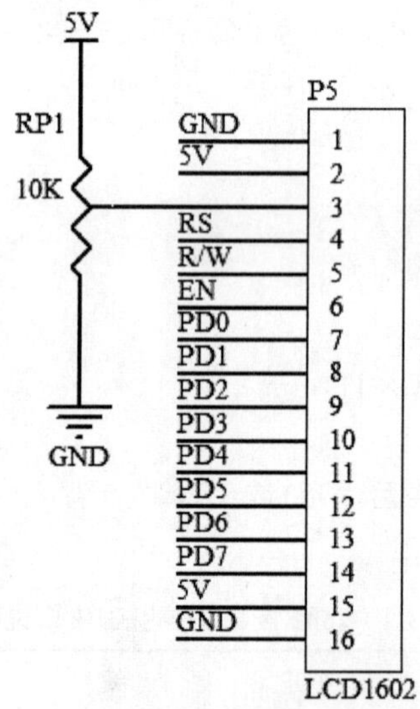

图 3-9　1602 液晶屏与单片机的接口电路

如图 3-9 所示，液晶屏和单片机的 I/O 端口连接需要 11 个引脚，即液晶屏的 4～14 引脚，其中 4～6 引脚是控制线，可以接到单片机的任何普通 I/O 引脚，7～14 引脚是数据引脚，建议接到单片机的一个 8 位端口上，这样送入数据时就比较好处理。

4. 1602 液晶屏控制指令

1602 液晶屏内部的控制器共有 11 条，具体指令如表 3-3 所示。

表 3-3 液晶屏模块内部控制器指令表

序号	指令	RS	R/W	D7	D6	D5	D4	D3	D2	D1	D0
1	清显示	0	0	0	0	0	0	0	0	0	1
2	光标返回	0	0	0	0	0	0	0	0	1	*
3	置输入模式	0	0	0	0	0	0	0	1	I/D	S
4	显示开/关控制	0	0	0	0	0	0	1	D	C	B
5	光标或字符移位	0	0	0	0	0	1	S/C	R/L	*	*
6	置功能	0	0	0	0	1	DL	N	F	*	*
7	置字符发生存储器地址	0	0	0	1	字符发生存储器地址					
8	置数据存储器地址	0	0	1	显示数据寄存器地址						
9	读忙标志或地址	0	1	BF	计数器地址						
10	写数据到 CGRAM 或 DDRAM	1	0	要写的数据内容							
11	从 CGRAM 或 DDRAM 读出数据	1	1	读出的数据内容							

1602 液晶模块的读/写操作，屏幕和光标的操作都是通过指令编程来实现的(说明：1 为高电平，0 为低电平)。

指令 1——清显示，指令码 01H，光标复位到地址 00H 位置。

指令 2——光标复位，光标返回到地址 00H。

指令 3——光标和显示位置设置 I/D，光标移动方向，高电平右移，低电平左移；S：屏幕上所有文字是否左移或右移，高电平表示有效，低电平表示无效。

指令 4——显示开关控制。D：控制整体的显示开与关，高电平表示开显示，低电平表示关显示；C：控制光标的开与关，高电平表示有光标，低电平表示无光标；B：控制光标是否闪烁，高电平闪烁，低电平不闪烁。

指令 5——光标或显示移位。S/C：高电平时显示移动的文字，低电平时移动光标；R/L：高电平时右移，低电平时左移。

指令 6——功能设置命令。DL：高电平时为 8 位总线，低电平时为 4 位总线；N：低电平时为单行显示，高电平时为双行显示；F：低电平时显示 5 * 7 的点阵字符，高电平时显示 5 * 10 的显示字符。

指令 7——字符发生器 RAM 地址设置，即字符存放所在地址。

指令 8——DDRAM 地址设置，即字符显示位置地址。

指令 9——读忙信号和光标地址。BF：忙标志位，高电平表示忙，此时模块不能接收命令或数据；低电平表示不忙。

5. 1602 液晶屏模块的操作时序

1602 液晶屏模块写操作时序如图 3-10 所示，单片机对液晶屏的操作主要是写操作，因此要重点掌握其时序，才能够写出液晶屏驱动程序。

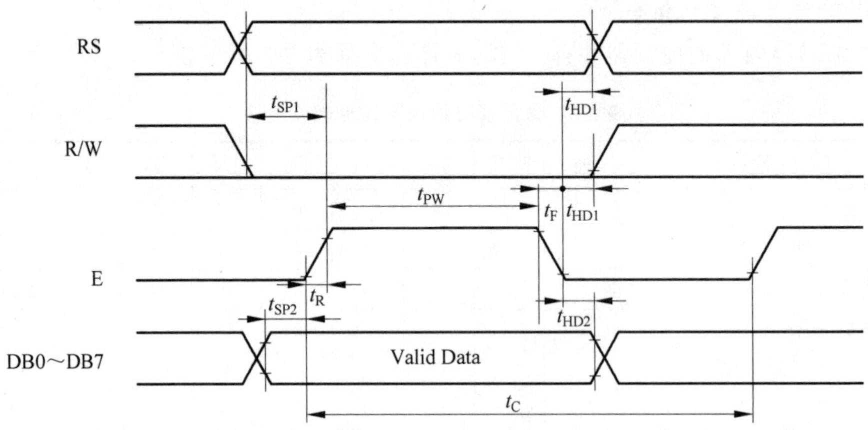

图 3-10　液晶屏模块写操作时序

从图 3-10 所示的时序图上分析来看，因为 RS 低电平时为写指令，RS 高电平时为写数据，所以时序上高低电平都有。在写指令时，RS 应为低电平，在写数据时，RS 应为高电平。这里以写指令为例，从时序图上可以看出，首先 RS 和 R/W 拉低电平，E 仍然保持之前的低电平，然后单片机数据开始输出到数据线上，数据线上数据准备好后，E 电平拉高，E 的作用是在数据总线已准备就绪的情况下，E 使能端只要出现一个正电平脉冲，就表示此次数据总线操作有效，不管是读还是写，都必须这样执行一次。E 信号由高变低时数据线上的数据会写入到液晶屏控制器，执行相应操作，所以这里 E 要产生一个下降沿。

1602 液晶模块读操作时序如图 3-11 所示。由于单片机对液晶屏的操作主要是写，读操作基本上不会使用到。

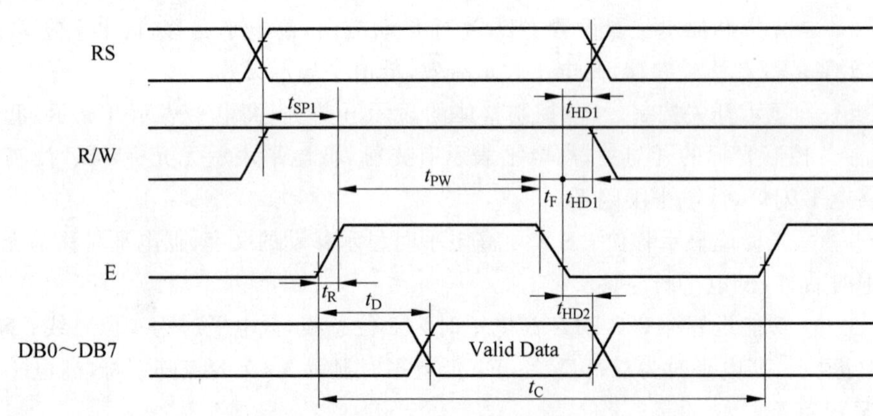

图 3-11　1602 液晶模块读操作时序

这里有两个注意事项：一个是读数据时 R/W 保持高电平，另一个是先保证 E 为高电平后再读数据。

6. 1602 液晶屏的 RAM 地址映射

液晶显示模块是一个慢显示器件，所以在执行每条指令之前一定要确认模块的忙标志为低电平，即表示不忙，否则此指令失效。要显示字符时要先输入显示字符地址，也就是告诉模块在哪个位置显示字符，图 3-12 所示的是 1602 液晶屏的内部显示地址。

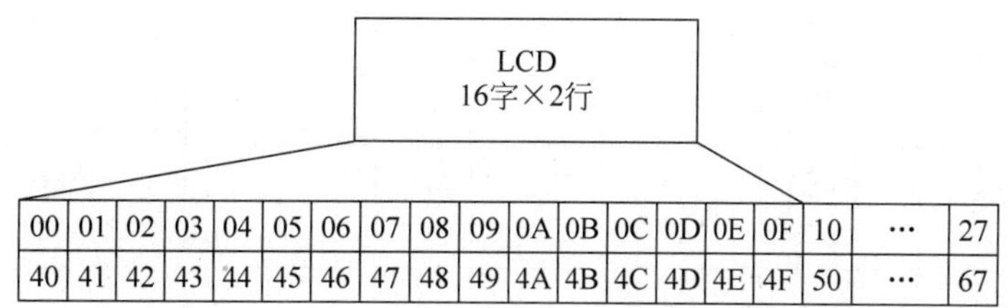

图 3-12　1602 液晶屏的内部显示地址

从图 3-12 中可以看出，液晶屏的第一行的首地址是 0x00，第二行的首地址是 0x40。对于 1602 液晶屏来说每行只能最多显示 16 个字符，即需要 16 个显示地址，但从图中可以看到后面还多出了 0x10～0x27 这些地址。这些地址有什么用呢？其实本身液晶控制器就是每行有 40 个地址的，我们只用到了 16 个。

当在某个位置显示字符时，要写入显示所在的地址。例如，在第二行第一个位置显示字符，就应该把这个地址通过单片机写入到液晶屏控制器，第二行第一个位置显示地址是 0x40，那么是否直接写入 0x40 就可以将光标定位在第二行第一个字符的位置呢？这样不行，因为写入显示地址命令时要求最高位 D7 恒定为高电平 1，所以实际写入的数据应该是 01000000B(0x40)＋10000000B(0x80)＝11000000B(0xC0)。

7. 1602 液晶屏的字符发生地址

1602 液晶模块内部的字符发生存储器(CGROM)已经存储了 160 个不同的点阵字符图形，如图 3-13 所示，这些字符有：阿拉伯数字、英文字母的大小写、常用的符号和日文假名等，每一个字符都有一个固定的地址代码，比如大写的英文字母“A”的代码是 01000001B (0x41)，显示时模块把地址 0x41 中的点阵字符图形显示出来，我们就能看到字母“A”。

1602 的操作常用数组来存放要显示的字符，例如：uchar code table[]＝“yang;” 该语句定义了一个数组，里面存放着要显示的内容。当要告诉控制器自己要显示数组中的第 i 个字符时，只要把 table[i]的字符传递给控制器就可以了。如果要在第 2 行的第 1 个位置显示字母“y”，需要先把要显示的位置给 1602 控制器，然后把 table[0]给控制器就可以了。

在 CGROM 字库表中可以看到，在表的最左边是一列可以允许用户自定义的 CGRAM，总共有 16 个字节，实际只有 8 个字节可用。它的字符码是 00000000～00000111 这 8 个地址，表的下面还有 8 个字节，但因为该 CGRAM 的字符码规定 0～2 位为地址，3 位无效，4～7 位全为零。因此 CGRAM 的字符码只有最后三位能用，也就是 8 个字节，等效为 0000X111，X 为无效位，最后三位为 000～111 共 8 个。

如果要想显示这 8 个用户自定义的字符，操作方法与显示 CGROM 的一样，先设置 DDRAM 位置，再向 DDRAM 写入字符码，例如“A”的字符码为 0x41。现在要显示 CGRAM 的第一个自定义字符，就向 DDRAM 写入 00000000B(0x00)，如果要显示第 8 个就写入 00000111(0x08)。

现在来分析向这 8 个自定义字符写入字模。设置 CGRAM 地址的指令如图 3-14 所示。

Uppw 4bia / Lower 4bia	0000 (0)	0010 (2)	0011 (3)	0100 (4)	0101 (5)	0110 (6)	0111 (7)	1010 (A)	1011 (B)	1100 (C)	1101 (D)	1110 (E)	1111 (F)
××××0000 (0)	C6 RAM (1)		0	@	P	`	p		ー	タ	ミ	α	p
××××0001 (1)	(2)	!	1	A	Q	a	q	。	ア	チ	ム	ä	q
××××0010 (2)	(3)	"	2	B	R	b	r	「	イ	ツ	メ	β	θ
××××0011 (3)	(4)	#	3	C	S	c	s	」	ウ	テ	モ	ε	∞
××××0100 (4)	(5)	$	4	D	T	d	t	、	エ	ト	ヤ	μ	Ω
××××0101 (5)	(6)	%	5	E	U	e	u	・	オ	ナ	ユ	σ	ü
××××0110 (6)	(7)	&	6	F	V	f	v	ヲ	カ	ニ	ヨ	ρ	Σ
××××0111 (7)	(8)	'	7	G	W	g	w	ァ	キ	ヌ	ラ	g	π
××××1000 (8)	(1)	(	8	H	X	h	x	ィ	ク	ネ	リ	√	x̄
××××1001 (9)	(2)	)	9	I	Y	i	y	ゥ	ケ	ノ	ル	⁻¹	y
××××1010 (A)	(3)	*	:	J	Z	j	z	ェ	コ	ハ	レ	j	千
××××1011 (B)	(4)	+	;	K	[	k	{	ォ	サ	ヒ	ロ	ˣ	万
××××1100 (C)	(5)	,	<	L	¥	l	|	ャ	シ	フ	ワ	¢	円
××××1101 (D)	(6)	-	=	M	]	m	}	ュ	ス	ヘ	ン	£	÷
××××1110 (E)	(7)	.	>	N	^	n	→	ョ	セ	ホ	゛	ñ	
××××1111 (F)	(8)	/	?	O	_	o	←	ッ	ソ	マ	゜	ö	█

图 3-13　1602 液晶模块点阵字符发生地址

<table>
<tr><td rowspan="2">指令功能</td><td colspan="10">指令编码</td><td rowspan="2">执行时间/us</td></tr>
<tr><td>RS</td><td>R/W</td><td>DB7</td><td>DB6</td><td>DB5</td><td>DB4</td><td>DB3</td><td>DB2</td><td>DB1</td><td>DB0</td></tr>
<tr><td>设定 CGRAM 地址</td><td>0</td><td>0</td><td>0</td><td>1</td><td colspan="6">CGRAM 的地址(6 位)</td><td>40</td></tr>
</table>

图 3-14　设置 CGRAM 地址的指令

从这个指令可以看出指令数据的高 2 位已固定为 01，只有后面的 6 位是地址数据，而这 6 位中的高 3 位就表示这 8 个自定义字符，最后的 3 位就是字模数据的 8 个地址。例如第一个自定义字符的字模地址为 01000000～01000111 这 8 个地址，向这 8 个字节写入字模数据，让它能显示出"℃"。

地址：	数据：	图示：
01000000	00010000	○○○■○○○○
01000001	00000110	○○○○○■■○
01000010	00001001	○○○○■○○■
01000011	00001000	○○○○■○○○
01000100	00001000	○○○○■○○○
01000101	00001001	○○○○■○○■
01000110	00000110	○○○○○■■○
01000111	00000000	○○○○○○○○

user[]={0x10,0x06,0x09,0x08,0x08,0x09,0x06,0x00};//字符℃ */ ，写入时先设置 CGRAM 地址 0X40；显示的是直接取 CGRAM 的数据。

3.2.3　按键处理

按键作为重要的人机接口，在电子产品中经常使用，因此有必要对按键做深入的了解。比较常见的按键电路有独立式按键和矩阵式键盘，这里所说的是独立按键的处理。常见的独立按键和单片机的接口电路如图 3-15 所示。

操作按键时，我们把接按键的 IO 口设置为上拉输入(当有外部上拉电阻时可以不设置内部上拉)，当按键没有按下时，由于上拉电阻的上拉，单片机的 I/O 端口读到的电平为高电平，当按键按下时，单片机的 I/O 端口直接接地，读到的电平为低电平。这样通过判断接到按键的 I/O 端口的电平就可以知道按键是否按下了。但是对于最常使用的机械性按键，在按下或者抬起过程中会有抖动的现象发生，如果抖动幅度比较大，会造成单片机的误判。按键按下或者抬起抖动示意图如图 3-16 所示。

如图 3-16 所示，在按键按下或者抬起时实际会有抖动出现，这个抖动如果幅度较大会引起单片机的误判，本来是按下一次按键，可能误判成多次按键按下，这是我们不希望看到的。因此在实际应用中要对按键进行软件消抖。根据经验值，按下或者抬起时抖动时间一般不超过 10ms，因此在初期学习编程时，通过间隔 10ms 读取两次端口电平是否都为低来确认按键是否被按下，即先读取单片机按键端口电平，如果是低电平，延时 10ms，再读取一次，如果还是低电平，说明按键确实被按下。但是对于单片机等高速的处理器来说，CPU 要等 10ms，其他的事情不能做，就大大浪费了 CPU 的资源。因此在实际使用中不会采用直接延时的方法来等待这 10ms，而采用定时的方法，在这 10ms 时间内，CPU 可以处理其他的事情。

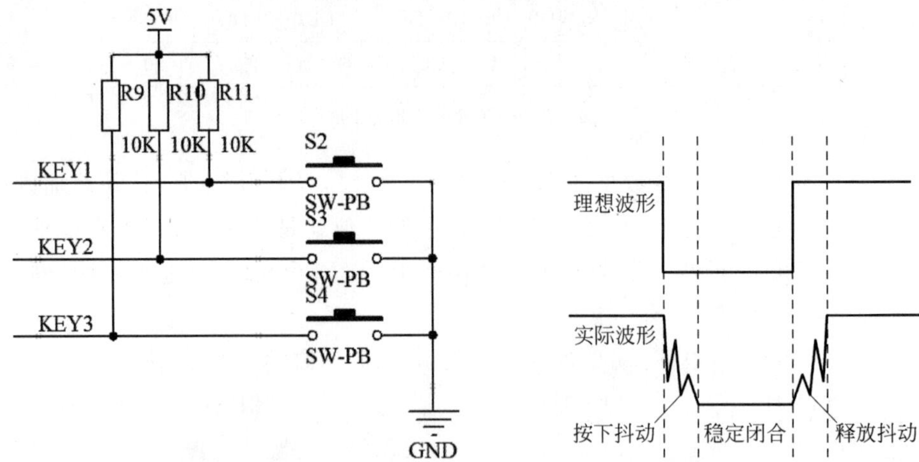

图 3-15　独立按键和单片机的接口电路　　　　图 3-16　按键按下或抬起抖动示意图

按键操作过程通过分析，可以把按键的整个过程分成三个状态：没有按键按下、有按键按下、等待按键抬起。按键的整个过程总是在这样一个有三个状态的状态机中跳转。可以将这个状态机画成状态图，即按键状态机如图 3-17 所示。

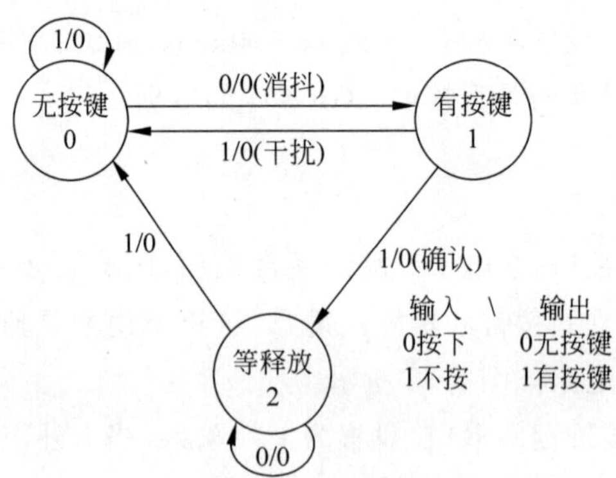

图 3-17　按键状态机

设定无按键为状态 0，有按键为状态 1，等待释放为状态 2；输入为 0 时表示按键按下，输入为 1 时表示没有按键按下；输出为 0 时表示没有按键按下，输出为 1 时表示确认本次按键按下。按键的初始状态为 0，即没有按键按下，如果一直没有按键按下，则一直停留在状态 0，如果有按键按下，则直接跳转到状态 1，进行按键确认；当有按键按下时，跳转到状态 1，在状态 1 时要进行按键的确认，在这个状态中再次判断按键是否按下，如果没有按下，说明是按键抖动，则返回状态 0，重新判断，如果再次确认有按键按下，说明按键被确认按下，则跳转到状态 2；在状态 2 等待按键的释放，如果判断到按键一直被按着，则一直在状态 2 停留，如果在状态 2 按键被抬起，则跳转到状态 0，完成一次按下按键的过程。由于按键抖动时间一般在 10ms 以内，所以各状态之间的跳转间隔也要保证能够被消除抖动，即 10ms 左右，当然也可根据按键实际抖动情况适当调整跳转时间间隔。具体的编程方法在稍后讲解。

3.3　方案设计框图

简易数显电子钟主要用到了实时时钟芯片、按键和液晶显示屏。简易数显电子钟方案设计框图如图 3-18 所示。

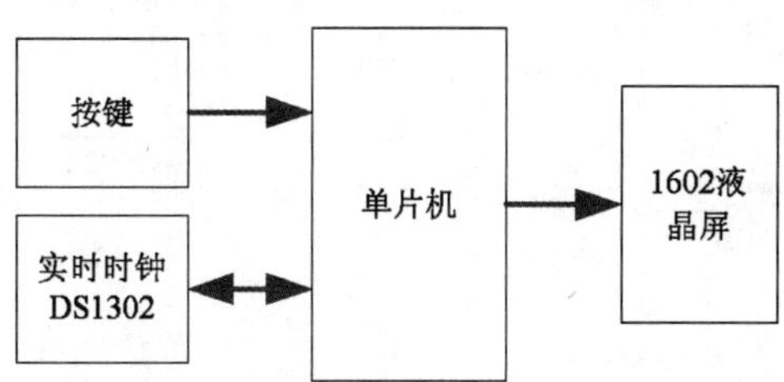

图 3-18　简易数显电子钟方案设计框图

3.4　原理图设计

按键、DS1302、液晶屏和单片机的连接电路在前面已经分别作了说明，这里给出部分的电路图。其中电源电路、复位电路、下载端口和项目 1 的电路相同，这里不再给出。液晶显示数字钟部分电路图如图 3-19 所示。

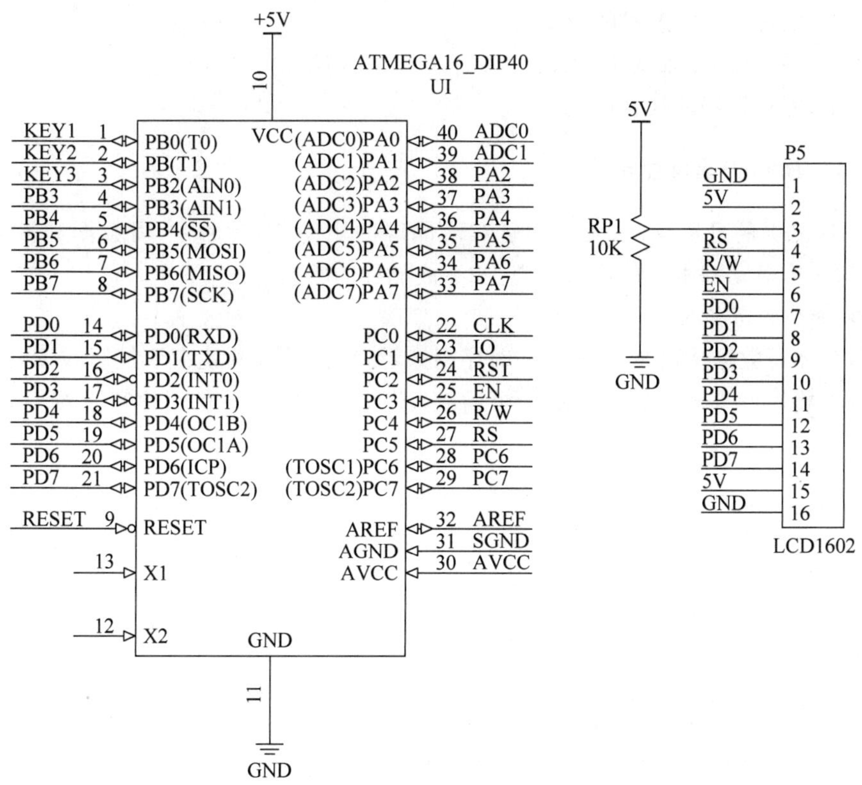

图 3-19　液晶显示数字钟部分电路图

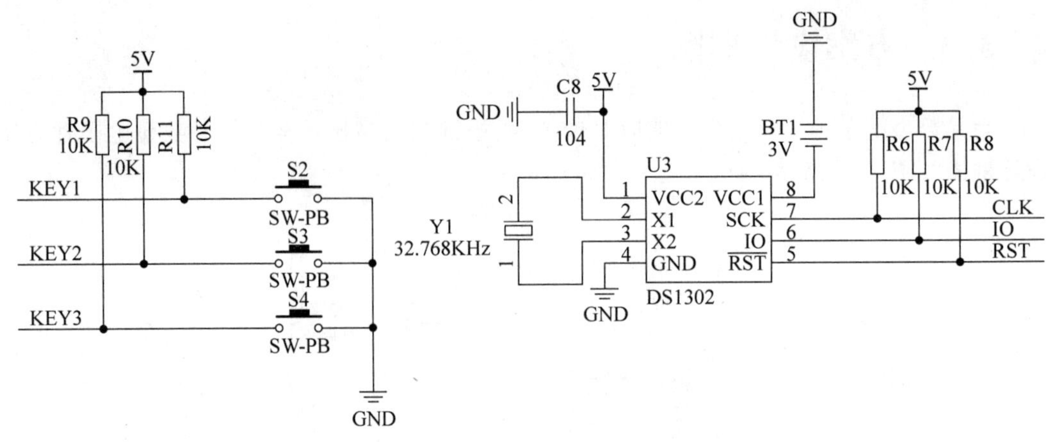

图 3-19 续图

3.5 程序调试

本项目虽然功能简单,但是程序却是相对比较复杂的。因此将本项目的程序分解成几个步骤来进行调试:

第 1 步,实现液晶屏的字符显示。

第 2 步,实现按键状态机的调试。

第 3 步,实现 DS1302 时间的液晶显示。

第 4 步,完整程序的联合调试。

3.5.1 1602 液晶屏显示

1602 液晶屏的显示设计,关键的是对液晶屏的驱动,即写命令、写数据和液晶屏初始化,有了这 3 个驱动基本上就可以实现 1602 液晶屏的驱动了。

1. 写命令和写数据

写命令和写数据从图 3-10 所示的时序图来看,它们的区别就在于控制线 RS 是 0 还是 1,因此可以将写命令和写数据做成一个函数,按照图 3-10 所示的时序来进行编程,具体代码如下:

```
#define RS PORTC5_bit
#define RW PORTC4_bit
#define E PORTC3_bit
#define LCDDAT PORT

/**************************************************
* 函数名称: void wr_1602(unsigned char dat,unsigned char flag)
* 函数功能: 实现单片机对 1602 液晶屏的命令和数据的写入
* 输入参数: dat-->一个字节命令或数据,flag-->0 为写命令,1 为写数据
* 返回值: 无
* 说明:
```

```
**************************************************/
void wr_1602(unsigned char dat,unsigned char flag)
{
  RS = flag;                          //写命令时 RS = 0,写数据时 RS = 1
  RW = 0;                             //写时 RW = 0
  LCDDAT = dat;                       //送数据到数据线上
  delay_ms(1);                        //延时一下,要在 1ms 以上
  E = 1;                              //E 拉高
  delay_us(10);                       //延时
  E = 0;                              //E 拉低,产生下降沿
}
```

需要说明的是,函数中的延时要满足时序图中的时间要求。

2. *液晶屏的初始化*

液晶屏的初始化是为了让屏幕能够正常显示需要的设置,一般在显示之前进行初始化。在进行初始化前要先设置其显示模式,在液晶模块显示字符时光标是自动右移的,无须人工干预。每次输入指令前都要判断液晶模块是否处于忙的状态,也可以用延时代此判断。一般的初始化方法如下函数:

```
/*************************************************
 * 函数名称: void LcdInit_1602(void)
 * 函数功能: 实现单片机对 1602 液晶屏的初始化
 * 输入参数: 无
 * 返回值: 无
 * 说明: 1602 液晶屏的初始化一般都是按照这个步骤进行的,每个初始化间可以稍延时
**************************************************/
void LcdInit_1602(void)
{
  wr_1602(0x38,0);                    //置功能,8 位总线、双行显示,字符 5 * 7
  wr_1602(0x08,0);                    //关显示
  wr_1602(0x01,0);                    //清屏
  wr_1602(0x06,0);                    //置输入模式,光标右移,屏幕文字不移动
  wr_1602(0x0c,0);                    //开显示
}
```

通过上面的初始化,就可以对液晶屏进行读写操作了。

3. *液晶屏实现字符显示*

有了上面的液晶屏写指令/数据的函数和初始化函数,就可以显示字符了。这里在屏上显示字符串“zhongshan”,具体的代码如下:

```
unsigned char temp[] = "zhongshan";
//主函数
void main()
{
  unsigned char i,j;
  DDRD = 0xff;                        //设置数据端口方向为输出
  DDRC| = 0x38;                       //设置三根控制线方向为输出
  LcdInit_1602();                     //1602 初始化
  j = sizeof(temp) - 1;               //提取数组的字节数
```

```
    wr_1602(0x80,0);                    //写入显示地址,第一行第一个位置
    for(i = 0;i < j;i++)                //连续写入字符串
     {
       wr_1602(temp[i],1);
     }
    while(1);
}
```

这样,程序下载之后,在液晶屏上的第一行第一个位置就可以显示"zhongshan"这样一个字符串了。要想显示其他字符,直接在 temp 数组中进行修改即可。

3.5.2 按键处理

我们采用状态机的方法来实现按键的处理,通过按键 KEY1 实现液晶屏上数值加 1,通过按键 KEY2 实现液晶屏上数值减 1。

1. 按键读取及扫描函数

```
#define KEY1 PINB0_bit                 //读取引脚输入
#define KEY2 PINB1_bit
#define KEY3 PINB2_bit
#define KEY_LONG_FLAG 200               //长按时间计时
#define KEY_SERIES_DELAY 20             //连发间隔计时
#define KEY_DOWN 0xA0                   //按下执行
#define KEY_UP 0xB0                     //按键抬起执行
#define KEY_LONG 0xC0                   //长按执行
#define KEY_LIAN 0xD0                   //连发执行

/**************************************************
 * 函数名称: static unsigned char GetKeyValue(void)
 * 函数功能: 读取按键值,以确定是哪个按键按下
 * 输入参数: 无
 * 返回值: 按键值
 * 说明:
**************************************************/
static unsigned char GetKeyValue(void)
{
if(KEY1 == 0)
    return 0x01;                        //按键 1 按下
  if(KEY2 == 0)
    return 0x02;                        //按键 2 按下
  if(KEY3 == 0)
    return 0x03;                        //按键 3 按下
  return 0x00;                          //没有键按下
}

/**************************************************
 * 函数名称: unsigned char KeyScan(void)
 * 函数功能: 按键扫描
 * 输入参数: 无
 * 返回值: 已确认的按键值
```

```
* 说明：函数中的有些变量定义成 static，目的主要是再次调用时能保持上次的值
*************************************************** /
unsigned char KeyScan(void)
{

  static unsigned char KeyState = 0;                //按键状态
  static unsigned char KeyPrev = 0;                 //上一次按键状态
  static unsigned int KeyDelay = 0;                 //按键连发计时
  static unsigned int KeyLong = 0;                  //按键长按计时

  unsigned char KeyPressValue = 0x00;               //按键值
  unsigned char KeyReturnValue = 0x00;              //按键返回值

  KeyPressValue = GetKeyValue();                    //得到按键值

  switch(KeyState)
  {
   case 0:                                          //按键初始状态
          if(KeyPressValue!= 0x00)                  //有键按下
            {
              KeyState = 1;                         //转到下一个状态，确认按键
              KeyPrev = KeyPressValue;              //保存按键状态
            }
          break;
   case 1:
                                                    //按键确认状态
          if(KeyPressValue == KeyPrev)              //确认和上次按键相同
            {
              KeyState = 2;                         //转到下一个状态，判断长按等
                                      //按键确认被按下，即按键按下就响应，不等按键抬起
              KeyReturnValue = KEY_DOWN|KeyPrev;
            }
          else                        //本次按键和上次按键不相同，为抖动，返回到状态 0
             KeyState = 0;
          break;
   case 2:
                                                    //按键释放或者长按
          if(KeyPressValue == 0x00)                 //按键释放
            {

              KeyState = 0;
              KeyDelay = 0;
              KeyLong = 0;
              KeyReturnValue = KEY_UP|KeyPrev;      //按键抬起后才返回按键值
              break;
            }
          if(KeyPressValue == KeyPrev)
            {
              KeyDelay++;
              if((KeyLong == 1)&&(KeyDelay > KEY_SERIES_DELAY))
               {
```

```
                KeyDelay = 0;
                KeyReturnValue = KEY_LIAN|KeyPrev; //返回连发后的值
                KeyPrev = KeyPressValue;           //记住上次的按键
                break;
              }
            if(KeyDelay>KEY_LONG_FLAG)
              {
                KeyLong = 1;
                KeyDelay = 0;
                KeyReturnValue = KEY_LONG|KeyPrev; //返回长按后的值
                break;
              }
          }
    default:
              break;
  }
  return KeyReturnValue;
}
```

在函数开头，宏定义了几个常量，分别说明其作用。

KEY_LONG_FLAG：长按时间计时，因为按键状态的跳转时间间隔设定为 10ms，则定义的这个数值乘以状态跳转时间间隔 10ms 就是长按的时间，可以通过调整这个数值大小来调整长按时间长短。

KEY_SERIES_DELAY：连发间隔计时，当按键达到了长按时间后，如果按键还在按着，则按键值会进行连发，连发的时间间隔就有这个数值乘以状态跳转时间间隔 10ms 来确定，同样也可以通过调整这个数值大小来调整连发时间间隔。

KEY_DOWN：当按键在状态 2 时，被确认后，就直接返回。外在的现象是按键按下，就会执行相应的操作，比如点亮一个 LED 灯。

KEY_UP：当按键被确认后，并且还要等按键抬起后，才返回按键值。外在的现象是无论按键按下多长时间，只有按键在抬起时，才会执行相应的操作，比如点亮一个 LED 灯。

KEY_LONG：当按键被确认后，如果还在按着，当达到了设定的长按时间后，才会返回按键值。外在的现象是按键按下时间达到了长按时间后，就会执行相应的操作，比如点亮一个 LED 灯。

KEY_LIAN：当按键被确认按下，并且达到了长按时间后，如果按键还在按着，当达到连发设置的时间间隔后，就会执行相应的操作。

按键读取函数 static unsigned char GetKeyValue(void)，实现按键值的读取，通过这个函数可以判断是哪个按键被按下。可以规定 KEY1 按下时返回 0x01，KEY2 按下时返回 0x02，KEY3 按下时返回 0x03；没有按键按下时返回 0x00。当然当按键多于 3 个时直接在这里添加即可，还可以设置组合键，例如 2 个按键同时按下，都可以设置相应的返回值。

利用按键扫描函数 unsigned char KeyScan(void)可以实现按键状态机各状态之间的跳转，从而实现按键的最终确认，这个函数返回的按键值可以实现按键的短按、长按和连发。

2. 按键处理函数

在人机交互过程中，按下按键会执行相应的操作，因此我们判断到按键之后，还要根据读取到的按键执行操作,这就是按键的处理。这里要在液晶屏上显示一个 3 位的数值,按下 KEY1 数值加 1,按下 KEY2 数值减 1。具体的实现代码如下:

```
unsigned char cnt = 0;                              //计数值
/*************************************************
 * 函数名称: void KeyProcess(unsigned char KeyValue)
 * 函数功能: 按键处理
 * 输入参数: 按键值
 * 返回值: 无
 * 说明:
**************************************************/
void KeyProcess(unsigned char KeyValue)
{
  if(KeyValue == 0xA1)
    cnt++;
if(KeyValue == 0xA2)
    cnt--;
}
```

函数中 0xA1 表示按键 KEY1 按下,cnt 的值就加 1;如果改成 0xB1 则表示按键 KEY1 抬起时,cnt 的值就加 1;如果改成 0xC1 则表示按键 KEY1 长按时,cnt 的值才加 1;如果改成 0xD1 则表示长按按键之后进入连发,每连发一次,cnt 的值加 1。

3. 数据处理显示函数

cnt 的值通过按键进行加减操作得到新的值,这个值要实时地显示在液晶屏上。显示时不能将这 3 位实时变化的数值一起送入到液晶屏显示,需要将每一位分别提取出,然后显示到液晶屏对应的位置。数据处理函数主要用于实现数据各位的提取以及显示。具体实现函数如下:

```
/*************************************************
 * 函数名称: void Display_Lcd1602(void)
 * 函数功能: 数据处理及显示
 * 输入参数: 无
 * 返回值: 无
 * 说明: 将得到的计数值各位提取,并显示
**************************************************/
void Display_Lcd1602(void)
{
  unsigned char i;
  buffer[0] = cnt/100;                          //得到百位
  buffer[1] = cnt%100/10;                       //得到十位
  buffer[2] = cnt%10;                           //得到个位
                                                //显示计数值
  wr_1602(0x80,0);                              //设置显示首地址
  for(i=0;i<3;i++)
    wr_1602(buffer[i]+48,1);
}
```

4. 完整的测试程序

有了上面的几个函数,结合 10ms 的定时器对按键进行扫描,即可实现按键计数的液晶

显示,完整的测试程序如下(上面有的函数这里不再列出)。

```
#define RS PORTC5_bit
#define RW PORTC4_bit
#define E PORTC3_bit
#define LCDDAT PORTD

unsigned char cnt = 0;                              //计数值
unsigned char buffer[3];
unsigned char flag = 0;                             //10ms 计时时间到标志位
unsigned char KeyValue;                             //存放按键值

//主函数
void main()
{
  unsigned char i;
  DDRD = 0xff;                                      //设置数据端口方向为输出
  DDRC| = 0x38;                                     //设置三根控制线方向为输出
  DDRB& = 0xf8;                                     //按键端口设置为输入
  TCCR0 = 0x05;                                     //1024 分频
  TCNT0 = 178;                                      //TCNT0 初始值
  TIMSK = 0x01;                                     //允许溢出中断
  SREG.SREG_I = 1;                                  //开总中断

  LcdInit_1602();                                   //1602 初始化

  while(1)
  {
     if(flag == 1)                                  //10ms 时间到
      {
        KeyValue = KeyScan();                       //扫描按键
        flag = 0;                                   //标志位清 0
      }
     KeyProcess(KeyValue);                          //按键处理
     Display_Lcd1602();                             //计数值处理显示
  }
}

//定时器 0 中断函数
void TC0_interrupt() org 0x12
{
  TCNT0 = 178;                                      //重装载初始值
  flag = 1;                                         //标志位置 1
}
```

3.5.3 DS1302 时间显示

时间的显示主要操作过程是通过单片机将初始时间写入 DS1302,然后单片机再实时地读出 DS1302 的时间,并显示到液晶屏上。对 DS1302 的操作主要分:DS1302 数据写入、DS1302 数据读出、DS1302 时间设置、DS1302 时间读出、DS1302 时间处理及显示等。下面分别对这些操作的编程进行介绍。

1. DS1302 数据写入

图 3-4 给出了单片机向 DS1302 写入一个数据的时序。从图中可以看出，要向 DS1302 写入一个字节的数据，首先要写入数据的存储地址，然后写入数据，在串行写入数据时，要求 RST 引脚为高电平，串行时钟 SCLK 的上升沿数据写入 DS1302。根据这个时序，考虑到读 DS1302 的数据也需要写入一个字节，将写入一个字节封装成一个函数，在读取数据时就可以直接使用了。根据写时序，写一个字节的函数如下：

```
/***************************************************
* 函数名称: void ds1302_write_byte(unsigned char dat)
* 函数功能: 向 DS1302 写入一个字节函数,可能是地址也可能是数据
* 输入参数: dat -->写入的数据
* 返回值: 无
* 说明: 按时序操作,低位先写入
****************************************************/
void ds1302_write_byte(unsigned char dat)
{
  unsigned char i;
  for(i = 0;i < 8;i++)
  {
    SCLK = 0;                                  //时钟信号拉低
    if(dat&0x01)                               //低位先写入,提取最低位
       IO = 1;                                 //判断字节的最低位,低位为 1 则拉高 IO
    else
       IO = 0;                                 //低位为 0,则输入数据为 0,拉低 IO
    delay_us(1);
    SCLK = 1;                                  //时钟信号拉高,产生上升沿
    delay_us(1);
    dat >>= 1;                                 //字节右移一位
  }
}
```

由于是串行写入，因此写入一个字节要 8 个串行时钟才能写完，也就是要循环 8 次。要将一个字节中的每一位提取出，送到数据线上，因为低位先被写入，因此将 dat 和 0x01 相与就可以得到最低位，判断到位 1，则数据线上写 1；判断到位 0，则数据线上写 0。写数据到数据线上后，SCLK 产生一个上升沿，将数据写入到 DS1302。每写入 1 位后，将数据 dat 向右移 1 位，下次就可以提取出高位的数据了。

单片机向 DS1302 写入一个数据，首先是写入一个地址，然后再写入这个数据。无论是地址还是数据，写入的时序是一样的，都可以使用上面写入一个字节的函数。下面给出单片机向 DS1302 写入一个数据的函数。

```
/***************************************************
* 函数名称: void ds1302_write(unsigned char addr,unsigned char dat)
* 函数功能: 向 DS1302 写入一个地址和一个数据
* 输入参数: addr -->写入的地址,dat -->写入的数据
* 返回值: 无
* 说明: 按时序操作
```

```
*****************************************************/
void ds1302_write(unsigned char addr,unsigned char dat)
{
  RST = 0;                                        //将 RST 拉低
  SCLK = 0;                                       //将 SCLK 拉低
  RST = 1;                                        //将 RST 拉高
  ds1302_write_byte(addr);                        //写入地址字节
  ds1302_write_byte(dat);                         //写入数据
  SCLK = 1;                                       //将 SCLK 拉高
  RST = 0;                                        //将 RST 拉低
}
```

这个函数主要用于调用写一个字节函数，将地址和数据写入到 DS1302，在写入 2 个字节期间要保证 RST 为高电平。

2. DS1302 数据读出

在图 3-5 给出了单片机从 DS1302 读出一个数据的时序。从图中可以看出，要从 DS1302 读出一个字节的数据，首先要写入数据的存储地址，然后再读出数据。在串行写入地址时，要求 RST 引脚为高电平，串行时钟 SCLK 的上升沿数据写入 DS1302，读出数据时，在串行时钟 SCLK 的下降沿读出。上面已经给出了写一个字节的函数，这里只需要再做一个读一个字节的函数就可以了。根据读时序，读出一个字节的函数如下：

```
/***************************************************
 * 函数名称：unsigned char ds1302_read_byte(void)
 * 函数功能：读出一个字节
 * 输入参数：无
 * 返回值：dat -->读出的字节
 * 说明：按时序操作
*****************************************************/
unsigned char ds1302_read_byte()
{
  unsigned char i, dat = 0;
  DDC1_bit = 0;                                   //设置 IO 的方向为输入
  for(i = 0;i < 8;i++)
  {
    dat >>= 1;                                    //数据右移一位
    SCLK = 1;                                     //设置 SCLK 为高电平
    delay_us(1);
    SCLK = 0;                                     //设置 SCLK 为低电平，产生下降沿
    delay_us(1);
    if(PINC1_bit == 1)                            //如果读出的数据为 1
      dat|= 0x80;                                 //数据位 1，则写入 1
  }
  DDC1_bit = 1;                                   //将 IO 口的方向改为输出
  return dat;                                     //返回得到的数据
}
```

从函数中可以看到，与写一个字节函数不同的是，在读出一位数据之前先对存储数据的变量进行移位操作。在读出 1 位数据之后，先将其放到变量的最高位，经过后面的移位操作就会移到对应的位置了。

下面给出单片机从DS1302地址中读出一个字节的函数。

```
/*************************************************
* 函数名称: unsigned char ds1302_read(unsigned char addr)
* 函数功能: 从DS1302的某地址读出一个数据
* 输入参数: addr-->要读出数据的地址
* 返回值: shuju-->读出的字节
* 说明: 按时序操作
*************************************************/
unsigned char ds1302_read(unsigned char addr)
{
    unsigned char shuju;                    //定义一个变量,存储返回的数据
    RST = 0;                                //将RST拉低
    SCLK = 0;                               //将SCLK拉低
    RST = 1;                                //将RST拉高
    ds1302_write_byte(addr);                //写入地址字节
    shuju = ds1302_read_byte();             //读取该地址字节的数据
    SCLK = 1;                               //将SCLK拉高
    RST = 0;                                //将RST拉低
    return shuju;                           //返回读到的数据
}
```

3. DS1302时间设置

编程时要设置一个初始时间给DS1302,目的是通过调用写数据函数实现对年、月、日、时、分、秒、周的写入。我们封装成一个函数,如下所示。

```
/*************************************************
* 函数名称: void ds1302_writetime(unsigned char year, unsigned char month,
            unsigned char date,unsigned char hour,unsigned char min,
            unsigned char sec,unsigned char week)
* 函数功能: 向DS1302写入年月日,时分秒,周
* 输入参数: 年、月、日、时、分、秒、周
* 返回值: shuju-->读出的字节
* 说明: 按时序操作
*************************************************/
void ds1302_writetime(unsigned char year, unsigned char month,unsigned char date,
      unsigned char hour,unsigned char min,unsigned char sec,unsigned char week)
{
    ds1302_write(0x8e,0x00);                //解除写保护,写入时间信息
    ds1302_write(0x80,sec);                 //写入秒时间
    ds1302_write(0x82,min);                 //写入分时间
    ds1302_write(0x84,hour);                //写入时时间
    ds1302_write(0x86,date);                //写入日
    ds1302_write(0x88,month);               //写入月
    ds1302_write(0x8a,week);                //写入周
    ds1302_write(0x8c,year);                //写入年
    ds1302_write(0x8e,0x80);                //使能写保护,以防止误操作写入
}
```

在设置时间之前要解除DS1302的写保护,设置完成之后,再使能写保护,防止有其他误操作修改时间。

4. DS1302 时间读出

时间被写入到 DS1302 之后，DS1302 就在写入的这个时间基础上进行计时，我们要在液晶屏上实时显示时间，就必须要实时地读出 DS1302 的时间值，然后显示。下面给出从 DS1302 读出时间的函数。

```
unsigned char rec_time[7];                          //存储读出的时间信息
/ ************************************************
 * 函数名称: void ds1302_readtime(void)
 * 函数功能: 从 DS1302 读出年月日,时分秒,周
 * 输入参数: 无
 * 返回值: 无
 * 说明:
************************************************ /
void ds1302_readtime(void)
{
  unsigned char i;
  for(i = 0;i < 7;i++)
   {
     rec_time[i] = ds1302_read(0x81 + 2 * i);
                                    //读取 ds1302 的时间信息,保存到 rec_time 数组中
   }
}
```

读出时间时，地址寄存器的最低位为 1，例如读取秒时间时，地址是 0x81。从 0x81～0x8D 的奇数地址中分别存放着秒、分、时、日、月、周、年，读出后存放到 rec_time 数组中，再去处理。

5. DS1302 时间处理及显示

从 DS1302 中读出的时间还不能够直接显示到液晶屏上，需要将时间的个位、十位提取出来，才能显示。这里规定数据显示的格式为“年-月-日”，“时-分-秒”。数据处理函数如下：

```
unsigned char time[13];                             //存储提取的时间的个位、十位信息
unsigned char temp_22[] = "00 - 00 - 00";           //时 - 分 - 秒
unsigned char temp_21[] = "00 - 00 - 00";           //年 - 月 - 日
/ ************************************************
 * 函数名称: void ds1302_process(void)
 * 函数功能: 将时间进行提取,并显示到对应位置
 * 输入参数: 无
 * 返回值: 无
 * 说明:
************************************************ /
void ds1302_process(void)
{
  unsigned char i;
  time[0] = rec_time[0]&0x0f;                       //提取秒的个位
  time[1] = (rec_time[0]&0x70)>> 4;                 //提取秒的十位
  time[2] = rec_time[1]&0x0f;                       //提取分的个位
  time[3] = (rec_time[1]&0x70)>> 4;                 //提取分的十位
  time[4] = rec_time[2]&0x0f;                       //提取小时的个位
  time[5] = (rec_time[2]&0x30)>> 4;                 //提取小时的十位
```

```
  time[6] = rec_time[3]&0x0f;                          //提取日的个位
  time[7] = (rec_time[3]&0x30)>> 4;                    //提取日的十位
  time[8] = rec_time[4]&0x0f;                          //提取月的个位
  time[9] = (rec_time[4]&0x10)>> 4;                    //提取月的十位
  time[10] = rec_time[6]&0x0f;                         //提取年的个位
  time[11] = (rec_time[6]&0xf0)>> 4;                   //提取年的十位
  time[12] = rec_time[5]&0x07;                         //提取周

  temp_22[7] = time[0] + 48;                           // 秒个位
  temp_22[6] = time[1] + 48;                           // 秒十位
  temp_22[4] = time[2] + 48;                           // 分个位
  temp_22[3] = time[3] + 48;                           // 分十位
  temp_22[1] = time[4] + 48;                           // 时个位
  temp_22[0] = time[5] + 48;                           // 时十位
  temp_21[7] = time[6] + 48;                           // 日个位
  temp_21[6] = time[7] + 48;                           // 日十位
  temp_21[4] = time[8] + 48;                           // 月个位
  temp_21[3] = time[9] + 48;                           // 月十位
  temp_21[1] = time[10] + 48;                          // 年个位
  temp_21[0] = time[11] + 48;                          // 年十位
}
```

通过上面这个函数，就可以将时间信息和显示位置对应好了。函数中提取得到的时间的个位和十位都要加 48，这是由于 1602 液晶屏是带有字库的，液晶屏上显示的阿拉伯数字所在的地址和实际阿拉伯数字正好相差 48，通过加 48 就得到了阿拉伯数字在液晶屏中存放的地址，这样直接写入这个地址就可以显示了。通过下面的显示函数，就可以将上面得到的数据显示到液晶屏上对应的位置了。

```
/*************************************************
* 函数名称: void LcdDisplay(void)
* 函数功能: 将时间信息显示到液晶屏上
* 输入参数: 无
* 返回值: 无
* 说明:
*************************************************/
void LcdDisplay(void)
{
  unsigned char i;
  wr_1602(0x80,0);                                     //显示第一行
  for(i = 0;i < 8;i++)
   {
     wr_1602(temp_21[i],1);
   }
  wr_1602(0xc0,0);                                     //显示第二行
  for(i = 0;i < 8;i++)
   {
     wr_1602(temp_22[i],1);
   }
}
```

6. 完整的 DS1302 显示程序

有了上面的函数,只需要在主函数中调用这些函数就可以实现时间的液晶屏显示了。主函数编程如下:

```
//主函数
void main() {
  DDRC = 0xff;
  DDRD = 0xff;
  LcdInit_1602();                                            //初始化 1602 液晶屏
  ds1302_writetime(0x14, 0x12,0x15,0x16,0x42,0x35,0x01);    //设置时间
  while(1)
  {
    ds1302_readtime();                                       //读取时间信息
    ds1302_process();                                        //处理时间信息
    LcdDisplay();                                            //显示时间
  }
}
```

这样,程序编译下载后就能够在液晶屏上第一行显示年、月、日,在第二行显示时、分、秒了。

3.5.4 完整程序调试

在前面几个小节,我们对液晶屏显示、按键扫描、实时时间显示分别进行了介绍。这样就可以对上述程序进行组合,实现本项目的功能:液晶屏上显示时间并通过按键来调整时间。按键对时间信息进行调整,主要涉及按键的处理函数。下面给出按键调整时间的处理函数及主函数。

```
unsigned char temp5;
unsigned char FirstCnt = 0;                //时间调整选择
unsigned char FlashFlag = 0;               //闪烁标志位
unsigned char flag = 0;                    //按键扫描标志位
unsigned char cnt = 0;                     //计数
unsigned char KeyValue;                    //存放按键值

//十进制转 BCD 码
unsigned char DecToBcd(unsigned char dec)
{
  unsigned char temp1,temp2,temp3;
  temp1 = (dec/10)<< 4;
  temp2 = dec % 10;
  temp3 = temp1 + temp2;
  return temp3;
}

//BCD 码转十进制
unsigned char BcdToDec(unsigned char bcd)
{
  unsigned char temp1,temp2;
  temp1 = (bcd&0xf0)>> 4;
```

```
    temp2 = bcd&0x0f;
    temp2 = temp1 * 10 + temp2;
    return temp2;
  }

  /**************************************************
  * 函数名称: unsigned char LeapYear(unsigned char year)
  * 函数功能: 判断当前年份是平年还是闰年
  * 输入参数: year -->当前年份的后 2 位
  * 返回值: 1 -- 闰年,0 -- 平年
  * 说明: 判断标准: 能够被 4 整除,能被 100 整除并且被 400 整除的是闰年
  **************************************************/
  unsigned char LeapYear(unsigned char year)
  {
    unsigned int temp_year;
    unsigned char temp1,temp2;
    temp1 = year >> 4;
    temp2 = temp1 * 10 + year&0x0f;
    temp_year = 2000 + temp2;
    if(temp_year % 4 == 0)                       //必须能被 4 整除
     {
       if(year % 100 == 0)
        {
          if(year % 400 == 0)
            return 1;                            //如果以 00 结尾,还要能被 400 整除
          else
            return 0;
        }
       else
        return 1;
     }
    else
     return 0;
  }


  /**************************************************
  * 函数名称: void KeyProcess(unsigned char KeyValue)
  * 函数功能: 按键处理函数,调整 RTC 时间
  * 输入参数: KeyValue -->得到的按键值
  * 返回值: 无
  * 说明:
  **************************************************/
  void KeyProcess(unsigned char KeyValue)
  {
    ds1302_write(0x8e,0x00);                     //解除写保护,写入时间信息
    if(KeyValue == 0xA1)                         //KEY1 短按
     {
       if(FirstCnt == 5)                         //调整年、月、日、小时、分,5 次为一个循环
         FirstCnt = 0;
       else
```

```
        FirstCnt++;                              //按键计数值加 1
    }

    if((KeyValue == 0xA2)||(KeyValue == 0xD2))       //S3 短按或 S3 连发
    {
        switch(FirstCnt)
        {
          case 1:
                    Key2Cnt = BcdToDec(rec_time[6]); //将年的 BCD 码转换为十进制
                    if(Key2Cnt == 99)                //99 年再加 1,清 0
                      Key2Cnt = 0;
                    else
                      Key2Cnt++;
                    temp6 = DecToBcd(Key2Cnt);       //将十进制转换为 BCD 码
                    ds1302_write(0x8c,temp6);        //写入年
                    break;
          case 2:
                    Key2Cnt = BcdToDec(rec_time[4]);
                    if(Key2Cnt == 12)
                      Key2Cnt = 1;
                    else
                      Key2Cnt++;
                    switch(Key2Cnt)
                    {
                      case 1:
                      case 3:
                      case 5:
                      case 7:
                      case 8:
                      case 10:
                      case 12: temp5 = rec_time[3];
                                              //如果是 1,3,5,7,8,10,12 月份,最大天数 31 天
                            break;
                      case 4:
                      case 6:
                      case 9:
                      case 11: if(rec_time[3]>= 0x30) //如果是 4,6,9,11 月份,最大天数 30 天
                                  temp5 = 0x30;
                               else
                                  temp5 = rec_time[3];
                              break;
                      case 2: if(LeapYear(rec_time[6])) //闰年,2 月 29 天
                               {
                                 if(rec_time[3]>= 0x29)
                                  temp5 = 0x29;
                                 else
                                  temp5 = rec_time[3];
                               }
                              else                  //平年,2 月 28 天
                               {
                                 if(rec_time[3]>= 0x28)
```

```
                        temp5 = 0x28;
                      else
                        temp5 = rec_time[3];
                    }
                  break;
        default: break;
      }
      temp6 = DecToBcd(Key2Cnt);
       ds1302_write(0x86,temp5);
       ds1302_write(0x88,temp6);
      break;
case 3:
      Key2Cnt = BcdToDec(rec_time[3]);
      switch(rec_time[4])
       {
        case 0x01:
        case 0x03:
        case 0x05:
        case 0x07:
        case 0x08:
        case 0x10:
        case 0x12: if(Key2Cnt == 31)
                      Key2Cnt = 1;
                    else
                      Key2Cnt++;
                    break;
        case 0x04:
        case 0x06:
        case 0x09:
        case 0x11: if(Key2Cnt == 30)
                      Key2Cnt = 1;
                    else
                      Key2Cnt++;
                    break;
        case 0x02: if(LeapYear(rec_time[6]))
                     {
                       if(Key2Cnt == 29)
                         Key2Cnt = 1;
                       else
                         Key2Cnt++;
                     }
                    else
                     {
                       if(Key2Cnt == 28)
                         Key2Cnt = 1;
                       else
                         Key2Cnt++;
                     }
                    break;
        default: break;
       }
```

```
                temp6 = DecToBcd(Key2Cnt);
                ds1302_write(0x86,temp6);
                break;
        case 4:
                Key2Cnt = BcdToDec(rec_time[2]);
                if(Key2Cnt == 23)
                  Key2Cnt = 0;
                else
                  Key2Cnt++;
                temp6 = DecToBcd(Key2Cnt);
                ds1302_write(0x84,temp6);
                break;
        case 5:
                Key2Cnt = BcdToDec(rec_time[1]);
                if(Key2Cnt == 59)
                  Key2Cnt = 0;
                else
                  Key2Cnt++;
                temp6 = DecToBcd(Key2Cnt);
                ds1302_write(0x82,temp6);
                break;
        default : break;

      }
    }

  if((KeyValue == 0xA3)||(KeyValue == 0xD3))    //KEY3 短按或 KEY3 连发
    {
      switch(FirstCnt)
      {
        case 1:
                Key3Cnt = BcdToDec(rec_time[6]);
                if(Key3Cnt == 0)
                  Key3Cnt = 99;
                else
                  Key3Cnt--;
                temp6 = DecToBcd(Key3Cnt);
                ds1302_write(0x8c,temp6);
                break;
        case 2:
                Key3Cnt = BcdToDec(rec_time[4]);
                if(Key3Cnt == 1)
                  Key3Cnt = 12;
                else
                  Key3Cnt--;
                switch(Key3Cnt)
                 {
                   case 1:
                   case 3:
                   case 5:
                   case 7:
```

```
                case 8:
                case 10:
                case 12: temp5 = rec_time[3];
                         break;
                case 4:
                case 6:
                case 9:
                case 11: if(rec_time[3]>=0x30)
                             temp5 = 0x30;
                         else
                             temp5 = rec_time[3];
                           break;
                case 2: if(LeapYear(rec_time[6]))
                           {
                             if(rec_time[3]>=0x29)
                              temp5 = 0x29;
                             else
                              temp5 = rec_time[3];
                           }
                          else
                            {
                              if(rec_time[3]>=0x28)
                               temp5 = 0x28;
                              else
                               temp5 = rec_time[3];
                            }
                          break;
                default: break;
             }
            temp6 = DecToBcd(Key3Cnt);
             ds1302_write(0x86,temp5);
            ds1302_write(0x88,temp6);
            break;
    case 3:
            Key3Cnt = BcdToDec(rec_time[3]);
            switch(rec_time[4])
             {
                case 0x01:
                case 0x03:
                case 0x05:
                case 0x07:
                case 0x08:
                case 0x10:
                case 0x12: if(Key3Cnt == 1)
                             Key3Cnt = 31;
                          else
                             Key3Cnt--;
                          break;
                case 0x04:
                case 0x06:
                case 0x09:
```

```
                    case 0x11: if(Key3Cnt == 1)
                                 Key3Cnt = 30;
                               else
                                 Key3Cnt -- ;
                               break;
                    case 0x02: if(LeapYear(rec_time[6]))
                                {
                                  if(Key3Cnt == 1)
                                    Key3Cnt = 29;
                                  else
                                    Key3Cnt -- ;
                                }
                               else
                                {
                                  if(Key3Cnt == 1)
                                    Key3Cnt = 28;
                                  else
                                    Key3Cnt -- ;
                                }
                               break;
                    default: break;
                  }
                temp6 = DecToBcd(Key3Cnt);
                ds1302_write(0x86,temp6);
                break;
         case 4:
                Key3Cnt = BcdToDec(rec_time[2]);
                if(Key3Cnt == 0)
                  Key3Cnt = 23;
                else
                  Key3Cnt -- ;
                temp6 = DecToBcd(Key3Cnt);
                ds1302_write(0x84,temp6);
                break;
         case 5:
                Key3Cnt = BcdToDec(rec_time[1]);
                if(Key3Cnt == 0)
                  Key3Cnt = 59;
                else
                  Key3Cnt -- ;
                temp6 = DecToBcd(Key3Cnt);
                ds1302_write(0x82,temp6);
                break;
         default : break;
       }
    }

  if(FlashFlag == 0xff)
    {
      switch(FirstCnt)                              //屏幕对应位置闪烁
       {
```

```
            case 1:
                    temp_21[2] = '';
                    temp_21[3] = '';
                    break;
            case 2:
                    temp_21[5] = '';
                    temp_21[6] = '';
                    break;
            case 3:
                    temp_21[8] = '';
                    temp_21[9] = '';
                    break;
            case 4:
                    temp_22[2] = '';
                    temp_22[3] = '';
                    break;
            case 5:
                    temp_22[5] = '';
                    temp_22[6] = '';
                    break;
            default: break;
           }
       }
     ds1302_write(0x8e,0x80);                          //使能写保护,以防止误操作写入
     LcdDisplay();
}

//主函数
void main() {
  DDRC = 0xff;
  DDRD = 0xff;
  LcdInit_1602();                                     //初始化 1602 液晶屏
  ds1302_writetime(0x14, 0x12,0x15,0x16,0x42,0x35,0x01); //设置时间
  while(1)
  {
    ds1302_readtime();                                //读取时间信息
    ds1302_process();                                 //处理时间信息
    KeyValue = KeyScan();                             //按键扫描
    KeyProcess(KeyValue);
  }
}

//中断处理函数
void TC0_interrupt() org 0x12
{
  TCNT0 = 217;                                        //5ms 定时
    flag = 1;
  if(cnt == 49)
   {
     cnt = 0;
     FlashFlag = ~FlashFlag;
```

```
    }
  else
    cnt++;
}
```

关于程序的几点说明。

- FirstCnt 这个变量是用来标志调整的是哪个时间。我们规定按键 KEY1 每按 6 次为一个循环，FirstCnt 的计数值 1～5 分别调节年、月、日、时、分，而 0 为不调节任何时间值。
- 由于 DS1302 存储时间是以 BCD 码存储的，因此在进行加法操作时，如果个位加到 9 再加 1 时，低 4 位清 0，高 4 位加 1。
- 在调整月份时，由于每个月份的最大天数可能是不一样的，月份的最大天数也要随之调整。1、3、5、7、8、10、12 这几个月份最大天数是 31 天；4、6、9、11 这几个月份最大天数是 30 天；2 月如果是闰年则最大是 29 天，如果是平年则最大是 28 天。因此在调整月份时，如果当前月份的最大天数小于目前的天数，则要将目前的天数调整到当前月份的最大天数。举例说明，如果当前日期是 3 月 31 号，在调整月份时，由 3 月调整到 4 月，由于 4 月最大天数是 30，没有 31，这时 31 也要更新为 4 月的最大天数 30；在调整月份时，由 3 月调整到 2 月，2 月份如果是闰年的话最大是 29 天，平年的话最大是 28 天，因此还要判断当前年份是平年还是闰年，来确定这时的 31 是要更新为 28 还是 29。
- 在调整对应位置时间时，要让调整者知道在调整哪个时间。因此在显示时，调整到哪个时间，哪个时间的显示位置就以闪烁进行提示。这个现象实现的方法是：举例 1s 闪烁一次，那就可以做一个定时器，定时 0.5s，一个 0.5s 正常显示时间，下一个 0.5s 在屏上对应位置送入空格，也就是不显示内容，如此循环，就会出现闪烁的现象。闪烁的频率可以通过定时器定时时长来调整。

3.6 思考

1. 在使用上面的程序时会发现一个问题，当单片机复位时，显示的时间就会变成程序设定的初始时间，这个是我们不希望看到的，我们的期望是只要 DS1302 不断电，其时间就不应该被复位到初始值。因此要将程序稍作修改，将程序改成我们期望的结果。（提示：可利用 DS1302 内部的 31 个 RAM 来处理，我们知道 RAM 的特点是掉电内容丢失，不掉电内部不会丢失，那利用这个特点，随便写一个数据到某个地址，在程序执行时，初始化阶段先判断 RAM 中的值，如果判断到 RAM 中的值和写入的值相等，则说明 DS1302 没有断过电，就不需要重新去设置时间；如果不相等，则说明 DS1302 断过电，则需要重新设置时间）。

2. 如何添加闹钟的功能进去？

项目 4

2.4G 无线温湿度传输

4.1 项目任务

在温室大棚中,经常需要测量某位置的温度和湿度,以保证农作物有较好的生长环境。本项目设计一个无线温湿度数据采集的小系统,采集温湿度并显示到终端。发射端通过温湿度传感器 DHT11 采集当前的环境温度,并通过 2.4G 无线模块发送出去;接收端接收到温湿度后,要显示在 12864 液晶屏上。

4.2 考查知识点

4.2.1 24L01 无线模块

1. 24L01 特性及应用

(1) 特性

- 真正的 GFSK 单收发芯片。
- 内置链路层。
- 增强型 ShockBurst。
- 自动应答及自动重发功能。
- 地址及 CRC 检验功能。
- 数据传输率:1 或 2Mbps。
- SPI 接口数据速率:0～8Mbps。
- 125 个可选工作频道。
- 很短的频道切换时间,可用于跳频。
- 与 nRF 24XX 系列完全兼容。
- 可接受 5V 电平的输入。
- 20 脚 QFN 4 * 4mm 封装。
- 极低的晶振要求＋/－60ppm。
- 低成本电感和双面 PCB 板。
- 工作电压:1.9～3.6V。

(2) 应用领域

无线鼠标、键盘、游戏机操纵杆、无线门禁、无线数据通信、安防系统、遥控装置、玩具等。

2. 概述

nRF24L01 是一款工作在 2.4～2.5GHz 世界通用 ISM 频段的单片无线收发器芯片。无线收发器包括：频率发生器、增强型 SchockBurst 模式控制器、功率放大器、晶体振荡器、调制器、解调器。输出功率、频道选择和协议的设置可以通过 SPI 接口进行设置。

极低的电流消耗：当工作在发射模式下发射功率为-6dBm 时电流消耗为 9.0mA，接收模式时为 12.3mA。掉电模式和待机模式下电流消耗更低。nRF24L01 快速参考数据如表 4-1 所示。

表 4-1　nRF24L01 快速参考数据

参数	数值	单位
最低供电电压	1.9	V
最大发射功率	0	dBm
最大数据传输率	2000	kbps
发射模式下，电流消耗(0dBm)	11.3	mA
接收模式下电流消耗(2000kbps)	12.3	mA
温度范围	－40～＋85	℃
数据传输率为 1000kbps 下的灵敏度	－85	dBm
掉电模式下电流消耗	900	nA

(1) nRF24L01 芯片的内部结构

nRF24L01 芯片的内部结构如图 4-1 所示。

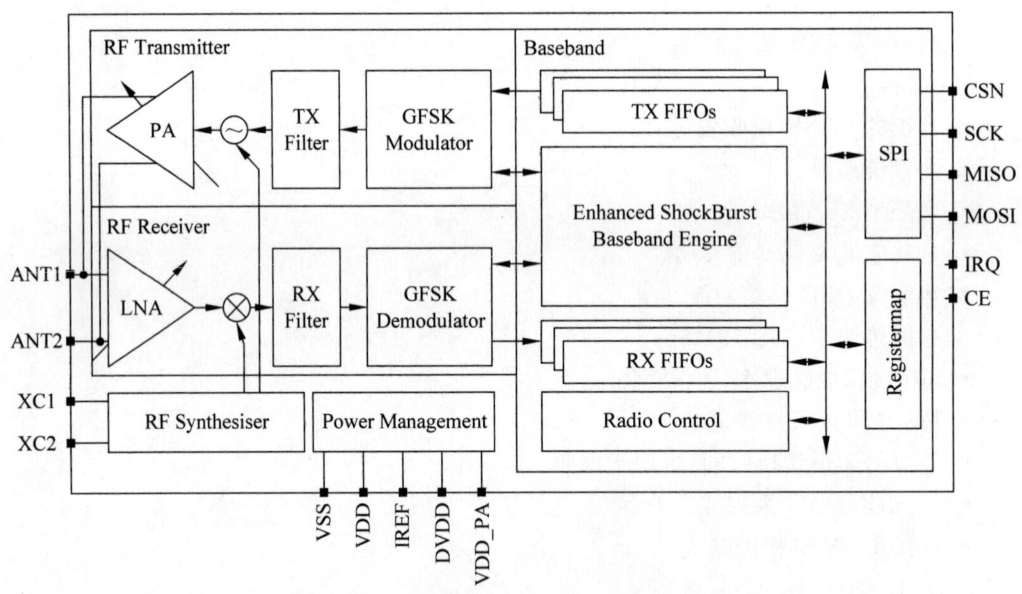

图 4-1　nRF24L01 芯片的内部结构

(2) nRF24L01 引脚封装

nRF24L01 引脚封装如图 4-2 所示。

(3) nRF24L01 引脚及其功能

nRF24L01 引脚及其功能如表 4-2 所示。

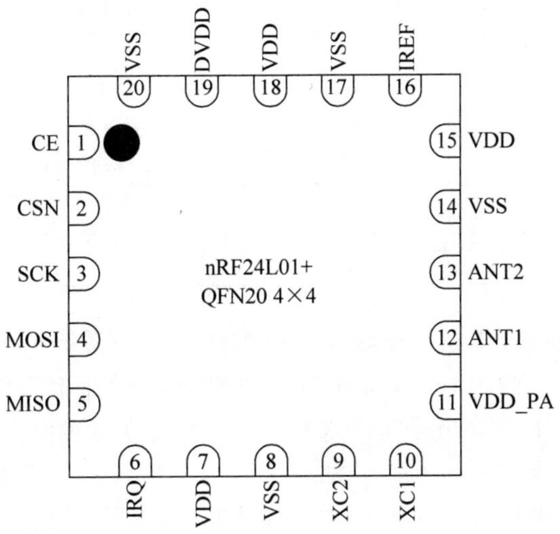

图 4-2　nRF24L01 引脚封装

表 4-2　nRF24L01 引脚及其功能

引脚	名称	引脚功能	描　　述
1	CE	数字输入	RX 或 TX 模式选择
2	CSN	数字输入	SPI 片选信号
3	SCK	数字输入	SPI 时钟
4	MOSI	数字输入	从 SPI 数据输入脚
5	MISO	数字输出	从 SPI 数据输出脚
6	IRQ	数字输出	可屏蔽中断脚
7	VDD	电源	电源(+3V)
8	VSS	电源	接地(0V)
9	XC2	模拟输出	晶体振荡器 2 脚
10	XC1	模拟输入	晶体振荡器 1 脚/外部时钟输入脚
11	VDD_PA	电源输出	给 RF 的功率放大器提供的+1.8V 电源
12	ANT1	天线	天线接口 1
13	ANT2	天线	天线接口 2
14	VSS	电源	接地(0V)
15	VDD	电源	电源(+3V)
16	IREF	模拟输入	参考电流
17	VSS	电源	接地(0V)
18	VDD	电源	接地(+3V)
19	DVDD	电源输出	去耦电路电源正极端
20	VSS	电源	接地(0V)

3. nRF24L01 功能描述

(1) nRF24L01 的工作模式

nRF24L01 可以设置的主要工作模式，如表 4-3 所示。

表 4-3 nRF24L01 可以设置的主要工作模式

模式	PWR_UP	PRIM_RX	CE	FIFO 寄存器状态
接收模式	1	1	1	—
发送模式	1	0	1	数据在 TX FIFO 寄存器中
发送模式	1	0	1→0	停留在发送模式，直至数据发送完
待机模式Ⅱ	1	0	1	TX FIFO 为空
待机模式Ⅰ	1	—	0	无数据传输
掉电模式	0	—	—	—

① 待机模式：待机模式Ⅰ在保证快速启动的同时减小系统平均消耗电流。在待机模式Ⅰ下，晶振正常工作。在待机模式Ⅱ下部分时钟缓冲器处于工作模式。当发送端 TX FIFO 寄存器为空并且 CE 为高电平时进入待机模式Ⅱ。在待机模式期间，寄存器配置字内容保持不变。

② 掉电模式：在掉电模式下，nRF24L01 各功能关闭，保持电流消耗最小。进入掉电模式后，nRF24L01 停止工作，但寄存器内容保持不变。

③ 数据包处理方式：有 ShockBurst 模式和增强型 ShockBurst 模式。增强型 ShockBurst 模式比较常用。

增强型 ShockBurst 模式：这种模式使得双向链路协议执行起来更为容易、有效。典型的双向链接为发送方要求终端设备在接收到数据后有应答信号，以便于发送方检测有无数据丢失。一旦数据丢失，则通过重新发送功能将丢失的数据恢复。增强型 ShockBurst 模式可以同时控制应答及重发功能而无须增加 MCU 工作量。

• 增强型 ShockBurst 发送模式步骤

步骤 1：配置寄存器位 PRIM_RX 为低。

步骤 2：当 MCU 有数据要发送时，接收点地址（TX_ADDR）和有效数据（TX_PLD）通过 SPI 接口写入 nRF24L01。发送数据的长度以字节计数从 MCU 写入 TX FIFO。当 CSN 为低时数据被不断地写入。发送端发送完数据后，自动将通道 0 设置为接收模式来接收应答信号，其接收地址（RX_ADDR_P0）与接收地址（TX_ADDR）相同。

步骤 3：设置 CE 为高，启动发射。CE 为高电平持续时间最小为 10μs。

步骤 4：如果启动了自动应答模式，无线芯片立即进入接收模式。如果在有效应答时间范围内收到应答信号，则认为数据成功发送到了接收端，此时状态寄存器的 TX_DS 位置高并把数据从 TX FIFO 中清除掉。如果在设定的时间范围内没有接收到应答信号，则重新发送数据。如果自动重发计数器（ARC_CNT）溢出（超过了编程设定的值），则状态寄存器的 MAX_RT 位置高，不清除 TX FIFO 中的数据。当 MAX_RT 或 TX_DS 为高电平时 IRQ 引脚产生中断。IRQ 中断通过写状态寄存器来复位。如果重发次数在达到设定的最大重发次数时还没收到应答信号的话，在 MAX_RX 中断清除之前不会重发数据包。数据包丢失计数器（PLOS_CNT）在每次产生 MAX_RT 中断后加 1。也就是说，重发计数器 ARC_CNT 计算重发数据包次数，PLOS_CNT 计算在达到最大允许重发次数时仍没有发送成功的数据包个数。

步骤 5：如果 CE 置低，则系统进入待机模式Ⅰ。如果不设置 CE 为低，则系统会发送 TX FIFO 寄存器中下一包数据。如果 TX FIFO 寄存器为空并且 CE 为高则系统进入待机模式Ⅱ。

步骤6：如果系统在待机模式Ⅱ，当CE置低后系统立即进入待机模式Ⅰ。

- 增强型ShockBurst接收模式步骤

步骤1：增强型ShockBurst接收模式是通过设置寄存器中PRIM_RX位为高来选择的。准备接收数据的通道必须被使能（EN_RXADDR寄存器），所有工作在增强型ShockBurst模式下的数据通道的自动应答功能是由（EN_AA）来使能的，有效数据宽度是由RX_PW_Px寄存器来设置的。

步骤2：接收模式由设置CE为高来启动。

步骤3：130μs后nRF24L01开始检测空中信息。

步骤4：接收到有效的数据包后，数据存储在RX_FIFO中，同时RX_DRe位置高，并产生中断。状态寄存器中RX_P_NO位显示数据是由哪个通道接收到的。

步骤5：如果使能自动确认信号，则发送确认信号。

步骤6：MCU设置CE脚为低，进入待机模式Ⅰ（低功耗模式）。

步骤7：MCU将数据以合适的速率通过SPI口将数据读出。

步骤8：芯片准备好进入发送模式、接收模式或掉电模式。

（2）nRF24L01的数据通道

nRF24L01配置为接收模式时可以接收6路不同地址相同频率的数据。每个数据通道使用不同的地址，但是共用相同的频道。也就是说6个不同的nRF24L01设置为发送模式后可以与同一个设置为接收模式的nRF24L01进行通信，而设置为接收模式的nRF24L01可以对这6个发射端进行识别。数据通道0是唯一的一个可以配置为40位自身地址的数据通道。1～5数据通道都为8位自身地址和32位公用地址。所有的数据通道都可以设置为增强型ShockBurst模式。

nRF24L01在确认收到数据后记录地址，并以此地址为目标地址发送应答信号。在发送端，数据通道0被用做接收应答信号，因此，数据通道0的接收地址要与发送端地址相等以确保接收到正确的应答信号。图4-3所示的是数据通道0～5的地址设置方法举例。

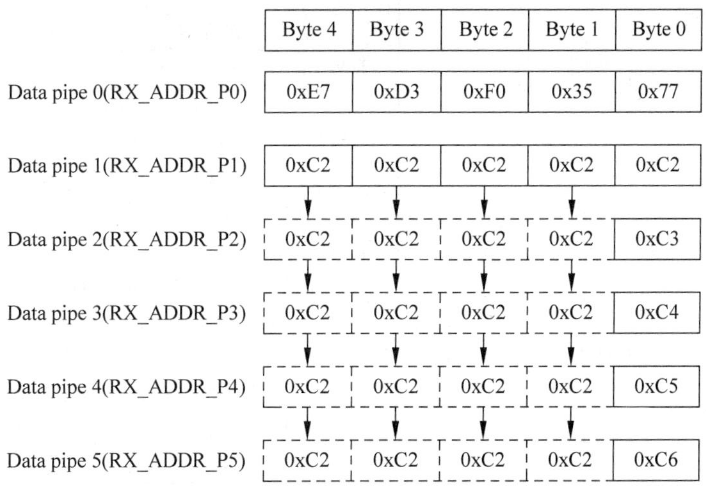

图4-3 数据通道0～5的地址设置方法举例

4. 寄存器指令格式

nRF24L01 所有配置都在配置寄存器中，所有寄存器都是通过 SPI 口进行配置的。nRF24L01 配置寄存器主要有以下几个指令，如表 4-4 所示。

表 4-4 nRF24L01 配置寄存器

指令名称	指令格式	操　　作
R_REGISTER	000A　AAAA	读配置寄存器。AAAA 指出读操作的寄存器地址
W_REGISTER	001A　AAAA	写配置寄存器。AAAA 指出写操作的寄存器地址 只有在掉电模式和待机模式下可操作
R_RX_PAYLO AD	0110　0001	读 RX 有效数据：1～32 字节。读操作全部从字节 0 开始。当读 RX 有效数据完成后，FIFO 寄存器中有效数据被清除。 应用于接收模式下
W_RX_PAYL OAD	1010　0000	写 TX 有效数据：1～32 字节。写操作从字节 0 开始。 应用于发射模式下
FLUSH_TX	1110　0001	清除 TX FIFO 寄存器，应用于发射模式下
FLUSH_RX	1110　0010	清除 RX FIFO 寄存器，应用于接收模式下。 在传输应答信号过程中不应执行此指令。也就是说，若传输应答信号过程中执行此指令的话将使得应答信号不能被完整的传输
REUSE_TX_PL	1110　0011	重新使用上一包有效数据。当 CE 为高过程中，数据包被不断的重新发射。 在发射数据包过程中必须禁止数据包重利用功能
NOP	1111　1111	空操作。可以用来读状态寄存器

5. nRF24L01 寄存器地址

所有未定义的位可以被读出，其值为 0。nRF24L01 寄存器地址如表 4-5 所示。

表 4-5 nRF24L01 寄存器地址

地址	参数	位	复位值	类型	描　　述
00	寄存器				配置寄存器
	reserved	7	0	R/W	默认为“0”
	MASK_RX_DR	6	0	R/W	可屏蔽中断 RX_RD 1：IRQ 引脚不显示 RX_RD 中断 0：RX_RD 中断产生时 IRQ 引脚电平为低
	MASK_TX_DS	5	0	R/W	可屏蔽中断 TX_DS 1：IRQ 引脚不显示 TX_DS 中断 0：TX_DS 中断产生时 IRQ 引脚电平为低
	MASK_MAX_RT	4	0	R/W	可屏蔽中断 MAX_RT 1：IRQ 引脚不显示 TX_DS 中断 0：MAX_RT 中断产生时 IRQ 引脚电平为低
	EN_CRC	3	1	R/W	CRC 使能。如果 EN_AA 中任意一位为高则 EN_CRC 强迫为高

续表

地址	参数	位	复位值	类型	描　　述
	CRCO	2	0	R/W	CRC模式 “0”——8位CRC校验 “1”——16位CRC校验
	PWR_UP	1	0	R/W	1：上电 0：掉电
	PRIM_RX	0	0	R/W	1：接收模式 0：发射模式
01	EN_AA Enhanced ShockBurst ™				使能“自动应答”功能 此功能禁止后可与nRF2401通信
	Reserved	7：6	00	R/W	默认为0
	ENAA_P5	5	1	R/W	数据通道5自动应答允许
	ENAA_P4	4	1	R/W	数据通道4自动应答允许
	ENAA_P3	3	1	R/W	数据通道3自动应答允许
	ENAA_P2	2	1	R/W	数据通道2自动应答允许
	ENAA_P1	1	1	R/W	数据通道1自动应答允许
	ENAA_P0	0	1	R/W	数据通道0自动应答允许
02	EN_RXADDR				接收地址允许
	Reserved	7：6	00	R/W	默认为00
	ERX_P5	5	0	R/W	接收数据通道5允许
	ERX_P4	4	0	R/W	接收数据通道4允许
	ERX_P3	3	0	R/W	接收数据通道3允许
	ERX_P2	2	0	R/W	接收数据通道2允许
	ERX_P1	1	1	R/W	接收数据通道1允许
	ERX_P0	0	1	R/W	接收数据通道0允许
03	SETUP_AW				设置地址宽度(所有数据通道)
	Reserved	7：2	00000	R/W	默认为00000
	AW	1：0	11	R/W	接收/发射地址宽度 “00”——无效 “01”——3字节宽度 “10”——4字节宽度 “11”——5字节宽度
04	SETUP_RETR				建立自动重发
	ARD	7：4	0000	R/W	自动重发延时 “0000”——等待250＋86μs “0001”——等待500＋86μs “0010”——等待750＋86μs ⋮ “1111”——等持4000＋86μs (延时时间是指一包数据发送完成到下一包数据开始发射之间的时间间隔)
	ARC	3：0	0011	R/W	自动重发计数 “0000”——禁止自动重发 “0000”——自动重发一次 ⋮ “0000”——自动重发15次

续表

地址	参数	位	复位值	类型	描　述
05	RF_CH				射频通道
	Reserved	7	0	R/W	默认为0
	RF_CH	6:0	0000010	R/W	设置nRF24L01工作通道频率
06	RF_SETUP			R/W	射频寄存器
	Reserved	7:5	000	R/W	默认为000
	PLL_LOCK	4	0	R/W	PLL_LOCK允许,仅应用于测试模式
	RF_DR	3	1	R/W	数据传输率: "0"——1Mbps　"1"——2Mbps
	RF_PWR	2:1	11	R/W	发射功率: "00"——18dBm "01"——12dBm "10"——6dBm "11"——0dBm
	LNA_HCURR	0	1	R/W	低噪声放大器增益
07	STATUS				状态寄存器
	Reserved	7	0	R/W	默认为0
	RX_DR	6	0	R/W	接收数据中断。当接收到有效数据后置1。 写"1"清除中断
	TX_DS	5	0	R/W	数据发送完成中断。当数据发送完成后产生中断。如果工作在自动应答模式下,只有当接收到应答信号后此位置1。 写"1"清除中断
	MAX_RT	4	0	R/W	达到最多次重发中断。 写"1"清除中断。 如果MAX_RT中断产生则必须清除后系统才能进行通信
	RX_P_NO	3:1	111	R	接收数据通道号: 000～101:数据通道号 110:未使用 111:RX FIFO寄存器为空
	TX_FULL	0	0	R	TX FIFO寄存器满标志。 1:TX FIFO寄存器满 0: TX FIFO寄存器未满,有可用空间
08	OBSERVE_TX				发送检测寄存器
	PLOS_CNT	7:4	0	R	数据包丢失计数器。当写RF_CH寄存器时此寄存器复位。当丢失15个数据包后此寄存器重启
	ARC_CNT	3:0	0	R	重发计数器。发送新数据包时此寄存器复位
09	CD				
	Reserved	7:1	000000	R	
	CD	0	0	R	载波检测

续表

地址	参数	位	复位值	类型	描　　述
0A	RX_ADDR_P0	39:0	0xE7E7E7E7E7	R/W	数据通道 0 接收地址。最大长度：5 个字节（先写低字节，所写字节数量由 SETUP_AW 设定）
0B	RX_ADDR_P1	39:0	0xC2C2C2C2C2	R/W	数据通道 1 接收地址。最大长度:5 个字节（先写低字节，所写字节数量由 SETUP_AW 设定）
0C	RX_ADDR_P2	7:0	0xC3	R/W	数据通道 2 接收地址。最低字节可设置。高字节部分必须与 RX_ADDR_P1[39:8]相等
0D	RX_ADDR_P3	7:0	0xC4	R/W	数据通道 3 接收地址。最低字节可设置。高字节部分必须与 RX_ADDR_P1[39:8]相等
0E	RX_ADDR_P4	7:0	0xC5	R/W	数据通道 4 接收地址。最低字节可设置。高字节部分必须与 RX_ADDR_P1[39:8]相等
0F	RX_ADDR_P5	7:0	0xC6	R/W	数据通道 5 接收地址。最低字节可设置。高字节部分必须与 RX_ADDR_P1[39:8]相等
10	TX_ADDR	39:0	0xE7E7E7E7E7	R/W	发送地址。（先写低字节） 在增强型 ShockBurst™ 模式下 RX_ADDR_P0 与此地址相等
11	RX_PW_P0				
	Reserved	7:6	00	R/W	默认为 00
	RX_PW_P0	5:0	0	R/W	接收数据通道 0 有效数据宽度(1 到 32 字节) 0:设置不合法 1:1 字节有效数据宽度 ⋮ 32:32 字节有效数据宽度
12	RX_PW_P1				
	Reserved	7:6	00	R/W	默认为 00
	RX_PW_P1	5:0	0	R/W	接收数据通道 1 有效数据宽度(1 到 32 字节) 0:设置不合法 1:1 字节有效数据宽度 ⋮ 32:32 字节有效数据宽度
13	RX_PW_P2				
	Reserved	7:6	00	R/W	默认为 00
	RX_PW_P2	5:0	0	R/W	接收数据通道 2 有效数据宽度(1 到 32 字节) 0:设置不合法 1:1 字节有效数据宽度 ⋮ 32: 32 字节有效数据宽度
14	RX_PW_P3				
	Reserved	7:6	00	R/W	默认为 00

续表

地址	参数	位	复位值	类型	描　述
	RX_PW_P3	5:0	0	R/W	接收数据通道 3 有效数据宽度(1 到 32 字节) 0：设置不合法 1：1 字节有效数据宽度 ⋮ 32:32 字节有效数据宽度
15	RX_PW_P4				
	Reserved	7:6	00	R/W	默认为 00
	RX_PW_P4	5:0	0	R/W	接收数据通道 4 有效数据宽度(1 到 32 字节) 0:设置不合法 1:1 字节有效数据宽度 ⋮ 32:32 字节有效数据宽度
16	RX_PW_P5				
	Reserved	7:6	00	R/W	默认为 00
	RX_PW_P5	5:0	0	R/W	接收数据通道 5 有效数据宽度(1 到 32 字节) 0:设置不合法 1:1 字节有效数据宽度 ⋮ 32:32 字节有效数据宽度
17	FIFO_STATUS				FIFO 状态寄存器
	Reserved	7	0	R/W	默认为 0
	TX_REUSE	6	0	R	若 TX_REUSE=1 则当 CE 位高电平状态时不断发送上一数据包。TX_REUSE 通过 SPI 指令 REUSE_TX_PL 设置，通过 W_TX_PALOAD 或 PLUSH_Tx 复位
	TX_FULL	5	0	R	TX FIFO 寄存器满标志。 1:TX FIFO 寄存器满 0：TX FIFO 寄存器未满，有可用空间
	TX_EMPTY	4	1	R	TX FIFO 寄存器空标志。 1:TX FIFO 寄存器空 0：TX FIFO 寄存器非空
	Reserved	3:2	00	R/W	默认为 00
	RX_FULL	1	0	R	RX FIFO 寄存器满标志。 1:RX FIFO 寄存器满 0：RX FIFO 寄存器未满，有可用空间
	RX_EMPTY	0	1	R	RX FIFO 寄存器空标志。 1:RX FIFO 寄存器空 0：RX FIFO 寄存器非空
N/A	TX_PLD	255:0		W	
N/A	RX_PLD	255:0		R	

6. nRF24L01 模块

将 nRF24L01 配合外围电路做成模块，对外引脚只需要 8 根，简化了应用电路设计复杂度。如图 4-4 所示为 nRF24L01 模块的 PCB 布局图及引脚说明。从图中可以看出，和单片机相连接时，只需要 6 个单片机的 I/O 端口。

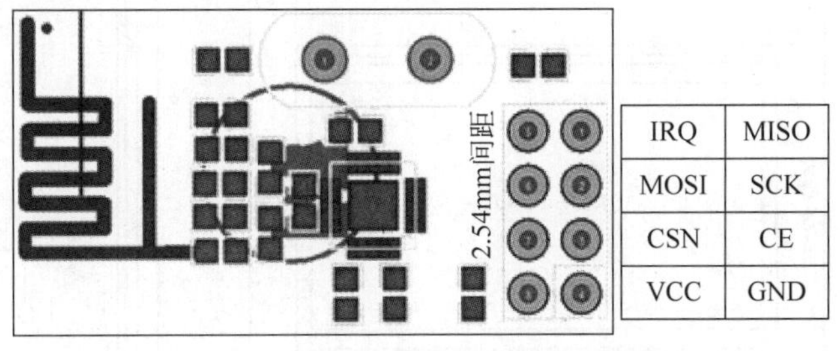

图 4-4　nRF24L01 模块的 PCB 布局图及引脚说明

4.2.2　12864 液晶屏

1. 12864 液晶屏概述

12864 LCD 汉字图形点阵液晶显示模块，可显示汉字及图形。有的带有汉字字库，有的则不带有字库。带有字库的液晶屏内置 8192 个中文汉字（16 * 16 点阵）、128 个字符（8 * 16 点阵）及 64 * 256 点阵显示 RAM（GDRAM）。12864 液晶屏实物图如图 4-5 所示。

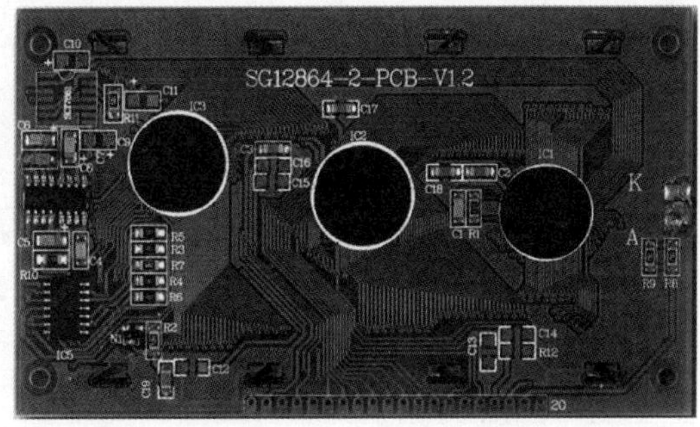

图 4-5　12864 液晶屏实物图

其外形尺寸如图 4-6 所示。

其主要技术参数和显示特性如下。

电源：VDD 3.3～+5V（内置升压电路，无须负压）；

显示内容：128 列 * 64 行；

显示颜色：黄绿；

显示角度：6:00 钟直视；

与 MCU 接口：8 位或者 4 位。

2. 12864 液晶屏引脚功能

12864 液晶屏模块对外有 20 个引脚。单片机可对屏串行或并行操作，串行操作只需要 3 根信号线和单片机相连即可，并行操作则需要 12 根信号线和单片机相连。引脚功能如表 4-6 所示。

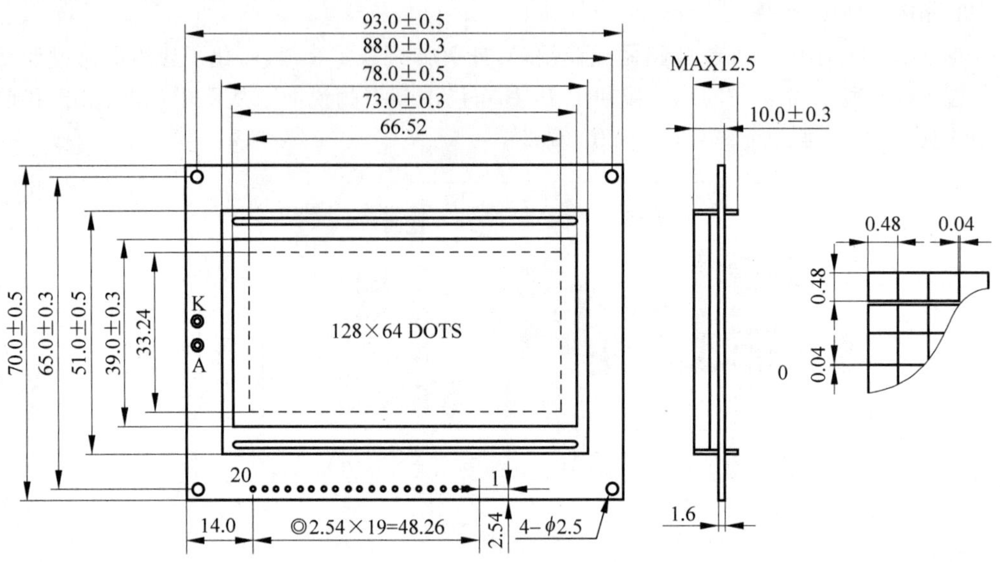

图 4-6　1264 液晶屏模块外形尺寸

表 4-6　12864 液晶模块引脚功能表

引脚号	引脚名称	方向	功能说明
1	VSS	—	模块的电源地
2	VDD	—	模块的电源正端
3	V0	—	LCD 驱动电压输入端
4	R8(CS)	H/L	并行的指令/数据选择信号：串行的片选信号
5	R/W(SID)	H/L	并行的读写选择信号；串行的数据口
6	E(CLK)	H/L	并行的使能信号：串行的同步时钟
7	DB0	H/L	数据 0
8	DB1	H/L	数据 1
9	DB2	H/L	数据 2
10	DB3	H/L	数据 3
11	DB4	H/L	数据 4
12	DB5	H/L	数据 5
13	DB6	H/L	数据 6
14	DB7	H/L	数据 7
15	PSB	H/L	并/串行接口选择：H—并行：L—串行
16	NC		空脚
17	/RET	H/L	复位低电平有效
18	NC		空脚
19	LED_A	(LED+5V)	背光源正极
20	LED_K	(LED−0V)	青光源负极

12864 液晶模块和单片机的接口电路如图 4-7 所示。

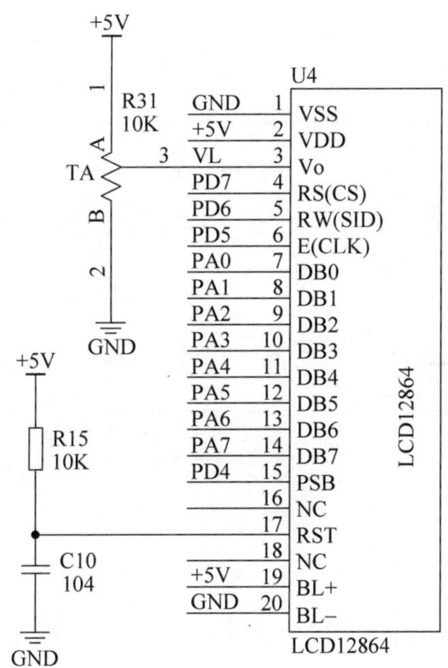

图 4-7　12864 液晶模块和单片机的接口电路

3. 12864 液晶屏操作时序

(1) 12864 串行操作时序

12864 串行操作时序如图 4-8 所示,串行数据传送共分三个字节完成。

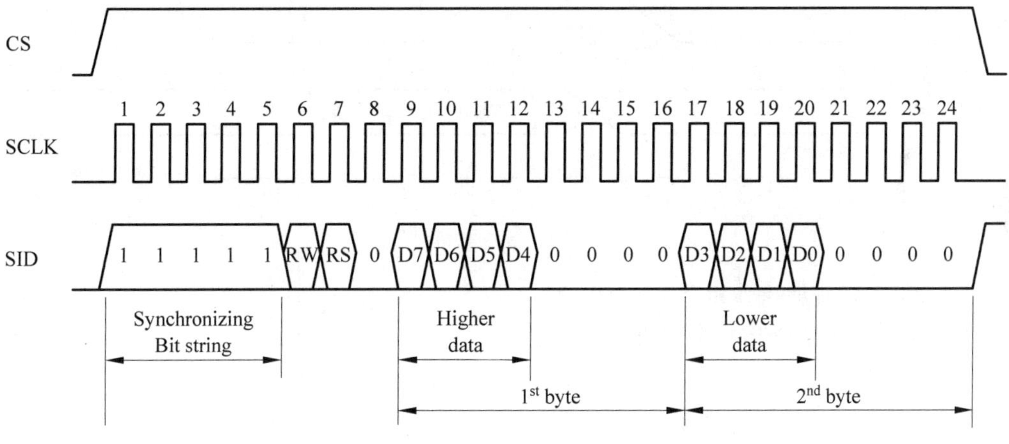

图 4-8　12864 串行操作时序

第一个字节：串口控制——格式 11111ABC。

其中,A 为数据传送方向控制：H 表示数据从 LCD 到 MCU,L 表示数据从 MCU 到 LCD。

B 为数据类型选择：H 表示数据为显示数据,L 表示数据为控制指令,C 固定为 0。

第二个字节：(并行)8 位数据的高 4 位——格式 DDDD0000。

第三个字节：(并行)8 位数据的低 4 位——格式 0000DDDD。

（2）12864 并行操作时序

单片机从 12864 液晶模块中读出数据时序如图 4-9 所示。

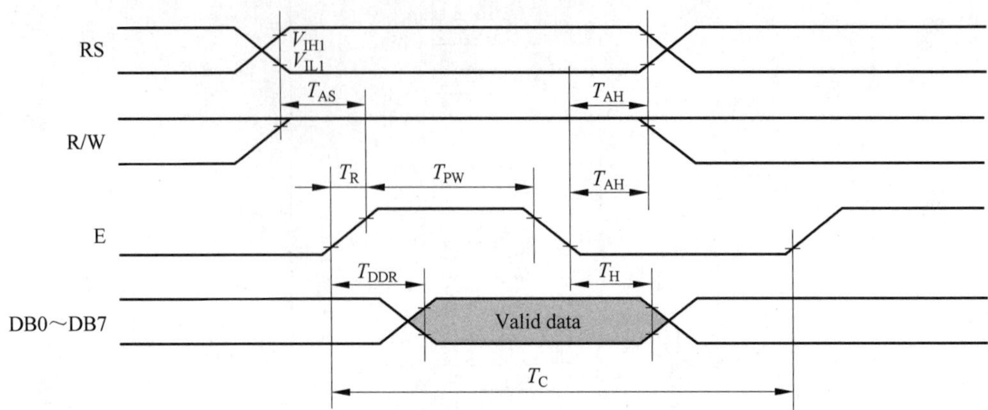

图 4-9　读出数据时序

单片机向 12864 液晶模块中写入数据时序如图 4-10 所示。

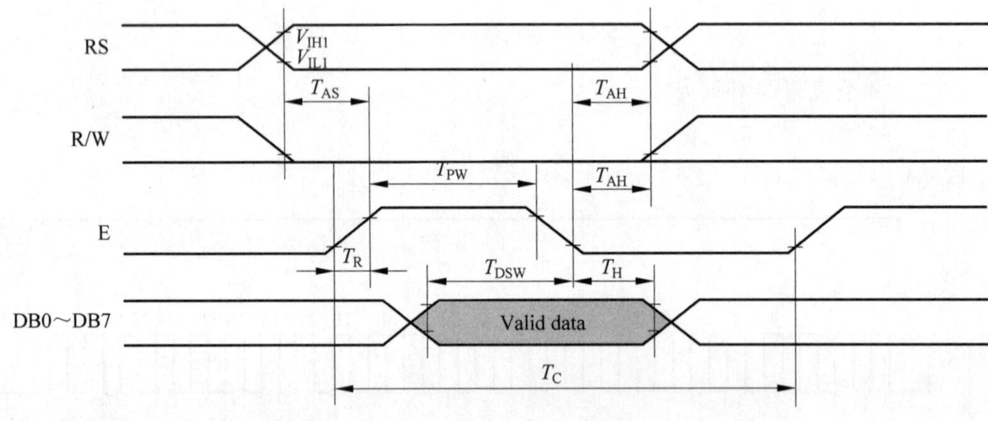

图 4-10　写入数据时序

4. 12864 液晶屏操作指令

12864 液晶屏的操作指令如表 4-7 所示。

表 4-7　12864 液晶屏的操作指令

指令表—1：（RE=0：基本指令集）

指令	指令码										说明	执行时间（540kHz）
	RS	RW	DB7	DB6	DB5	DB4	DB3	DB2	DB1	DB0		
清除显示	0	0	0	0	0	0	0	0	0	1	将 DDRAM 填满"20H"，并且设定 DDRAM 的地址计数器(AC)到"00H"	4.6ms

续表

指令	指令码										说明	执行时间(540kHz)
	RS	RW	DB7	DB6	DB5	DB4	DB3	DB2	DB1	DB0		
地址归位	0	0	0	0	0	0	0	0	1	X	设定 DDRAM 的地址计数器（AC）到“00H”，并且将游标移到开头原点位置；这个指令并不改变 DDRAM 的内容	4.6ms
进入点设定	0	0	0	0	0	0	0	1	I/D	S	指定在资料的读取与写入时，设定游标移动方向及指定显示的移位	72μs
显示状态开/关	0	0	0	0	0	0	1	D	C	B	D=1：整体显示 ON C=1：游标 ON B=1：游标位置 ON	72μs
游标或显示移位控制	0	0	0	0	0	1	S/C	R/L	X	X	设定游标的移动与显示的移位控制位元；这个指令并不改变 DDRAM 的内容	72μs
功能设定	0	0	0	0	1	DL	X	0RE	X	X	DL=1(必须设为 1) RE=1：扩充指令集动作 RE=0：基本指令集动作	72μs
设定 CGRAM 地址	0	0	0	1	AC5	AC4	AC3	AC2	AC1	AC0	设定 CGRAM 地址到地址计数器(AD)	72μs
设定 DDRAM 地址	0	0	1	AC6	AC5	AC4	AC3	AC2	AC1	AC0	设定 DDRAM 地址到地址计数器(AC)	72μs
读取忙碌标志（BF）和地址	0	1	BF	AC6	AC5	AC4	AC3	AC2	AC1	AC0	读取忙碌标志(BF)可以确认内部动作是否完成，同时可以读出地址计数器(AC)的值	0μs
写资料到 RAM	1	0	D7	D6	D5	D4	D3	D2	D1	D0	写入资料到内部的 FAM (DDRAM/CGRAM/IRAM/GDRAM)	72μs
读出 RAM 的值	1	1	D7	D6	D5	D4	D3	D2	D1	D0	从内部 RAM 读取资料 (DDRAM/CGRAM/IRAM/ GDRAM)	72μs

指令表—2：(RE=1：扩充指令集)

指令	指令码										说明	执行时间(540kHz)
	RS	RW	DB7	DB6	DB5	DB4	DB3	DB2	DB1	DB0		
待命模式	0	0	0	0	0	0	0	0	0	1	将 DDRAM 填满“20H”，并且设定 DDRAM 的地址计数器(AC)到“00H”	72μs

续表

指令	指令码										说明	执行时间（540kHz）
	RS	RW	DB7	DB6	DB5	DB4	DB3	DB2	DB1	DB0		
卷动地址或IRAM 地址选择	0	0	0	0	0	0	0	0	1	SR	SR=1：允许输入垂直卷动地址 SR=0：允许输入 IRAM 地址	72μs
反白选择	0	0	0	0	0	0	0	1	R1	R0	选择 4 行中的任一行作反白显示，并可决定反白与否	72μs
睡眠模式	0	0	0	0	0	0	1	SL	X	X	SL=1：脱离睡眠模式 SL=0：进入睡眠模式	72μs
扩充功能设定	0	0	0	0	1	1	X	1RE	G	0	RE=1：扩充指令集动作 RE=0：基本指令集动作 G=1：绘图显示 ON G=0：绘图显示 OFF	72μs
设定 IRAM 地址或卷动地址	0	0	0	1	AC5	AC4	AC3	AC2	AC1	AC0	SR=1：AC5—AC0 为垂直卷动地址 SR = 0：AC3—AC0 为 ICON IRAM 地址	72μs
设定绘图RAM 地址	0	0	1	AC6	AC5	AC4	AC3	AC2	AC1	AC0	设定 CGRAM 地址到地址计数器(AC)	72μs

5. 显示坐标关系

(1) 图形显示坐标

水平方向 X 以字节单位，垂直方向 Y 以位为单位，如图 4-11 所示。从图中可以看到 12864 液晶屏是分上下 2 个半屏的，并且下半屏是上半屏的延续。

(2) 汉字显示坐标

显示汉字的坐标如图 4-12 所示。每个汉字占 16 * 16 个点阵，所以整个 12864 显示屏总共可以显示 32 个汉字。还要注意的是，如果字符和汉字混合显示时，要注意汉字显示的位置必须是字节的偶数倍。例如，如果显示字符串“s 汉字”，这样就会出现乱码，这是因为汉字显示的地址是以字节的偶数倍起始的，上面的字符串汉字如果以奇数起始，会造成乱码，因此要修改为“s 汉字”或者“ss 汉字”等。

4.2.3 温湿度传感器 DHT11

1. DHT11 概述

DHT11 数字温湿度传感器是一款含有已校准数字信号输出的温湿度复合传感器。它应用专用的数字模块采集技术和温湿度传感技术，确保产品具有极高的可靠性与卓越的长期稳定性。传感器包括一个电阻式感湿元件和一个 NTC 测温元件，并与一个高性能 8 位单片机相连接。因此该产品具有品质卓越、超快响应、抗干扰能力强、性价比极高等优点。每个 DHT11 传感器都在极为精确的湿度校验室中进行校准。校准系数以程序的形式储存

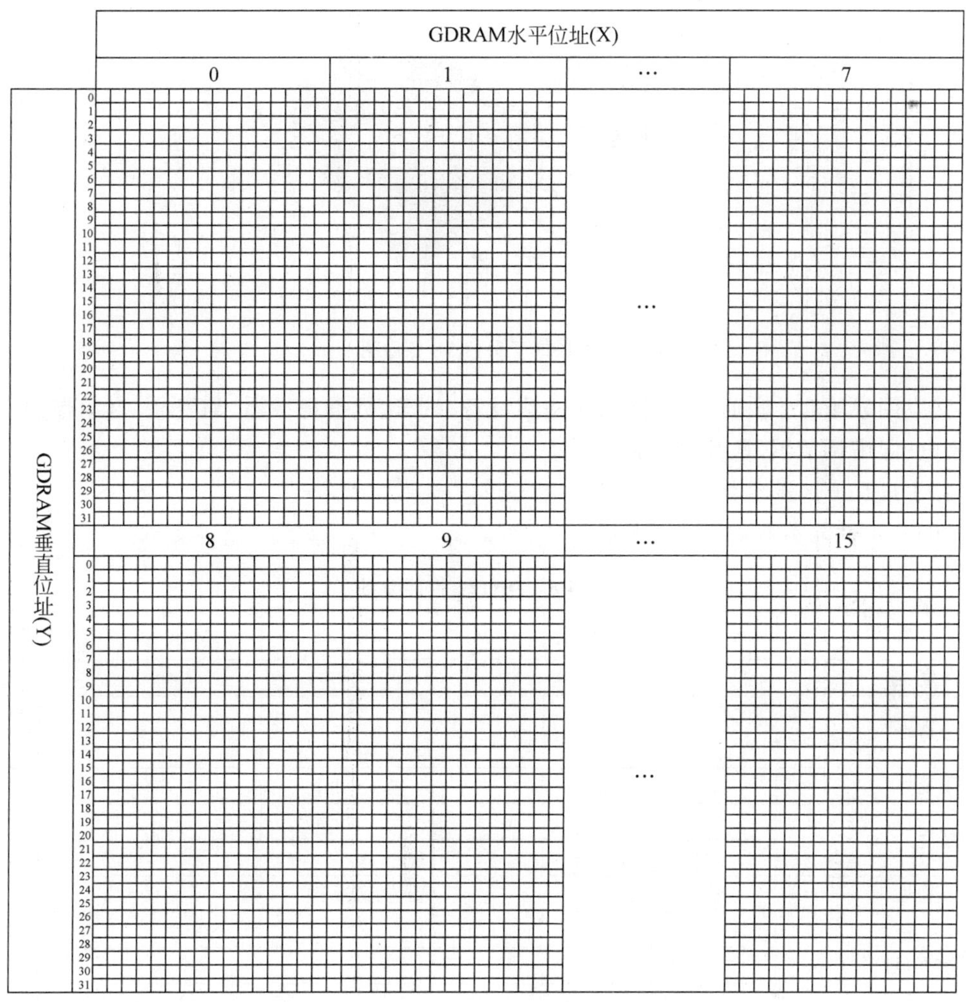

图 4-11　图形显示坐标

	X 坐标							
Line1	80H	81H	82H	83H	84H	85H	86H	87H
Line2	90H	91H	92H	93H	94H	95H	96H	97H
Line3	88H	89H	8AH	8BH	8CH	8DH	8EH	8FH
Line4	98H	99H	9AH	9BH	9CH	9DH	9EH	9FH

图 4-12　显示汉字的坐标

在 OTP 内存中，传感器内部在检测信号的处理过程中要调用这些校准系数。单线制串行接口，使系统集成变得简易快捷。超小的体积、极低的功耗，信号传输距离可达 20 米以上，使其成为各类应用甚至最为苛刻的应用场合的最佳选择。产品为 4 针单排引脚封装，连接方便，特殊封装形式可根据用户需求而提供。DHT11 实物图如图 4-13 所示。

图 4-13　DHT11 实物图

其应用领域有：暖通空调、测试及检测设备、汽车、数据记录器、消费品、自动控制、气象站、家电、湿度调节器、医疗、除湿器。

2. DHT11 性能参数

DHT11 性能参数如表 4-8 所示。

表 4-8　DHT11 性能参数

参数	条件	Min	Typ	Max	单位
湿度					
分辨率		1	1	1	%RH
			8		Bit
重复性			±1		%RH
精度	25℃		±4		%RH
	0～50℃			±5	%RH
互换性	可完全互换				
量程范围	0℃	30		90	%RH
	25℃	20		90	%RH
	50℃	20		80	%RH
响应时间	1/e(63%)25℃，1m/s 空气	6	10	15	S
迟滞			±1		%RH
长期稳定性	典型值		±1		%RH/yr
温度					
分辨率		1	1	1	℃
		8	8	8	Bit
重复性			±1		℃
精度		±1		±2	℃
量程范围		0		50	℃
响应时间	1/e(63%)	6		30	S

3. DHT11 典型应用电路

DHT11 典型应用电路如图 4-14 所示。

4. DHT11 数据传输格式

DATA 用于微处理器与 DHT11 之间的通信和同步，采用单总线数据格式，一次通信时

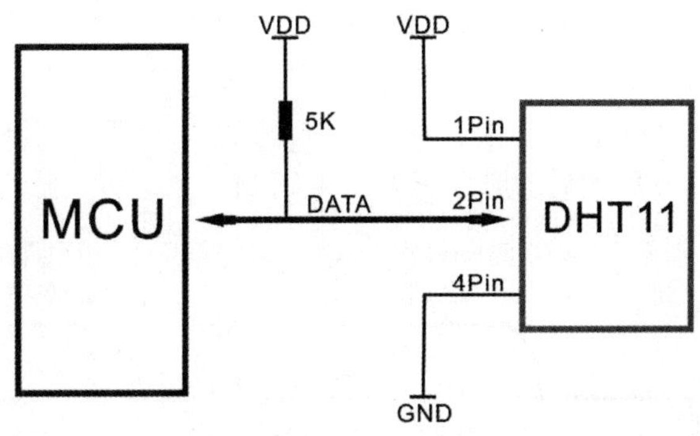

图 4-14　DHT11 典型应用电路

间 4ms 左右，数据分小数部分和整数部分，当前小数部分用于以后扩展，现读出为零。操作流程如下：

一次完整的数据传输为 40bit，高位先出。

数据格式：8bit 湿度整数数据＋8bit 湿度小数数据

＋8bi 温度整数数据＋8bit 温度小数数据

＋8bit 校验和

数据传送正确时校验和数据等于"8bit 湿度整数数据＋8bit 湿度小数数据＋8bi 温度整数数据＋8bit 温度小数数据"所得结果的末 8 位。

用户 MCU 发送一次开始信号后，DHT11 从低功耗模式转换到高速模式，等待主机开始信号结束后，DHT11 发送响应信号，送出 40bit 的数据，并触发一次信号采集，用户可选择读取部分数据。从模式下，DHT11 接收到开始信号触发一次温湿度采集，如果没有接收到主机发送开始信号，DHT11 不会主动进行温湿度采集，采集数据后转换到低速模式。

5. DHT11 操作时序

DHT11 操作完整时序如图 4-15 所示。

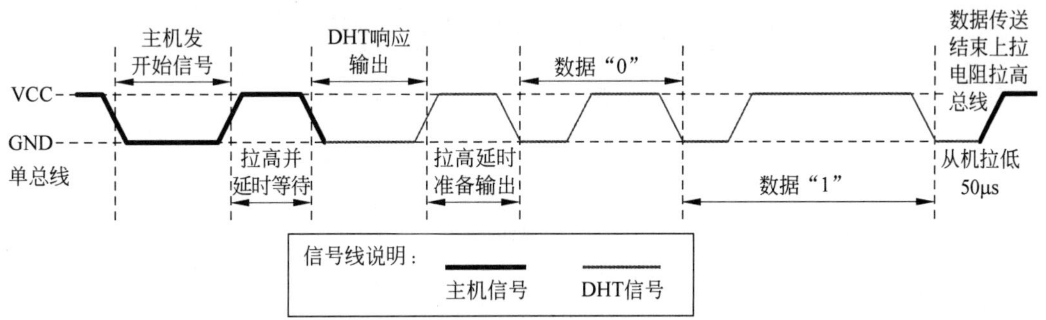

图 4-15　DHT11 操作完整时序

在图 4-15 中可以看出，在开始的黑色段(粗线)是主机信号，也就是在这黑色段单片机的引脚要设置为输出，发送开始信号。后面的灰色线(细线)是由 DHT11 进行控制的，也就是单片机引脚要设置为输入，释放信号线。在灰色段，首先 DHT11 进行响应，响应完成之后就输出 40 位的温湿度数据，输出完成后，DHT11 给出 50μs 的低电平，表示数据传输完成。

(1) 主机信号和响应信号

主机信号和响应信号放大后的时序图如图 4-16 所示。

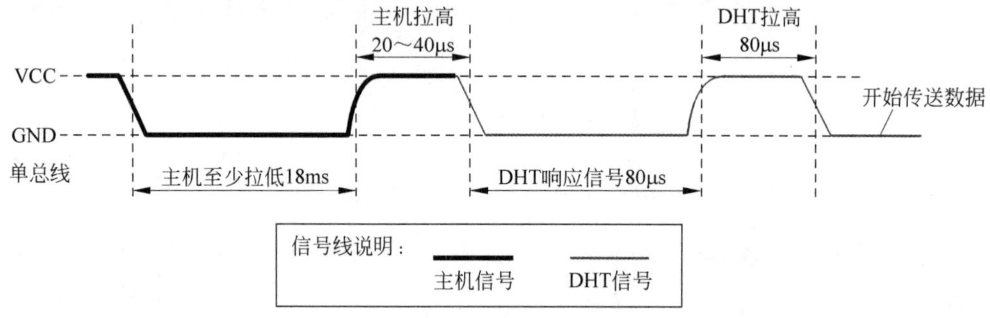

图 4-16　主机信号和响应信号

总线空闲状态为高电平，主机把总线拉低等待 DHT11 响应，主机把总线拉低必须大于 18ms，以保证 DHT11 能检测到起始信号，然后再拉高 20～40μs。DHT11 接收到主机的开始信号后，等待主机开始信号结束，然后发送 80μs 低电平响应信号，再发送 80μs 的高电平信号。这样就完成了单片机和 DHT11 的握手信号。在编程操作上，主机引脚设置为输出模式，置 18ms 以上低电平，再置 20～40μs 的高电平。然后将主机引脚切到输入模式，读取 DHT11 的响应信号，读取到低电平，说明 DHT11 响应，再等 DHT11 的高电平信号结束后，就开始接收数据了。

(2) 数字信号 0

数字信号 0 如图 4-17 所示。从图 4-17 可以看出数字信号 0 是以 50μs 的低电平开始然后给出 26～28μs 的高电平，也就是通过高电平的时间就可以判断出该信号是否为 0。

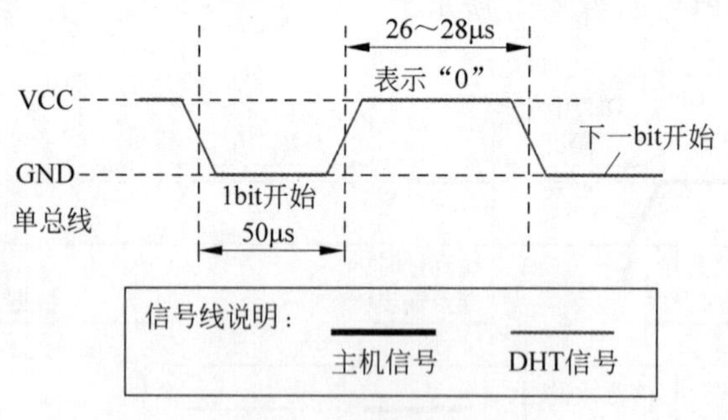

图 4-17　数字信号 0

(3) 数字信号 1

数字信号 1 如图 4-18 所示。从图 4-18 可以看出数字信号 1 是以 50μs 的低电平开始然后再给出 70μs 的高电平，也就是通过高电平的时间就可以判断出该信号是否为 1。

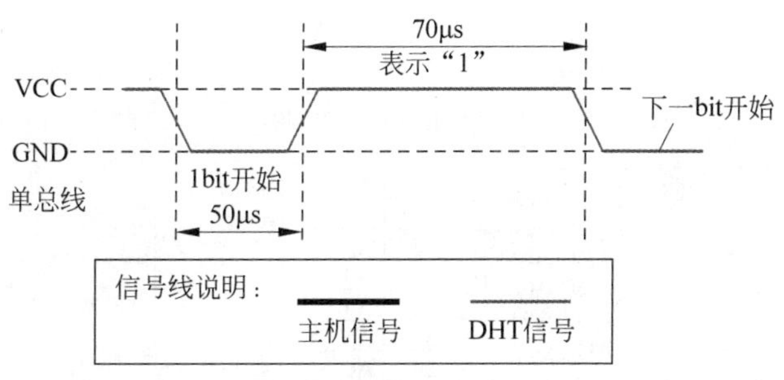

图 4-18　数字信号 1

4.3　方案设计

要实现温湿度的无线采集，必须要有发射端和接收端。发射端只需要采集当前环境温湿度，然后发送出去就可以了。接收端则需要接收到温湿度后进行显示，并能够通过按键进行温湿度阈值的调整。根据这个功能要求发射端和接收端设计方案分别如图 4-19 和图 4-20 所示。

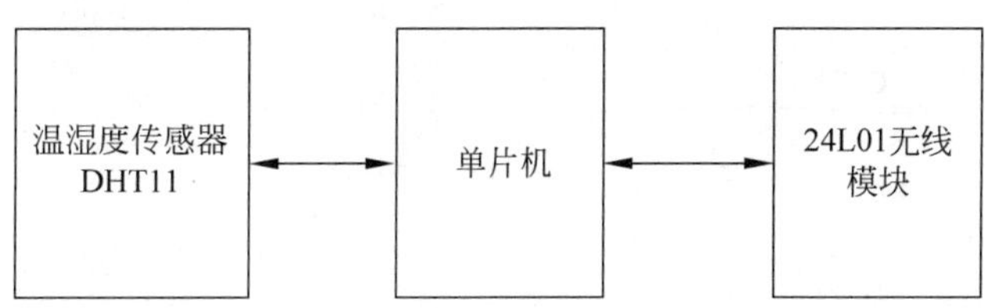

图 4-19　发射端方案框图

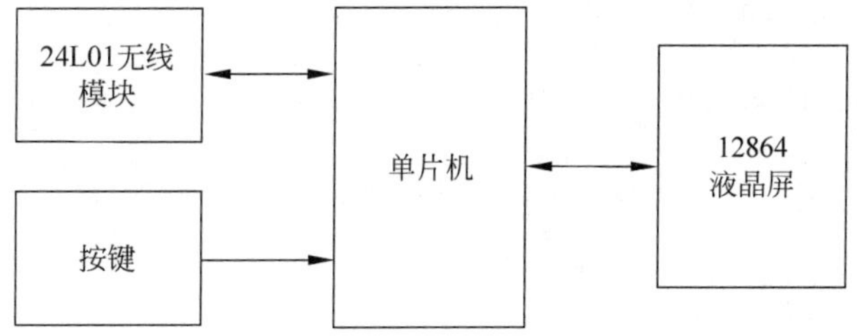

图 4-20　接收端方案框图

4.4　原理图设计

4.4.1　发射端原理图设计

这里只给出单片机和 nRF24L01 模块、DHT11 模块的连接电路。电源电路、复位和下载电路等在前面项目中已经给出。发射端部分原理图如图 4-21 所示。

在图 4-21 所示原理图中的 4 个 LED 灯，可以用来指示 nRF24L01 的状态，也可以做其他用。nRF24L01 模块的 8 个引出脚和原理图中的 J6 中的引脚对应，DHT11 温湿度传感

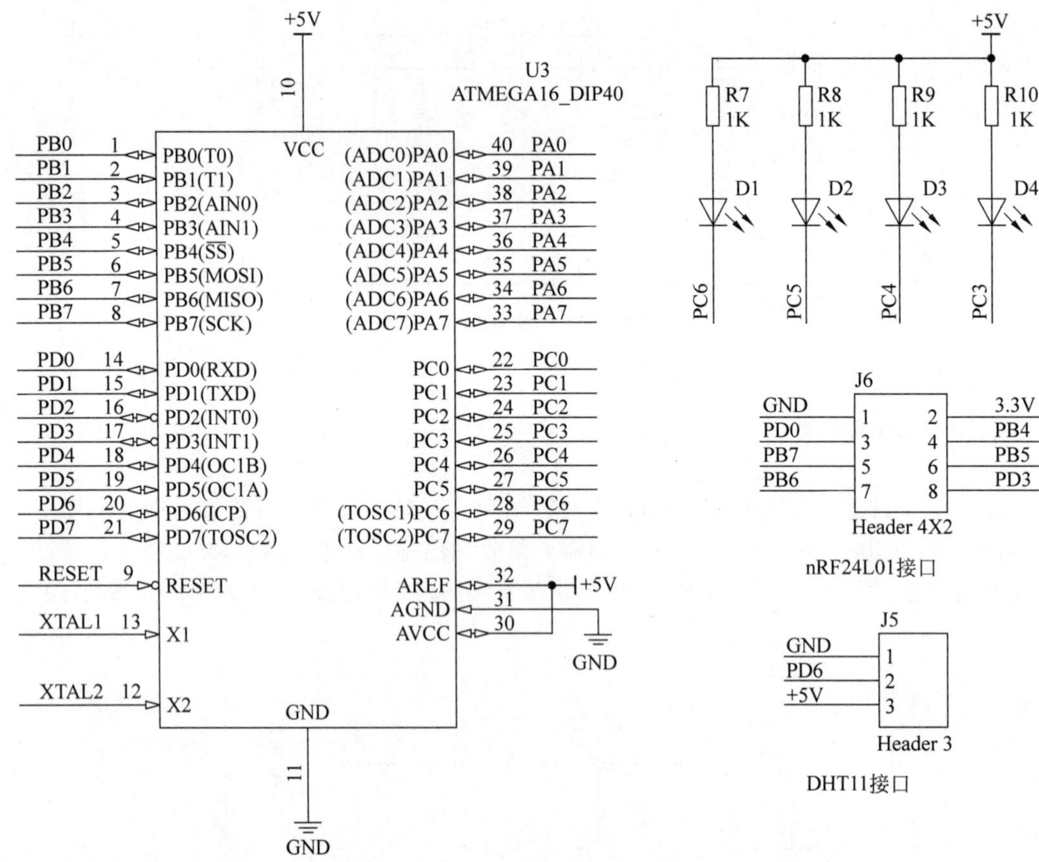

图 4-21　发射端部分原理图

器的数据引脚接到单片机的 PD6 引脚。

4.4.2　接收端原理图设计

接收端部分也是给出部分原理图,原理图如图 4-22 所示。

4.5　程序调试

程序涉及发射端和接收端。调试的步骤为：第一步,12864 液晶屏显示调试；第二步,借助于液晶屏显示,调试 DHT11 温湿度传感器温湿度采集；第三步,调试 nRF24L01 模块的收发；第四步,发射端和接收端完整程序调试。

4.5.1　12864 液晶屏显示

12864 液晶屏可以通过串行或并行驱动。串行驱动可以节省单片机的 I/O 端口,但是数据传输速度慢；并行驱动数据传输速度快,但占用较多的单片机 I/O 端口。下面分别对串行和并行驱动进行讲解,以后可根据实际情况选择是用串行还是并行进行显示。

1. 串行显示

(1) 写一个字节数据到 12864 液晶屏函数

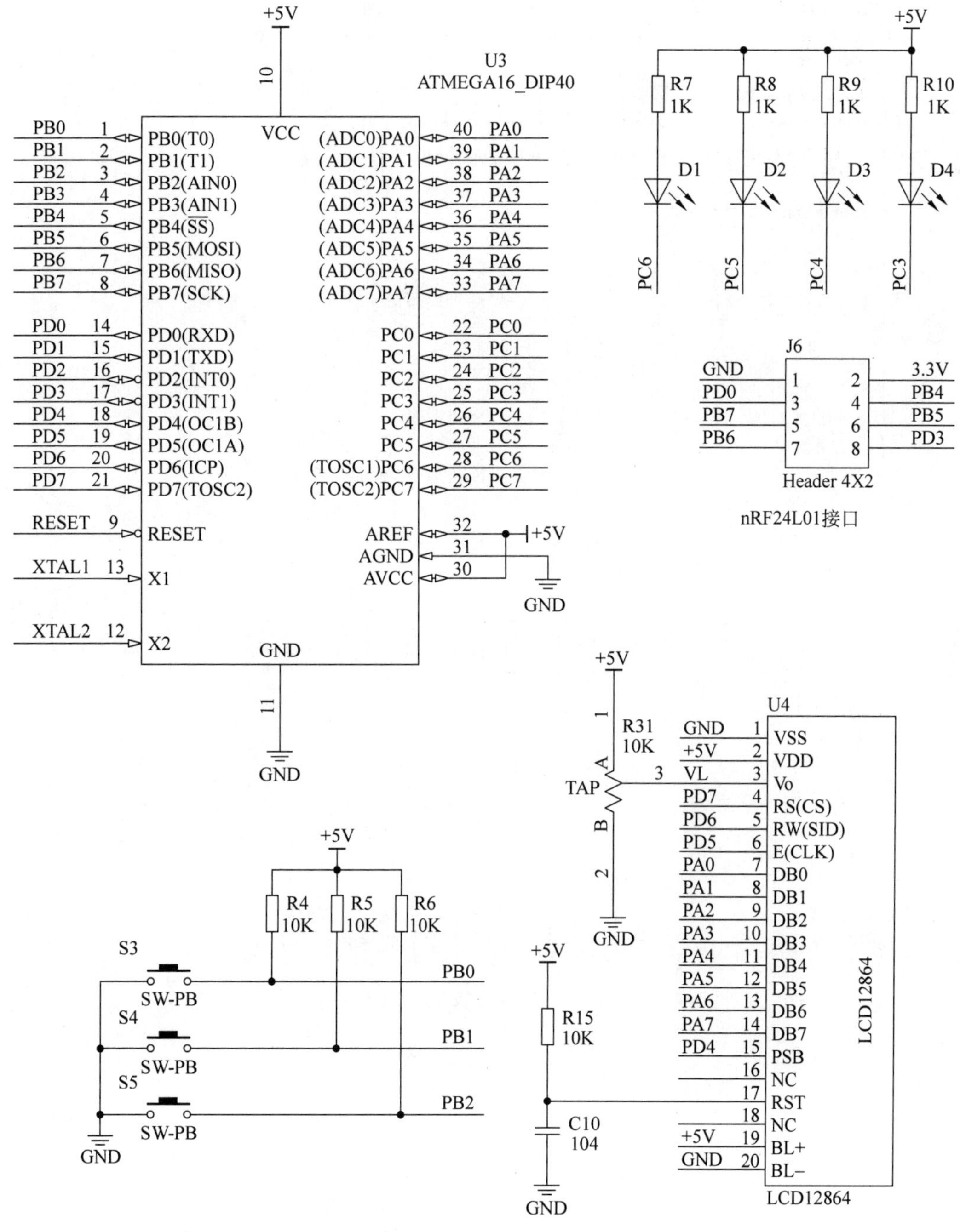

图 4-22　接收端部分原理图

串行显示时，要参照图 4-8 所示的串行传输时序图进行编程，从图中所示时序可以看出，数据是先送高位，最后送低位。下面是根据时序编写的写一个字节数据到 12864 的函数。

```
/***************************************************
 * 函数名称：void wr_128dat(uchar dat,uchar flag)
```

```
* 函数功能：向 12864 液晶屏写入一个字节的命令或者数据
* 输入参数：dat-->写入的命令或数据,flag-->命令或数据标志位,0-命令,1-数据
* 返回值：无
* 说明：CLK 的下降沿写入数据
**********************************************/
void wr_128dat(unsigned char dat,unsigned char flag)
{
  unsigned char i,j,k;
  CLK = 0;
  SID = 1;
  for(i=0;i<5;i++)                    //首先要传送 5 个 bit 的 1,起始位
   {
     CLK = 1; CLK = 0;
   }
  if(flag == 0)                       //传送命令
   {
     SID = 0;                         //传送命令,后面 3 个为 0
     for(i=0;i<3;i++)
      {
        CLK = 1; CLK = 0;
      }
   }
  else                                //传送数据,后 3 位分别如下
   {
     SID = 0;                         //0
     CLK = 1; CLK = 0;
     SID = 1;                         //1
     CLK = 1; CLK = 0;
     SID = 0;                         //0
     CLK = 1; CLK = 0;
   }
  k = 0x80;                           //先送高位,给出相与值
  for(j=0;j<2;j++)                    //一个字节数据分 2 个字节传送
   {
     for(i=0;i<4;i++)                 //高 4 位数据先送
      {
        if(dat&k)                     //取出最高位
         {
           SID = 1;                   //如果高位为 1,数据线送 1
         }
        else
          SID = 0;                    //如果高位为 0,数据线送 0
        k>>= 1;                       //基准相与值右移一位,下次循环提取次高位
        CLK = 1; CLK = 0;             //产生下降沿
      }
    SID = 0;                          //传送 4 位 0
    for(i=0;i<4;i++)
     {
       CLK = 1;CLK = 0;
     }
   }
```

```
  SID = 0;
}
```

向 12864 液晶屏写入一个字节的数据或者命令，要由 3 个字节组成，编写程序时，按照写入顺序写入这 3 个字节。一个数据或命令字节拆分成高 4 位和低 4 位，分别放置于 2 个字节的高 4 位，然后再写入。

(2) 在 12864 液晶屏的某行显示字符串

当给定一个字符串显示时，一般都分行显示，这是因为每行的首地址是不同的，在显示当前行时，要设置当前行的首地址。这里给出在其中一行显示字符串的函数。

```
/ ***********************************************
 * 函数名称: void lcd_linedisp(unsigned char * p,unsigned char size,unsigned char row)
 * 函数功能: 向 12864 液晶屏的某一行写入字符串
 * 输入参数: p-->字符串数组名,size-->字符串字节长度,row-->第几行
 * 返回值: 无
 * 说明:
************************************************ /
void lcd_linedisp(unsigned char * p,unsigned char size,unsigned char row)
{
unsigned char i;
switch(row)                             //行选择
  {
    case 1:
       wr_128dat(0x80,0);               //第一行,写入地址命令 0x80
       break;
    case 2:
       wr_128dat(0x90,0);               //第二行,写入地址命令 0x90
       break;
    case 3:
       wr_128dat(0x88,0);               //第三行,写入地址命令 0x88
       break;
    case 4:
       wr_128dat(0x98,0);               //第一行,写入地址命令 0x98
       break;
    default: break;
  }
for(i = 0;i < size - 1;i++)             //写入数据
   wr_128dat(p[i],1);
}
```

在调用这个函数时只要输入字符串所在的数组名，字符串字节长度和第几行，就可以在对应的行位置显示字符串了。如果不在行的首地址开始显示字符串，则不能使用这个函数，此时需要参照这个函数的方法再做对应的函数。

(3) 12864 液晶屏初始化

12864 液晶屏也是先需要对其初始化，之后才能显示，这里给出初始化的函数。

```
/ ***********************************************
 * 函数名称: void lcd_128init(void)
 * 函数功能: 12864 液晶屏初始化
```

```
* 输入参数: 无
* 返回值: 无
* 说明:
************************************************/
void lcd_128init(void)
{
   wr_128dat(0x30,0);                    //基本指令,功能设定
   wr_128dat(0x06,0);                    //进入点设定
   wr_128dat(0x0c,0);                    //设定整屏显示
   wr_128dat(0x01,0);                    //清除显示
   delay_ms(10);
}
```

液晶屏初始化时首先要对功能设定中的指令集进行设置,如果设置为0x30,表示是基本指令集动作,这时可以显示字符、汉字等信息,如果设置为0x34,表示是扩展指令集动作,这时进入绘图功能。

(4) 主函数

有了上面的几个函数,在主函数中调用,就可以实现字符、汉字等信息的显示了,下面给出主函数代码。

```
//主函数
void main()
{
   unsigned char size = 0;
   unsigned char disp1[] = "火炬职院 zstp";
   unsigned char disp2[] = "电子工程系";
   unsigned char disp3[] = "电子信息工程专业";
   unsigned char disp4[] = "2014 - 12 - 19";

   DDRD| = 0xE0;                         //三根信号线设置为输出
   CS = 1;                               //CS 管脚初始值为 1
   lcd_128init();                        //12864 初始化
   size = sizeof(disp1);                 //提取字符串字节长度
   lcd_linedisp(disp1,size,1);           //显示在第一行
   size = sizeof(disp2);
   lcd_linedisp(disp2,size,2);
    size = sizeof(disp3);
   lcd_linedisp(disp3,size,3);
   size = sizeof(disp4);
   lcd_linedisp(disp4,size,4);
   while(1);
}
```

2. 并行显示

(1) 液晶屏判忙函数

液晶屏是一个慢器件,单片机发送的数据,液晶屏需要一定的处理时间,因此可以通过判断液晶屏是否忙,以确定是否继续写入数据。

```
/************************************************
* 函数名称: void check_busy(void)
* 函数功能: 判断 12864 是否忙
```

```
* 输入参数：无
* 返回值：无
* 说明：通过读取数据线最高位是否为1判断液晶屏是否忙，为1表示忙，0表示不忙
*********************************************** /
void check_busy(void)
{
  DDA7_bit = 0;
  RS = 0;
  RW = 1;
  E = 1;
  while(PINA7_bit == 1);               //等待PA7输入电平为0，即不忙
  E = 0;
  DDA7_bit = 1;
}
```

(2) 写命令、数据函数

```
/ ***********************************************
* 函数名称：void wr_128dat(unsigned char dat,unsigned char flag)
* 函数功能：向12864液晶屏写入一个字节的命令或者数据
* 输入参数：dat-->写入的命令或数据，flag-->命令或数据标志位，0-命令，1-数据
* 返回值：无
* 说明：
*********************************************** /
void wr_128dat(unsigned char dat,unsigned char flag)
{
  check_busy();                        //先判忙
  RS = flag;                           //0--命令，1--数据
  RW = 0;
  PORTA = dat;                         //送入数据
  E = 1;                               //产生下降沿
  E = 0;
}
```

(3) 主函数

并行显示的主函数和串行显示基本一样，只是在初始化时稍有不同，主函数代码如下：

```
void main()
{
   unsigned char size = 0;
   unsigned char disp1[] = "火炬职院 zstp";
   unsigned char disp2[] = "电子工程系";
   unsigned char disp3[] = "电子信息工程专业";
   unsigned char disp4[] = "2014-12-19";
   DDRA = 0xff;
   DDRD| = 0xf0;                       //四根信号线设置为输出
   PSB = 1;                            //PSB管脚初始值为1
   lcd_128init();                      //12864初始化
   size = sizeof(disp1);               //提取字符串字节长度
   lcd_linedisp(disp1,size,1);         //显示在第一行
   size = sizeof(disp2);
```

```
    lcd_linedisp(disp2,size,2);
     size = sizeof(disp3);
    lcd_linedisp(disp3,size,3);
    size = sizeof(disp4);
    lcd_linedisp(disp4,size,4);
    while(1);
}
```

说明：串行和并行写一行字符的代码是一样的，并行函数可以直接调用即可。

4.5.2 DHT11 温湿度采集

为验证采集的 DHT11 温湿度是否正确，我们要借助于显示器件显示温湿度。这里使用的是温湿度模块，可以直接插到接收板上先进行测试。将 DHT11 的数据引脚接到接收板的 PD1 引脚进行数据采集。根据 DHT11 传感器的时序，完整的 DHT11 温度采集及显示程序如下。

```
#define RS PORTD7_bit
#define RW PORTD6_bit
#define E PORTD5_bit
#define PSB PORTD4_bit
#define DHT11_DQ_DIR DDD1_bit
#define DHT11_DQ_OUT PORTD1_bit
#define DHT11_DQ_IN PIND1_bit

unsigned char buff[5];
unsigned char sum = 0;
unsigned char temp[] = "当前温度: 00C";
unsigned char humi[] = "当前湿度: 00%";

/*****************************************
函数名称: unsigned char DHT_Read_Byte()
函数功能: 对 DHT 的数据中的一个字节读取函数
输入参数: 无
返回值: 温湿度字节
*****************************************/
unsigned char DHT_Read_Byte(void)
{
  unsigned char DhtDat = 0;
  unsigned char temp;                    //存放读取到的位数据
  unsigned char i;
  unsigned char retry = 0;
  for(i=0;i<8;i++)
  {
    while(DHT11_DQ_IN==0&&retry<100)  //等待 DHT11 输出高电平
     {
      retry++;
      delay_us(1);
     }
     retry = 0;
```

```
    delay_us(40);                          //延时 30μs,由于"0"代码高电平时间 26～28μs,"1"代
码高电平时间 70μs,延时 30μs 可判断出是 1,还是 0
    temp = 0;                              //先将寄存器清零
    if(DHT11_DQ_IN == 1)                   //延时 30μs 之后如果还是高电平,证明为 1 代码
      temp = 1;                            //将 1 存储
    while(DHT11_DQ_IN == 1&&retry < 100)   //等待信号被拉低,跳出
     {
      retry++;
      delay_us(1);
     }
     retry = 0;
    DhtDat <<= 1;                          //数据左移 1 位,存放新得到的数据
    DhtDat |= temp;                        //新得到的数据放到最后 1 位
  }
  return DhtDat;
}

/*********************************************
函数名称: unsigned char DHT_Read(void)
函数功能: 读取 DHT11 的温湿度
输入参数: 无
返回值: flag -- 数据读取、校验成功标志
*********************************************/
unsigned char DHT_Read(void)
{
  unsigned char retry = 0;
  unsigned char i;
DHT11_DQ_DIR = 1;
  DHT11_DQ_OUT = 0;
  delay_ms(18);                            //延时 18ms,时序要求
  DHT11_DQ_OUT = 1;                        //端口数据拉高
  delay_us(40);                            //延时 40μs,
  DHT11_DQ_DIR = 0;                        //方向设置为输入
  delay_us(20);                            //延时 20μs
  if(DHT11_DQ_IN == 0)                     //如果读取到低电平,证明 DHT11 响应
  {
    while(DHT11_DQ_IN == 0&&retry < 100) //等待变高电平
    {
      retry++;
      delay_us(1);
    }
    retry = 0;
    while(DHT11_DQ_IN == 1&&retry < 100) //等待变低电平
    {
      retry++;
      delay_us(1);
    }
    retry = 0;
    for(i = 0;i < 5;i++)                   //循环 5 次将 40 位读出
```

```
        buff[i] = DHT_Read_Byte();          //读出 1 个字节
      delay_us(50);                         //最后延时等待 50μs
    }
    sum = buff[0] + buff[1] + buff[2] + buff[3];      //前 4 个字节数据的和
    if(buff[4] == sum)                 //前 4 个数据和的末 8 位要和第 5 个数据相等,才算读取正确
      {
        return 1;                           //校验正确,返回 1
      }
    else
       return 0;                            //校验错误,返回 0
}


/ ***********************************************
 * 函数名称: void DHT_DataProcess(void)
 * 函数功能: 温湿度显示处理
 * 输入参数: 无
 * 返回值: 无
 * 说明:
************************************************ /
void DHT_DataProcess(void)
{
    temp[10] = buff[2]/10 + 48;             //得到温度十位
    temp[11] = buff[2] % 10 + 48;           //得到温度个位
    humi[10] = buff[0]/10 + 48;             //得到湿度十位
    humi[11] = buff[0] % 10 + 48;           //得到湿度个位
}

//主函数
void main()
{
     unsigned char size1 = 0, size2 = 0;
     DDRA = 0xff;
     DDRD| = 0xf2;                          //信号线设置为输出
     PSB = 1;                               //PSB 引脚初始值为 1
     lcd_128init();                         //12864 初始化
     size1 = sizeof(temp);                  //提取字符串字节长度
     size2 = sizeof(humi);
     while(1)
      {
       if(DHT_Read())                       //如果读取到温湿度值
          DHT_DataProcess();                //处理
        lcd_linedisp(temp,size1,1);         //显示在第一行
        lcd_linedisp(humi,size2,2);
        delay_ms(100);
      }
}
```

程序中和 12864 相关的函数直接使用的是上一节中的函数。关于 DHT11 温湿度读取的时序有多种写法,其中,有一种是采用多个 while 语句等待的方法,这种方法尽管也能实

现，但是如果 DHT11 不存在或者在损坏的情况下，整个程序就会卡在 while 语句这个位置，后面无法继续执行，造成整个系统的不正常，因此在实际应用中，尽量避免使用 while 语句等待的方法。

4.5.3 nRF24L01 收发调试

nRF24L01 模块可以通过软件设置为发射端或者接收端，因此在做无线通信时，只要将其中一个软件设置为发射端，一个设置为接收端就可以了。nRF24L01 收发双方都是需要编程的器件，因此在调试时就会出现一个问题，收发一起调试，如果调试没有成功，根本不知道是收的问题还是发的问题，后面就无从下手了。所以正确的调试方法是先调发送方，保证发送正确了再去调试接收方，这样在没有调试成功时就知道问题出在哪里了。这里给出发送端和接收端的调试方法。

1. 发送端调试

我们在参考其他代码时，一般都在接收端能够正常接收的情况下来调试发送端，这时发送端调试的步骤一般是：发送→等应答→(自动重发)→触发中断，这种流程都是要在接收端正常接收的情况下调试的。而我们在初次调试时，收和发都是需要编程的，也就是没有接收端可供我们使用。因此在调试发送端时，要完全抛开接收端，我们知道发送端有自动重发的一个功能，当发送的数据没有被接收端接收到(也就是发送端没有接收到应答信号)时，发送端会根据设置的重发间隔和重发次数进行重发。利用这个特性，只要观察到发送端重发数据，就算是发送端暂时调试成功，然后去调接收端，调好接收端，再回来完善发送端。nRF24L01 模块和单片机通信是通过 SPI 来实现的，下面分步骤介绍发送端的相关设置。

(1) SPI 相关函数

SPI 相关函数包含了其初始化、读和写函数。这些函数是实现 nRF24L01 模块通信的基础。SPI 端口/寄存器初始化和读写数据的函数如下：

```
#define CSN_DDR      DDB4_bit
#define CSN          PORTB4_bit
#define SCK_DDR      DDB7_bit
#define SCK          PORTB7_bit
#define MOSI_DDR     DDB5_bit
#define MOSI         PORTB5_bit
#define MISO_DDR     DDB6_bit
#define MISO         PORTB6_bit

/****************************************
* 函数名称：void SPI_Init(void)
* 函数功能：SPI 端口和寄存器初始化
* 输入参数：无
* 返回值：无
* 说明：
****************************************/
void SPI_Init(void)
{
    CSN_DDR = 1;                //主机 SS 脚为输出
    MOSI_DDR = 1;               //主机时 MOSI 脚为输出
```

```
    MISO_DDR = 0;                    //主机时 MISO 脚为输入
    SCK_DDR = 1;                     //主机时 SCK 脚为输出
    MOSI = 0;
    MISO = 1;                        //打开上拉电阻
    SCK = 0;
    SPCR = (1 << SPE) | (1 << MSTR) | (1 << SPR0);
                                     //使能 SPI,高位先发,空空闲时 SCK 为低电平 16 分频
}

/****************************************
 * 函数名称: unsigned char SPI_WriteReadByte(unsigned char SPI_data)
 * 函数功能: SPI 读写一个字节
 * 输入参数: SPI data→写入的数据
 * 返回值: SPDR→接收到的数据
 * 说明: SPI 收发是同时进行的,发的时候也收,收的时候也要发
****************************************/
unsigned char SPI_WriteReadByte(unsigned char SPI_data)
{
   SPDR = SPI_data;                  //写入数据
   while(SPIF_bit == 0);             //等待发送结束
   return SPDR;                      //返回读到的数据
}

/****************************************
 * 函数名称: unsigned char SPI_Read_data(unsigned char Read_Reg)
 * 函数功能: 从 24L01 的某寄存器中读取一个字节
 * 输入参数: Read_Reg-->寄存器地址
 * 返回值: 读取到的值
 * 说明: 读 24L01 中的一个数据,首先要写入要读取数据所在的地址
****************************************/
unsigned char SPI_Read_data(unsigned char Read_Reg)
{
    unsigned char ReceiveData = 0;
    CSN = 0;
    SPI_WriteReadByte(Read_Reg);              //写入相应寄存器地址
    ReceiveData = SPI_WriteReadByte(0);       //读取一个字节,SPI 是全双工,写的同时也读
    CSN = 1;
    return ReceiveData;
}

/****************************************
 * 函数名称: void SPI_Write_data(unsigned char Write_Reg,unsigned char Write_data )
 * 函数功能: 向 24L01 的某寄存器中写入一个字节
 * 输入参数: Write_Reg-->寄存器地址,Write_data-->数据
 * 返回值: 无
 * 说明: 写入到 24L01 一个数据,首先要写入要写入数据所在的地址,然后再写入数据
****************************************/
void SPI_Write_data(unsigned char Write_Reg,unsigned char Write_data )
{
   CSN = 0;
   SPI_WriteReadByte(Write_Reg);              //写入相应寄存器地址
```

```
    SPI_WriteReadByte(Write_data);          //写入相应寄存器存储的数据
    CSN = 1;
}

/*****************************************
* 函数名称: void SPI_Write_Buf(unsigned char Write_Reg,unsigned char * Write_data,unsigned
char Data_Length)
* 函数功能: 向 24L01 的从某个寄存器开始写入多个字节
* 输入参数: Write_Reg-->寄存器地址,Write_data-->数据数组,Data_Length-->数据长度
* 返回值: 无
* 说明: 写入到 24L01 连续的多个数据,只要写入数据所在的首地址就可以了
*****************************************/
void SPI_Write_Buf(unsigned char Write_Reg,unsigned char * Write_data,unsigned char Data_
Length)
{
    unsigned char i;
    CSN = 0;
    SPI_WriteReadByte(Write_Reg);           //写寄存器
    for(i = 0;i < Data_Length;i++)
     SPI_WriteReadByte( * Write_data++);    //写数据
    CSN = 1;
}
```

(2) nRF24L01初始化函数及发送函数

nRF24L01初始化函数主要是对收发地址、收发模式、自动应答、频道和发射功率等进行设置,配置完成后就可以进行收发操作了。下面给出nRF24L01初始化的函数。

```
#define CE_DDR              DDD0_bit
#define CE                  PORTD0_bit
#define IRQ_DDR             DDD3_bit
#define IRQ                 PORTD3_bit

#define TX_ADDR_WITDH       5                   //发送地址宽度设置为 5 个字节
#define RX_ADDR_WITDH       5                   //接收地址宽度设置为 5 个字节
#define TX_Pload_Width      4                   //发送数据的宽度

#define READ_REG            0x00                // 读寄存器指令
#define WRITE_REG           0x20                // 写寄存器,只能在掉电和待机模式下
#define RD_RX_PLOAD         0x61                // 读取接收数据指令
#define WR_TX_PLOAD         0xA0                // 写待发数据指令
#define FLUSH_TX            0xE1                // 清除发送 FIFO,应用于发射模式下
#define FLUSH_RX            0xE2                // 清除接收 FIFO,应用于接收模式下

#define CONFIG              0x00                // 配置的寄存器地址
#define EN_AA               0x01                // 启用自动应答的寄存器地址
#define EN_RXADDR           0x02                // 启用 RX 地址的寄存器地址
#define SETUP_AW            0x03                // 设置地址宽度的寄存器地址
#define SETUP_RETR          0x04                // 设置自动模式(自动重发功能设置)的寄存
器地址
#define RF_CH               0x05                // 射频通道的寄存器地址
#define RF_SETUP            0x06                // 设置射频的寄存器地址
```

```
#define STATUS              0x07                    // 状态的寄存器地址
#define RX_ADDR_P0          0x0A
#define TX_ADDR             0x10
#define RX_PW_P0            0x11

unsigned char TX_Address[ TX_ADDR_WITDH ] = { 0x34,0x43,0x10,0x10,0x01 };    //发送地址
unsigned char RX_Address[ RX_ADDR_WITDH ] = { 0x34,0x43,0x10,0x10,0x01 };    //接收地址
unsigned char TxBuff[3] = {0x5a,0x00,0x00,0xa5};                              //待发送的数据
/****************************************
 * 函数名称: void NRF24L01_Init(void)
 * 函数功能: NRF24L01 端口和寄存器初始化
 * 输入参数: 无
 * 返回值: 无
 * 说明:
****************************************/
void NRF24L01_Init(void)
{
  SPI_Init();                                                                 //SPI 的初始化
  CE_DDR = 1;
  IRQ_DDR = 0;
  IRQ = 1;
  CE = 0;                                                                     //待机模式 1
  //写入发送的目的地址
  SPI_Write_Buf(WRITE_REG + TX_ADDR,TX_Address, TX_ADDR_WITDH );
  //写入 0 通道的地址,以便自动接收目的地址返回的信息
  SPI_Write_Buf(WRITE_REG + RX_ADDR_P0, RX_Address, RX_ADDR_WITDH );
  // 使能各自通道的自动应答功能(通道 0 自动应答允许)
  SPI_Write_data(WRITE_REG + EN_AA, 0x01);
  // 使能接收各自数据通道允许(0 通道允许为接收返回地址数据)
  SPI_Write_data(WRITE_REG + EN_RXADDR, 0x01);
  // 建立自动重发及重发时间选择,自动重发次数设置(等待 500 + 86μs,10 次重发)
  SPI_Write_data(WRITE_REG + SETUP_RETR, 0x1a);
  // 设置芯片工作通道频率(工作通道频率为 40)
  SPI_Write_data(WRITE_REG + RF_CH, 40);
  // 射频的数据传输率及发射功率设置(1M,0dBm,低噪声放大器增益)
  SPI_Write_data(WRITE_REG + RF_SETUP, 0x07);
  //选择与发送相同的数据宽度
  SPI_Write_data(WRITE_REG+RX_PW_P0,TX_Pload_Width);
  SPI_Write_data(WRITE_REG + CONFIG, 0x0e);
}
```

在初始化函数中,对 nRF24L 01 的工作模式进行了设置。这里要注意:发送地址和接收地址必须相同;自动重发次数和重发间隔可根据需要设置;工作通道频率要保证收发模块设置成相同的值;发射功率的设置则可根据设备所需无线传输距离设置,功率越大传输越远。下面给出发送数据函数。

```
/****************************************
 * 函数名称: void NRF24L01_TX(unsigned char * TX_DATA)
 * 函数功能: NRF24L01 发送一串数据,最大 32 个
 * 输入参数: TX_DATA -->发送数据所在数组
```

```
* 返回值: 无
* 说明:
***************************************** /
void NRF24L01_TX(unsigned char * TX_DATA)
{
   SPI_Write_Buf(WR_TX_PLOAD, TX_DATA, TX_Pload_Width);
   CE = 1;
   delay_us(20);                                   //停留在发送模式下,直到数据发送完毕
   CE = 0;
}
```

(3) nRF24L01 中断函数

没有接收端,我们怎么知道发送端发送是否成功了呢? 这里要用到 2 个寄存器: STATUS 和 FIFO_STATUS。可以通过读取 STATUS 的值来判断是哪个事件触发了中断,这个寄存器的 4、5、6 三位分别对应达到最大自动重发次数中断、数据发送完中断、数据接收完中断。根据 STATUS 寄存器各位的作用,仅仅有发送的话,如果数据发送成功,会产生数据发送完中断并且 TX FIFO 寄存器表现为未满,也就是数据发送成功,读取 STATUS 状态寄存器的值应该为 0x2E。另外也可以通过 FIFO_STATUS 寄存器第 4 位和第 5 位来判断,第 4 位是发送缓冲器空标志,1 为寄存器空,0 为寄存器非空; 第 5 位是发送缓冲器满标志,1 为寄存器满,0 为寄存器未满。这样在数据发送成功后,FIFO_STATUS 寄存器的值应该是 0x11。没有接收端,我们也可以观察是否达到最大重发次数来判断是否发送成功。编写中断函数如下:

```
//中断函数如下:
unsigned char NRF24L01_INT1() org 0x04
{
   unsigned char sta = 0;
   sta = SPI_Read_data( STATUS );               //读取(中断)寄存器
   SPI_Write_data( WRITE_REG + STATUS, sta );   //通过写 1 来清楚中断标志
   if(sta&0x20)                                 //成功发送数据
     {
          Send_portx = ~Send_portx;             //LED 灯闪烁
     }
   if(sta&0x10)                                 //达到最大发送次数
     {
          Resend_portx = ~Resend_portx;         //LED 灯闪烁
          SPI_Write_data( FLUSH_TX,0x00 );
     }
}
```

(4) 发送端主函数

```
//主函数
void main()
{
  Send_ddrx = 1;                                //发送成功 -- LED 灯闪烁
  Resend_ddrx = 1;
  Resend_portx = 1;
  Send_portx = 1;
```

```
    MCUCR = 0x02;                                //定义 INT1 为 下降沿中断
    GICR  = 0x80;                                //使能外部中断 INT1
    SREG.SREG_I = 1;                             //打开总中断
  NRF24L01_TxInit();                             //24L01 初始化

    while(1)
    {
    NRF24L01_TX(TxBuff);                         //发送数据
    delay_ms(500);                               //间隔 500ms 循环发送
    }
}
```

在主函数中不停地循环发送 4 个字节数据，在没有接收端的情况下，我们可以观察两个 LED 灯的情况来判断程序是否正确。Send_portx 和 Resend_portx 是分别指示发送数据成功和达到最大发送次数的指示灯，对于在没有接收端的情况下，Send_portx 指示灯是不会闪烁的，如果程序没有错误，没有接收端，当达到最大发送次数时会进入到中断，指示灯 Resend_portx 会取反而闪烁。如果程序有错误，两个灯都不会闪烁。

2. 接收端调试

(1) 接收端初始化

当发送方调试成功后，在程序中可以一直让发送方发射，然后就可以调试接收方了。在设置接收端寄存器时需要设置使能通道 0 的自动应答，将接收通道 0 使能。这样就可以接收数据了。接收模式下，nRF24L01 初始化设置代码如下。

```
#define CSN_DDR                DDB4_bit
#define CSN                    PORTB4_bit
#define SCK_DDR                DDB7_bit
#define SCK                    PORTB7_bit
#define MOSI_DDR               DDB5_bit
#define MOSI                   PORTB5_bit
#define MISO_DDR               DDB6_bit
#define MISO                   PORTB6_bit
#define CE_DDR                 DDB3_bit
#define CE                     PORTB3_bit
#define IRQ_DDR                DDD3_bit
#define IRQ                    PORTD3_bit
#define Receive_ddrx           DDC4_bit
#define Receive_dat_ddrx       DDC5_bit
#define Receive_portx          PORTC4_bit      //接收成功 -- LED 闪烁
#define Receive_dat_portx      PORTC5_bit      //接收成功并且数据正确 -- LED 闪烁

#define READ_REG               0x00            // 读寄存器指令
#define WRITE_REG              0x20            // 写寄存器,只能在掉电和待机模式下
#define RD_RX_PLOAD            0x61            // 读取接收数据指令
#define WR_TX_PLOAD            0xA0            // 写待发数据指令
#define FLUSH_TX               0xE1            // 清除发送 FIFO,应用于发射模式下
#define FLUSH_RX               0xE2            // 清除接收 FIFO,应用于接收模式下
```

```
#define CONFIG         0x00     // 配置的寄存器地址
#define EN_AA          0x01     // 启用自动应答的寄存器地址
#define EN_RXADDR      0x02     // 启用RX地址的寄存器地址
#define SETUP_AW       0x03     // 设置地址宽度的寄存器地址
#define SETUP_RETR     0x04     // 设置自动模式(自动重发功能设置)的寄存器地址
#define RF_CH          0x05     // 射频通道的寄存器地址
#define RF_SETUP       0x06     // 设置射频的寄存器地址
#define STATUS         0x07     // 状态的寄存器地址
#define RX_ADDR_P0     0x0A
#define TX_ADDR        0x10
#define RX_PW_P0       0x11

#define RX_ADDR_WITDH  5        //接收地址宽度设置为5个字节
#define TX_Pload_Width 4        //接收数据的宽度

nsigned char RX_Address[ RX_ADDR_WITDH ] = { 0x34,0x43,0x10,0x10,0x01 };   //接收地址
unsigned char RxBuff[4];                                                   //接收的数据
/****************************************
* 函数名称: void nRF24L01_RxInit(void)
* 函数功能: NRF24L01端口和寄存器初始化
* 输入参数: 无
* 返回值: 无
* 说明:
****************************************/
void nRF24L01_RxInit(void)
{
  CE_DDR = 1;
  IRQ_DDR = 0;
  IRQ = 1;
  CE = 0;
  SPI_Write_Buf(WRITE_REG + RX_ADDR_P0, RX_Address,RX_ADDR_WITDH );
  //失能各自通道的自动应答功能(通道0自动应答允许)
  SPI_Write_data(WRITE_REG + EN_AA,0x01);
  //接收各自数据通道允许(0通道允许为接收返回地址数据)
  SPI_Write_data(WRITE_REG + EN_RXADDR, 0x01);
  //设置芯片工作通道频率(工作通道频率为40)
  SPI_Write_data(WRITE_REG + RF_CH, 40);
  //选择与发送相同的数据宽度
  SPI_Write_data(WRITE_REG + RX_PW_P0, RX_Pload_Width);
  //射频的数据传输率及发射功率设置(1M,0dBm,低噪声放大器增益)
  SPI_Write_data(WRITE_REG + RF_SETUP, 0x07);
  //使能中断,CRC使能16位,上电,接收模式.
  SPI_Write_data(WRITE_REG + CONFIG, 0x0f);
  CE = 1;
  delay_us(130);
}
```

(2) 接收中断函数

判断是否接收到数据,也是采用和发送方一样的方法来判断:观察STATUS和FIFO_STATUS的值,接收正确时STATUS的值应该是0x40,对于FIFO_STATUS的情况就多

些，因为数据宽度的不同会造成寄存器的值不一样，24L01 最大支持 32 字节宽度，就是说一次通信最多可以传输 32 个字节数据，在这种情况下，接收成功读取数据之前寄存器值应该为 0x12，读取数据之后就会变成 0x11；如果数据宽度定义为小于 32 字节，那么接收成功读数据之前的寄存器值应该为 0x10，读数据之后就会变成 0x11。下面还是利用 STATUS 这个状态进行判断，接收中断函数如下：

```
//中断函数
unsigned char NRF24L01_INT1() org 0x04
{
   unsigned char sta = 0;
   sta = SPI_Read_data( STATUS );               //读取(中断)寄存器
   SPI_Write_data( WRITE_REG + STATUS,sta );    //通过写 1 来清中断标志
   if( sta&0x40 )                               //为 1 时则接收到有效数据
     {
        CE = 0;                                 //待机模式
        SPI_Read_Buf( RD_RX_PLOAD, RxBuff, RX_Pload_Width);
        SPI_Write_data(FLUSH_RX,0x00);          //刷新 RX 寄存器
        CE = 1;                                 //接收模式
        Receive_portx = ~Receive_portx;
     }
   if(RxBuff[0] == 0x5a&&RxBuff[3] == 0xa5)
    {
          Receive_dat_portx = ~Receive_dat_portx;
    }
}
```

(3) 主函数

```
//主函数
void main()
{
  Receive_ddrx = 1;
  Receive_dat_ddrx = 1;
  Receive_portx = 1;
  Receive_dat_portx = 1;
  MCUCR = 0x02;                                 //定义 INT1 为 下降沿中断
  GICR  = 0x80;                                 //使能外部中断 INT1
  SREG.SREG_I = 1;                              //打开总中断
  NRF24L01_RxInit();                            //接收初始化

  while(1);
}
```

在主函数中主要完成外部中断和 nRF24L01 接收的初始化。接收数据在外部中断中进行。当接收端正确接收到发送端的数据后，Receive_portx 和 Receive_dat_portx 这两个指示灯都会闪烁，如果不闪烁说明没有接收到数据。

4.5.4 发射端和接收端完整程序调试

有了发送程序和接收程序之后只要再将收发的自动应答使能，就可以正常地收发数据

了。下面给出发送端和接收端完整的程序代码。其中有些函数在前面已经给出,这里就不再给出,有变动的函数再重新给出。

1. 发射端完整程序

```
#define DHT11_DQ_DIR        DDD1_bit
#define DHT11_DQ_OUT        PORTD1_bit
#define DHT11_DQ_IN         PIND1_bit

#define CSN_DDR             DDB4_bit
#define CSN                 PORTB4_bit
#define SCK_DDR             DDB7_bit
#define SCK                 PORTB7_bit
#define MOSI_DDR            DDB5_bit
#define MOSI                PORTB5_bit
#define MISO_DDR            DDB6_bit
#define MISO                PORTB6_bit
#define CE_DDR              DDD0_bit
#define CE                  PORTD0_bit
#define IRQ_DDR             DDD3_bit
#define IRQ                 PORTD3_bit

#define Send_ddrx           DDC6_bit                  //发送成功 -- LED灯闪烁
#define Resend_ddrx         DDC5_bit                  //重发到最大次数 -- LED灯闪烁
#define Send_portx          PORTC6_bit
#define Resend_portx        PORTC5_bit

#define TX_ADDR_WITDH       5                         //发送地址宽度设置为5个字节
#define RX_ADDR_WITDH       5                         //接收地址宽度设置为5个字节
#define TX_Pload_Width      4                         //发送数据的宽度

#define READ_REG            0x00                      // 读寄存器指令
#define WRITE_REG           0x20                      // 写寄存器,只能在掉电和待机模式下
#define RD_RX_PLOAD         0x61                      // 读取接收数据指令
#define WR_TX_PLOAD         0xA0                      // 写待发数据指令
#define FLUSH_TX            0xE1                      // 清除发送 FIFO,应用于发射模式下
#define FLUSH_RX            0xE2                      // 清除接收 FIFO,应用于接收模式下

#define CONFIG              0x00                      // 配置的寄存器地址
#define EN_AA               0x01                      // 启用自动应答的寄存器地址
#define EN_RXADDR           0x02                      // 启用RX地址的寄存器地址
#define SETUP_AW            0x03                      // 设置地址宽度的寄存器地址
#define SETUP_RETR          0x04                      // 设置自动模式(自动重发功能设置)的寄存器
地址
#define RF_CH               0x05                      // 射频通道的寄存器地址
#define RF_SETUP            0x06                      // 设置射频的寄存器地址
#define STATUS              0x07                      // 状态的寄存器地址
#define RX_ADDR_P0          0x0A
#define TX_ADDR             0x10
#define RX_PW_P0            0x11
```

```
unsigned char buff[5];
unsigned char sum = 0;
unsigned char TX_Address[ TX_ADDR_WITDH ] = { 0x34,0x43,0x10,0x10,0x01 };     //发送地址
unsigned char RX_Address[ RX_ADDR_WITDH ] = { 0x34,0x43,0x10,0x10,0x01 };     //接收地址
unsigned char TxBuff[4] = {0x5a,0x00,0x00,0xa5};                              //待发送的数据

/****************************************
 * 函数名称: void SPI_Init(void)
 * 函数功能: SPI 端口和寄存器初始化
 * 输入参数: 无
 * 返回值: 无
 * 说明:
****************************************/
void SPI_Init(void)
{
    CSN_DDR = 1;                           //主机 SS 脚为输出
    MOSI_DDR = 1;                          //主机时 MOSI 脚为输出
    MISO_DDR = 0;                          //主机时 MISO 脚为输入
    SCK_DDR = 1;                           //主机时 SCK 脚为输出
    MOSI = 0;
    MISO = 1;                              //打开上拉电阻
    SCK = 0;
    SPCR = (1 << SPE) | (1 << MSTR) | (1 << SPR0);
                                            //使能 SPI,高位先发,空空闲时 SCK 为低电平 16 分频
}

/****************************************
 * 函数名称: void SPI_Init(void)
 * 函数功能: SPI 端口和寄存器初始化
 * 输入参数: 无
 * 返回值: 无
 * 说明: SPI 收发是同时进行的,发的时候也收,收的时候也要发
****************************************/
unsigned char SPI_WriteReadByte(unsigned char SPI_data)
{
   SPDR = SPI_data;                        //写入数据
   while(SPIF_bit == 0);                   //等待发送结束

   return SPDR;                            //返回读到的数据
}

/****************************************
 * 函数名称: unsigned char SPI_Read_data(unsigned char Read_Reg)
 * 函数功能: 从 24L01 的某寄存器中读取一个字节
 * 输入参数: Read_Reg-->寄存器地址
 * 返回值: 读取到的值
 * 说明: 读 24L01 中的一个数据,首先要写入要读取数据所在的地址
****************************************/
unsigned char SPI_Read_data(unsigned char Read_Reg)
{
    unsigned char ReceiveData = 0;
```

```
    CSN = 0;
    SPI_WriteReadByte(Read_Reg);          //写入相应寄存器地址
    ReceiveData = SPI_WriteReadByte(0); //读取一个字节,SPI 是全双工,写的同时也读
    CSN = 1;
    return ReceiveData;
}

/****************************************
* 函数名称: void SPI_Write_data(unsigned char Write_Reg,unsigned char Write_data )
* 函数功能: 向 24L01 的某寄存器中写入一个字节
* 输入参数: Write_Reg -->寄存器地址,Write_data -->数据
* 返回值: 无
* 说明: 写入到 24L01 一个数据,首先要写入要写入数据所在的地址,然后再写入数据
****************************************/
void SPI_Write_data(unsigned char Write_Reg,unsigned char Write_data )
{
   CSN = 0;
   SPI_WriteReadByte(Write_Reg);          //写入相应寄存器地址
   SPI_WriteReadByte(Write_data);         //写入相应寄存器存储的数据
   CSN = 1;
}

/****************************************
* 函数名称: void SPI_Write_Buf(unsigned char Write_Reg,unsigned char * Write_data,unsigned
char Data_Length)
* 函数功能: 向 24L01 的从某个寄存器开始写入多个字节
* 输入参数: Write_Reg -->寄存器地址,Write_data -->数据数组,Data_Length -->数据长度
* 返回值: 无
* 说明: 写入到 24L01 连续的多个数据,只要写入数据所在的首地址就可以了
****************************************/
void SPI_Write_Buf(unsigned char Write_Reg,unsigned char * Write_data,unsigned char Data_
Length)
{
    unsigned char i;
    CSN = 0;
    SPI_WriteReadByte(Write_Reg);          //写寄存器
    for(i = 0;i < Data_Length;i++)
     SPI_WriteReadByte( * Write_data++); //写数据
    CSN = 1;
}

/****************************************
* 函数名称: void NRF24L01_Init(void)
* 函数功能: NRF24L01 端口和寄存器初始化
* 输入参数: 无
* 返回值: 无
* 说明:
****************************************/
void NRF24L01_TxInit(void)
{
  SPI_Init();                              //SPI 的初始化
```

```
  CE_DDR = 1;
  IRQ_DDR = 0;
  IRQ = 1;
  CE = 0;                                    //待机模式 1

  SPI_Write_Buf(WRITE_REG + TX_ADDR,TX_Address, TX_ADDR_WITDH );       //写入发送的目的地址
  SPI_Write_Buf(WRITE_REG + RX_ADDR_P0, RX_Address, RX_ADDR_WITDH );
                                  //写入 0 通道的地址,以便自动接收目的地址返回的信息

  SPI_Write_data(WRITE_REG + EN_AA, 0x01);
                                  // 使能各自通道的自动应答功能(通道 0 自动应答允许)
  SPI_Write_data(WRITE_REG + EN_RXADDR, 0x01);
                                  // 接收各自数据通道允许(0 通道允许为接收返回地址数据)
  SPI_Write_data(WRITE_REG + SETUP_RETR, 0x1a);
              // 建立自动重发及重发时间选择,自动重发次数设置(等待 500 + 86us,10 次重发)
  SPI_Write_data(WRITE_REG + RF_CH, 40);       // 设置芯片工作通道频率(工作通道频率为 40)
  SPI_Write_data(WRITE_REG + RF_SETUP, 0x07);
                          // 射频的数据传输率及发射功率设置(1M,0dBm,低噪声放大器增益)
  SPI_Write_data(WRITE_REG + RX_PW_P0, TX_Pload_Width);        //选择与发送相同的数据宽度
  SPI_Write_data(WRITE_REG + CONFIG, 0x0e);
}


/ ****************************************
 * 函数名称: void NRF24L01_TX(unsigned char * TX_DATA)
 * 函数功能: NRF24L01 发送一串数据,最大 32 个
 * 输入参数: TX_DATA -->发送数据所在数组
 * 返回值: 无
 * 说明:
 **************************************** /
void NRF24L01_TX(unsigned char * TX_DATA)
{
   SPI_Write_Buf(WR_TX_PLOAD, TX_DATA, TX_Pload_Width);
   CE = 1;
   delay_us(20);                         //停留在发送模式下,直到数据发送完毕
   CE = 0;
}

/ ****************************************
函数名称: unsigned char DHT_Read_Byte()
函数功能: 对 DHT 的数据中的一个字节读取函数
输入参数: 无
返回值: 温湿度字节
 **************************************** /
unsigned char DHT_Read_Byte(void)
{
  unsigned char DhtDat = 0;
  unsigned char temp;                    //存放读取到的位数据
  unsigned char i;
  unsigned char retry = 0;
  for(i = 0;i < 8;i++)
```

```
{
  while(DHT11_DQ_IN == 0&&retry < 100)  //等待 DHT11 输出高电平
   {
    retry++;
    delay_us(1);
   }
   retry = 0;
  delay_us(40);  //延时 30μs,由于"0"代码高电平时间 26～28μs,"1"代码高电平时间 70μs,延
                   时 30μs 可判断出是 1,还是 0
  temp = 0;                             //先将寄存器清零
  if(DHT11_DQ_IN == 1)                  //延时 30μs 之后如果还是高电平,证明为 1 代码
    temp = 1;                           //将 1 存储
  while(DHT11_DQ_IN == 1&&retry < 100)  //等待信号被拉低,跳出
   {
    retry++;
    delay_us(1);
   }
   retry = 0;
  DhtDat <<= 1;                         //数据左移 1 位,存放新得到的数据
  DhtDat |= temp;                       //新得到的数据放到最后 1 位
}
return DhtDat;
}

/**********************************************
函数名称: unsigned char DHT_Read(void)
函数功能: 读取 DHT11 的温湿度
输入参数: 无
返回值: flag -- 数据读取、校验成功标志
**********************************************/
unsigned char DHT_Read(void)
{
  unsigned char retry = 0;
  unsigned char i;
  DHT11_DQ_DIR = 1;
  DHT11_DQ_OUT = 0;
  delay_ms(18);                         //延时 18ms,时序要求
  DHT11_DQ_OUT = 1;                     //端口数据拉高
  delay_us(40);                         //延时 40μs,
  DHT11_DQ_DIR = 0;                     //方向设置为输入
  delay_us(20);                         //延时 20μs
  if(DHT11_DQ_IN == 0)                  //如果读取到低电平,证明 DHT11 响应
  {
    while(DHT11_DQ_IN == 0&&retry < 100) //等待变高电平
    {
      retry++;
      delay_us(1);
    }
    retry = 0;
```

```
        while(DHT11_DQ_IN == 1&&retry < 100) //等待变低电平
        {
          retry++;
          delay_us(1);
        }
        retry = 0;
        for(i = 0;i < 5;i++)              //循环 5 次将 40 位读出
          buff[i] = DHT_Read_Byte();      //读出 1 个字节
        delay_us(50);                     //最后延时等待 50μs
      }
      sum = buff[0] + buff[1] + buff[2] + buff[3];                //前 4 个字节数据的和
      if(buff[4] == sum)          //前 4 个数据和的末 8 位要和第 5 个数据相等,才算读取正确
        {
          return 1;                       //校验正确,返回 1
        }
      else
          return 0;                       //校验错误,返回 0
    }

/ ********************************************
 * 函数名称: void DHT_DataProcess(void)
 * 函数功能: 温湿度发送处理
 * 输入参数: 无
 * 返回值: 无
 * 说明:
********************************************* /
void DHT_DataProcess(void)
{
  unsigned char i;
  for(i = 0;i < 2;i++)
   {
     TxBuff[i + 1]  =  buff[2 * i];         //将湿度存入 TxBuff[1], 将温度存入 TxBuff[2],
   }
}

//主函数
void main()
{
   Send_ddrx = 1;                         //发送成功 -- LED 灯闪烁
   Resend_ddrx = 1;
   Resend_portx = 1;
   Send_portx = 1;

   MCUCR = 0x02;                          //定义 INT1 为 下降沿中断
   GICR  = 0x80;                          //使能外部中断 INT1
   SREG.SREG_I = 1;                       //打开总中断
   NRF24L01_TxInit();
   while(1)
    {
```

```
        if(DHT_Read())                          //如果读取到温湿度值
            {
              DHT_DataProcess();                //处理
            }
            NRF24L01_TX(TxBuff);
            delay_ms(500);
      }
}

//中断函数如下
unsigned char NRF24L01_INT1() org 0x04
{
    unsigned char sta = 0;
    sta = SPI_Read_data( STATUS );                   //读取(中断)寄存器
    SPI_Write_data( WRITE_REG + STATUS,sta );        //通过写 1 来清楚中断标志
    if(sta&0x20)
      {
            Send_portx = ~Send_portx;                //LED 灯闪烁
      }
    if(sta&0x10)
      {
            Resend_portx = ~Resend_portx;            //LED 灯闪烁
            SPI_Write_data( FLUSH_TX,0x00 );
      }
}
```

2. 接收端完整程序

```
#define RS                  PORTD7_bit
#define RW                  PORTD6_bit
#define E                   PORTD5_bit
#define PSB                 PORTD4_bit

#define CSN_DDR             DDB4_bit
#define CSN                 PORTB4_bit
#define SCK_DDR             DDB7_bit
#define SCK                 PORTB7_bit
#define MOSI_DDR            DDB5_bit
#define MOSI                PORTB5_bit
#define MISO_DDR            DDB6_bit
#define MISO                PORTB6_bit
#define CE_DDR              DDB3_bit
#define CE                  PORTB3_bit
#define IRQ_DDR             DDD3_bit
#define IRQ                 PORTD3_bit

#define Receive_ddrx        DDC4_bit
#define Receive_dat_ddrx    DDC5_bit
#define Receive_portx       PORTC4_bit      //接收成功 -- LED 闪烁
#define Receive_dat_portx   PORTC5_bit      //接收成功并且数据正确 -- LED 闪烁
```

```
#define RX_ADDR_WITDH        5                   //接收地址宽度设置为 5 个字节
#define RX_Pload_Width       4                   //接收数据的宽度

#define READ_REG             0x00                // 读寄存器指令
#define WRITE_REG            0x20                // 写寄存器,只能在掉电和待机模式下
#define RD_RX_PLOAD          0x61                // 读取接收数据指令
#define WR_TX_PLOAD          0xA0                // 写待发数据指令
#define FLUSH_TX             0xE1                // 清除发送 FIFO,应用于发射模式下
#define FLUSH_RX             0xE2                // 清除接收 FIFO,应用于接收模式下

#define CONFIG               0x00                // 配置的寄存器地址
#define EN_AA                0x01                // 启用自动应答的寄存器地址
#define EN_RXADDR            0x02                // 启用 RX 地址的寄存器地址
#define SETUP_AW             0x03                // 设置地址宽度的寄存器地址
#define SETUP_RETR           0x04                // 设置自动模式(自动重发功能设置)的寄存
器地址
#define RF_CH                0x05                // 射频通道的寄存器地址
#define RF_SETUP             0x06                // 设置射频的寄存器地址
#define STATUS               0x07                // 状态的寄存器地址
#define RX_ADDR_P0           0x0A
#define TX_ADDR              0x10
#define RX_PW_P0             0x11

unsigned char temp[] = "当前温度: 00C";
unsigned char humi[] = "当前湿度: 00%";
unsigned char RX_Address[ RX_ADDR_WITDH ] = { 0x34,0x43,0x10,0x10,0x01 };    //接收地址
unsigned char RxBuff[4];                                                     //接收的数据
unsigned char flag = 0;                   //接收数据正确标志位
/*********************************************
 * 函数名称: void check_busy(void)
 * 函数功能: 判断 12864 是否忙
 * 输入参数: 无
 * 返回值: 无
 * 说明: 通过读取数据线最高位是否为 1 判断液晶屏是否忙,为 1 表示忙,0 表示不忙
**********************************************/
void check_busy(void)
{
  DDA7_bit = 0;
  RS = 0;
  RW = 1;
  E = 1;
  while(PINA7_bit == 1);                  //等待 PA7 输入电平为 0,即不忙
  E = 0;
  DDA7_bit = 1;
}


/*********************************************
 * 函数名称: void wr_128dat(unsigned char dat,unsigned char flag)
 * 函数功能: 向 12864 液晶屏写入一个字节的命令或者数据
 * 输入参数: dat-->写入的命令或数据,flag-->命令或数据标志位,0-命令,1-数据
```

```
* 返回值：无
* 说明：
************************************************/
void wr_128dat(unsigned char dat,unsigned char flag)
{
  check_busy();                         //先判忙
  RS = flag;                            //0 -- 命令,1 -- 数据
  RW = 0;
  PORTA = dat;                          //送入数据
  E = 1;                                //产生下降沿
  E = 0;
}

/************************************************
* 函数名称：void lcd_linedisp(unsigned char * p,unsigned char size,unsigned char row)
* 函数功能：向 12864 液晶屏的某一行写入字符串
* 输入参数：p -->字符串数组名,size -->字符串字节长度,row -->第几行
* 返回值：无
* 说明：
************************************************/
void lcd_linedisp(unsigned char * p,unsigned char size,unsigned char row)
{
  unsigned char i;
  switch(row)                           //行选择
  {
    case 1:
       wr_128dat(0x80,0);               //第一行,写入地址命令 0x80
       break;
    case 2:
       wr_128dat(0x90,0);               //第二行,写入地址命令 0x90
       break;
    case 3:
       wr_128dat(0x88,0);               //第三行,写入地址命令 0x88
       break;
    case 4:
       wr_128dat(0x98,0);               //第一行,写入地址命令 0x98
       break;
    default: break;
   }
for(i = 0;i < size - 1;i++)             //写入数据
   wr_128dat(p[i],1);
}

/************************************************
* 函数名称：void lcd_128init(void)
* 函数功能：12864 液晶屏初始化
* 输入参数：无
* 返回值：无
* 说明：
************************************************/
void lcd_128init(void)
```

```
{
    wr_128dat(0x30,0);                      //基本指令,功能设定
    wr_128dat(0x06,0);                      //进入点设定
    wr_128dat(0x0c,0);                      //设定整屏显示
    wr_128dat(0x01,0);                      //清除显示
    delay_ms(10);
}


/****************************************
 * 函数名称: void display(void)
 * 函数功能: 液晶屏的温湿度显示
 * 输入参数: 无
 * 返回值: 无
 * 说明:
****************************************/
void display(void)
{
  unsigned char size = 0;
  size = sizeof(temp);
  lcd_linedisp(temp,size,1);
  size = sizeof(humi);
  lcd_linedisp(humi,size,2);
}

/****************************************
 * 函数名称: void SPI_Init(void)
 * 函数功能: SPI 端口和寄存器初始化
 * 输入参数: 无
 * 返回值: 无
 * 说明:
****************************************/
void SPI_Init(void)
{
    CSN_DDR = 1;                           //主机 SS 脚为输出
    MOSI_DDR = 1;                          //主机时 MOSI 脚为输出
    MISO_DDR = 0;                          //主机时 MISO 脚为输入
    SCK_DDR = 1;                           //主机时 SCK 脚为输出
    MOSI = 0;
    MISO = 1;                              //打开上拉电阻
    SCK = 0;
    SPCR = (1 << SPE) | (1 << MSTR) | (1 << SPR0);
                                             //使能 SPI,高位先发,空空闲时 SCK 为低电平 16 分频
}

/****************************************
 * 函数名称: void SPI_Init(void)
 * 函数功能: SPI 端口和寄存器初始化
 * 输入参数: 无
 * 返回值: 无
 * 说明: SPI 收发是同时进行的,发的时候也收,收的时候也要发
```

```
****************************************/
unsigned char SPI_WriteReadByte(unsigned char SPI_data)
{
   SPDR = SPI_data;                      //写入数据
   while(SPIF_bit == 0);                 //等待发送结束
   return SPDR;                          //返回读到的数据
}

/****************************************
* 函数名称: unsigned char SPI_Read_data(unsigned char Read_Reg)
* 函数功能: 从 24L01 的某寄存器中读取一个字节
* 输入参数: Read_Reg-->寄存器地址
* 返回值: 读取到的值
* 说明: 读 24L01 中的一个数据,首先要写入要读取数据所在的地址
****************************************/
unsigned char SPI_Read_data(unsigned char Read_Reg)
{
    unsigned char ReceiveData = 0;
    CSN = 0;
    SPI_WriteReadByte(Read_Reg);         //写入相应寄存器地址
    ReceiveData = SPI_WriteReadByte(0);//读取一个字节,SPI 是全双工,写的同时也读
    CSN = 1;
    return ReceiveData;
}

/****************************************
* 函数名称: void SPI_Write_data(unsigned char Write_Reg,unsigned char Write_data )
* 函数功能: 向 24L01 的某寄存器中写入一个字节
* 输入参数: Write_Reg-->寄存器地址,Write_data-->数据
* 返回值: 无
* 说明: 写入到 24L01 一个数据,首先要写入要写入数据所在的地址,然后再写入数据
****************************************/
void SPI_Write_data(unsigned char Write_Reg,unsigned char Write_data )
{
   CSN = 0;
   SPI_WriteReadByte(Write_Reg);         //写入相应寄存器地址
   SPI_WriteReadByte(Write_data);        //写入相应寄存器存储的数据
   CSN = 1;
}

/****************************************
* 函数名称: void SPI_Write_Buf(unsigned char Write_Reg,unsigned char * Write_data,unsigned
char Data_Length)
* 函数功能: 向 24L01 的从某个寄存器开始写入多个字节
* 输入参数: Write_Reg-->寄存器地址,Write_data-->数据数组,Data_Length-->数据长度
* 返回值: 无
* 说明: 写入到 24L01 连续的多个数据,只要写入数据所在的首地址就可以了
****************************************/
void SPI_Write_Buf(unsigned char Write_Reg,unsigned char * Write_data,unsigned char Data_
Length)
{
```

```
    unsigned char i;
    CSN = 0;
    SPI_WriteReadByte(Write_Reg);        //写寄存器
    for(i = 0;i < Data_Length;i++)
     SPI_WriteReadByte( * Write_data++);//写数据
    CSN = 1;
}

/****************************************
 * 函数名称: void SPI_Read_Buf(unsigned char Read_Reg, unsigned char * Read_data, unsigned char Data_length)
 * 函数功能: 从 24L01 的从某个寄存器读出多个字节
 * 输入参数: Read_Reg -->寄存器地址,Read_data -->数据数组,Data_Length -->数据长度
 * 返回值: 无
 * 说明: 读出到 24L01 连续的多个数据,只要写入数据所在的首地址就可以了
****************************************/
void SPI_Read_Buf (unsigned char Read_Reg, unsigned char * Read_data, unsigned char Data_length)
{
    unsigned char i ;

    CSN = 0;
        SPI_WriteReadByte(Read_Reg);
        for(i = 0;i < Data_length;i++)
        Read_data[i] = SPI_WriteReadByte(0);
    CSN = 1;
}

/****************************************
 * 函数名称: void nRF24L01_RxInit(void)
 * 函数功能: NRF24L01 端口和寄存器初始化
 * 输入参数: 无
 * 返回值: 无
 * 说明:
****************************************/
void NRF24L01_RxInit(void)
{
  SPI_Init();
  CE_DDR = 1;
  IRQ_DDR = 0;
  IRQ = 1;
  CE = 0;

  SPI_Write_Buf(WRITE_REG + RX_ADDR_P0, RX_Address,RX_ADDR_WITDH );
  SPI_Write_data(WRITE_REG + EN_AA, 0x01);
                              //使能各自通道的自动应答功能(通道 0 自动应答允许)
  SPI_Write_data(WRITE_REG + EN_RXADDR, 0x01);
                              //接收各自数据通道允许(0 通道允许为接收返回地址数据)
  SPI_Write_data(WRITE_REG + RF_CH, 40);        //设置芯片工作通道频率(工作通道频率为 40)
  SPI_Write_data(WRITE_REG + RX_PW_P0, RX_Pload_Width);          //选择与发送相同的数据宽度
```

```
  SPI_Write_data(WRITE_REG + RF_SETUP, 0x07);
                                //射频的数据传输率及发射功率设置(1M,0dBm,低噪声放大器增益)
  SPI_Write_data(WRITE_REG + CONFIG, 0x0f);       //使能中断,CRC使能16位,上电,接收模式.
  CE = 1;
  delay_us(130);
}

/****************************************
* 函数名称: void DataProcess(void)
* 函数功能: 数据显示处理
* 输入参数: 无
* 返回值: 无
* 说明:
****************************************/
void DataProcess(void)
{
  unsigned char temperature,humidity;
  temperature = RxBuff[2];
  humidity = RxBuff[1];
  temp[10] = temperature/10 + 48;        //得到温度十位
  temp[11] = temperature % 10 + 48;      //得到温度个位
  humi[10] = humidity/10 + 48;           //得到湿度十位
  humi[11] = humidity % 10 + 48;         //得到湿度个位
}

//主函数
void main()
{ unsigned char size1 = 0,size2 = 0;
   DDRA = 0xff;
   DDRD| = 0xf2;                         //信号线设置为输出
   PSB = 1;                              //PSB引脚初始值为1
   Receive_ddrx = 1;
   Receive_dat_ddrx = 1;
   Receive_portx = 1;
   Receive_dat_portx = 1;
  MCUCR = 0x02;                          //定义INT1为下降沿中断
  GICR = 0x80;                           //使能外部中断INT1
  SREG.SREG_I = 1;                       //打开总中断
  lcd_128init();                         //12864初始化
  NRF24L01_RxInit();                     //接收初始化
   while(1)
    {
      DataProcess();
      display();
      delay_ms(200);
    }
}

//中断函数
unsigned char NRF24L01_INT1() org 0x04
{
```

```
    unsigned char sta = 0;
    sta = SPI_Read_data( STATUS );          //读取(中断)寄存器
    SPI_Write_data( WRITE_REG + STATUS,sta ); //通过写 1 来清中断标志
    if( sta&0x40 )                          //为 1 时则接收到有效数据
      {
         CE = 0;                            //待机模式
         SPI_Read_Buf( RD_RX_PLOAD, RxBuff, RX_Pload_Width);
         SPI_Write_data(FLUSH_RX,0x00); //刷新 RX 寄存器
         CE = 1;                            //接收模式
         Receive_portx = ～Receive_portx;
      }
    if(RxBuff[0] == 0x5a&&RxBuff[3] == 0xa5)
     {
           flag = 1;
           Receive_dat_portx = ～Receive_dat_portx;
     }
}
```

4.6 思考

1. 发送端一般都用电池供电，这就涉及低功耗的问题，那如何实现发送端的整个设备的低功耗？

2. 如何实现接收端温湿度数据的存储，包括采集时间？

项目 5

家用智能浇花器

5.1 项目任务

从本项目开始，我们将从产品的角度来设计调试智能电子产品，以便让大家熟悉智能电子产品的调试流程。

对于爱花的人们家里总会种很多花，但是人们长期外出的时候就会出现花草无人看管而枯萎的情况或者有些人爱花但不养花，经常忘记浇水而影响花的生长甚至枯死。市场上现有的自动浇花器采用漏斗原理，用一个水瓶装水慢速滴入土壤，但是这种浇花器水量无法控制，导致浇水过多或者水瓶里的水很快就消耗殆尽，长期外出依然会导致花草枯死。本项目为解决爱花人士的苦恼，设计了一个智能自动浇花器。它能够定时地给花盆浇水，可以通过按键调整当前日期和时间，也可调整浇水时间、浇水时间间隔以及每次浇水时长。

5.2 方案设计

根据用户功能要求，设计的浇花器方案框图，如图 5-1 所示。

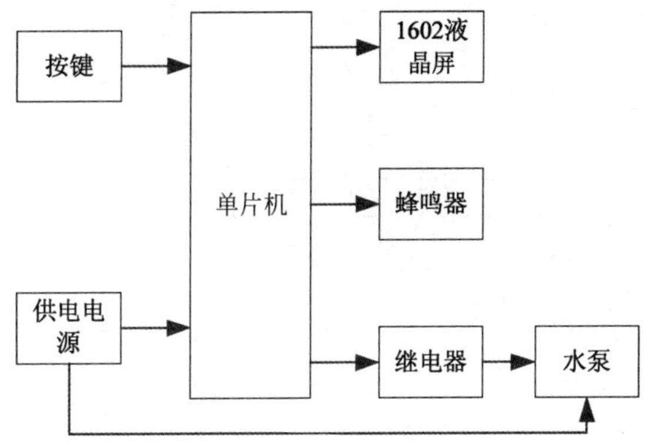

图 5-1 浇花器方案框图

在该方案中，按键用来修正当前日期和时间以及设置浇水时间、浇水时间间隔和浇水时长；供电电源除了为整个系统板供电外，还要为 12V 的水泵提供电源；液晶屏用来显示相关信息；蜂鸣器用来提示开始浇水和结束浇水；继电器用来控制水泵的开与关。

5.3 原理图设计

5.3.1 供电电源电路设计

电源电路要为系统板供电，还要为水泵供电。水泵选择的是 12V 供电的微型水泵，单片机用 5V 供电。电源电路原理图设计如图 5-2 所示。

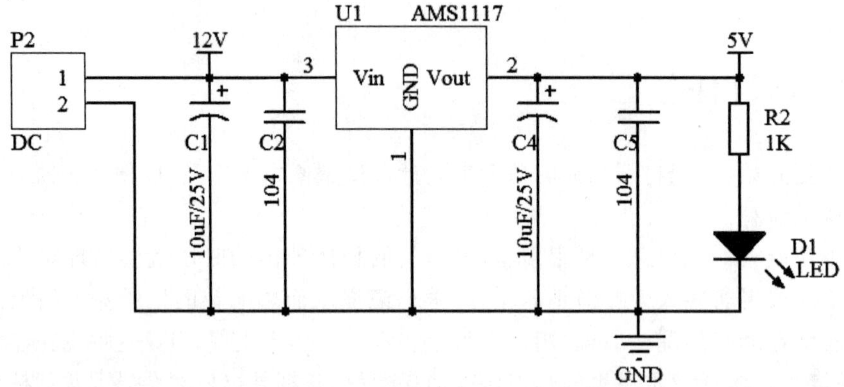

图 5-2 供电电源电路

直流电源 12V 输入，分出一端接水泵，另一端通过 DC 稳压芯片 AMS1117-5V 输出稳定的 5V 给系统板供电。

5.3.2 单片机控制电路设计

单片机控制电路主要包括单片机最小系统、实时时钟电路、按键电路，液晶显示电路、蜂鸣器和继电器电路，如图 5-3 所示。

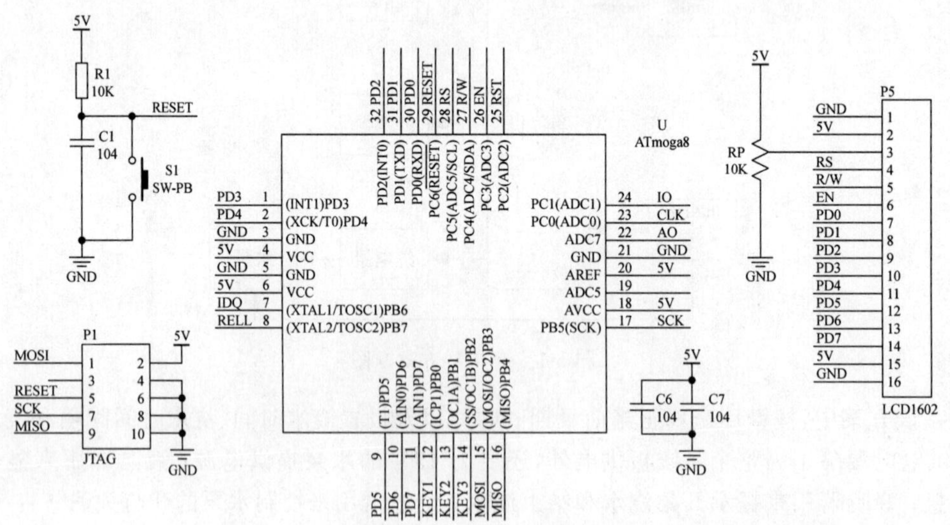

图 5-3 单片机控制电路

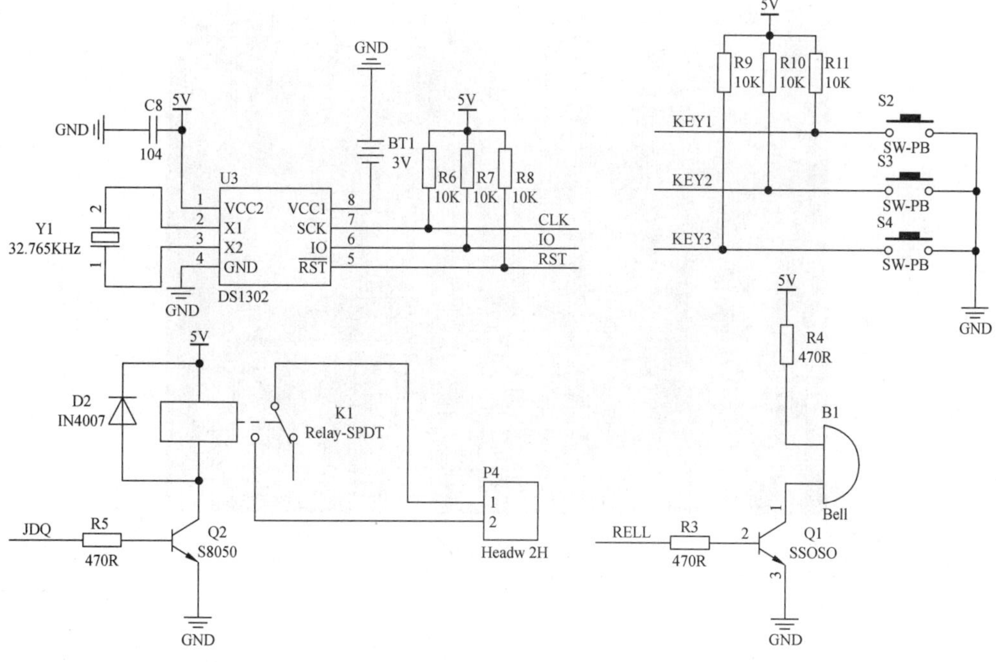

图 5-3　续图

5.4　PCB 设计

5.4.1　PCB 绘制

设计 PCB 要考虑机械结构方面的问题,各元件之间的装配不能有机械上的干涉。浇花器 PCB 图如图 5-4 所示。

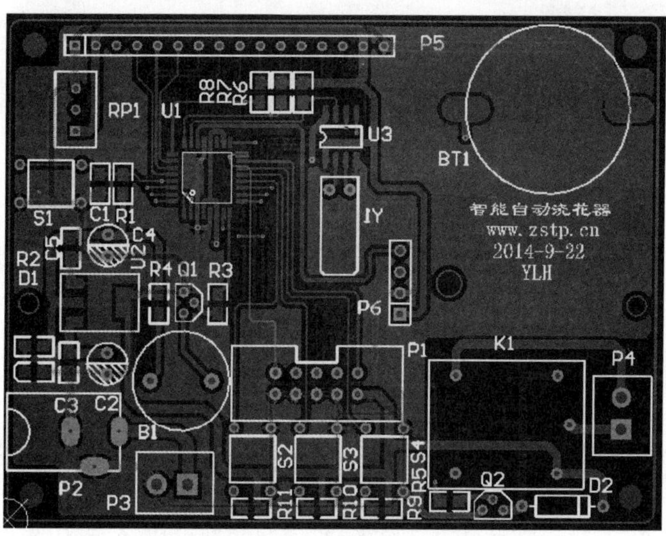

图 5-4　浇花器 PCB 图

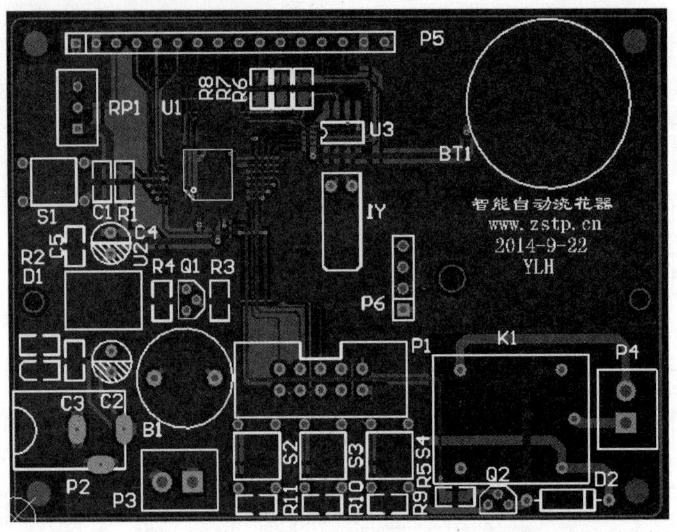

图 5-4　续图

5.4.2　PCB 制作

电路板用软件绘制完成后，还要制作成电路板才能够焊接使用。对于样板制作可以采用热转印和雕刻机来制作；而对于小批量或者复杂电路板则直接发给 PCB 厂家制作即可。电路板为 2 层板，布线也比较复杂，直接发给 PCB 厂家进行制作，现在有很多 PCB 厂家，并且提供了比较方便的服务，这里以其中一家 PCB 厂家深圳市嘉立创科技发展有限公司的下单流程为例进行介绍。

在下单之前在网站 www.sz-jlc.com 注册一个账号，登录后单击右侧的"在线下单"，出现如图 5-5 所示界面。

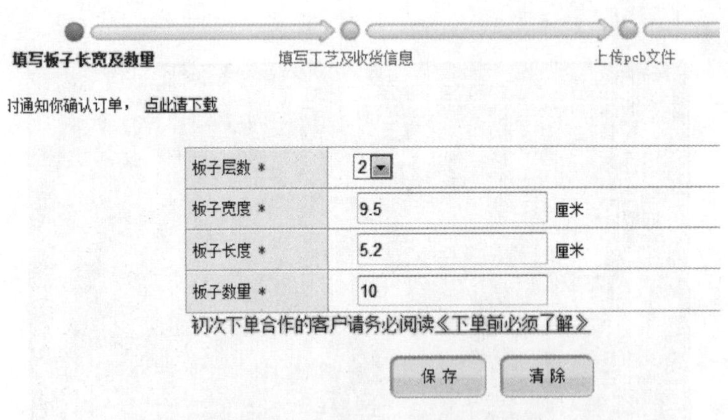

图 5-5　电路板尺寸及数量定制

在这个界面中，"板子层数"可根据自己绘制电路板的层数进行选择，这里选择双面板即选择"2"；板子宽度和长度按照 PCB 图中最大宽度和长度计算，豆浆机主控板的宽度为 9.5cm，长度为 5.2cm，注意这里单位是厘米，长度和宽度可以互换，不影响做板；板子数量根据需要选择数量即可，这里选择做 10 片。设置完成后单击下面的“保存”按钮，进入下一个页面的设置，如图 5-6 所示。

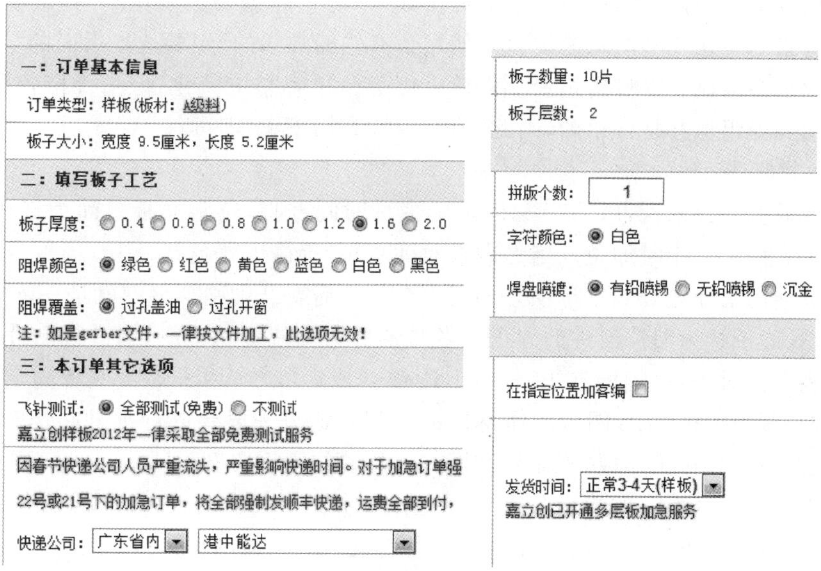

图 5-6　电路板工艺信息设置

在这个界面中进行电路板工艺设置，下面对相关工艺进行简要介绍。

(1) 板子厚度

板子厚度可根据实际需要进行选择，最薄可以做到 0.4mm，最厚可以做到 2.0mm，一般双面板厚度为 1.2mm 或者 1.6mm 即可，这里选择电路板厚度为“1.6”。

(2) 阻焊颜色

PCB 厂家可以做成绿色、红色、黄色、蓝色、白色和黑色的组焊层(盖油)，一般绿色正常收费，而做成其他颜色要加收一定的费用。因此如果没有特殊要求，选择“绿色”即可。

(3) 阻焊覆盖

在电路板上覆盖阻焊绿油时，需要确定有过孔的地方要不要盖油，这里过孔没有特殊需要，选择“过孔盖油”即可。

(4) 飞针测试

飞针测试是一种检查 PCB 电性能的方法(开短路测试)之一。它用探针来取代针床，使用多个由马达驱动的、能够快速移动的电气探针同器件的引脚进行接触并进行电气测量。很多 PCB 厂家对飞针测试都是免费的，这里选择“全部测试”即可。

(5) 拼板个数

当有多款电路板需要同时加工时，可以采用拼板的方式，也就是把多块电路板拼成一个。有的 PCB 厂家可提供拼板服务，有些厂家则要求客户自己拼板。目前每多拼一块板是要加收 50 元的拼板费。因此当做多块 PCB 板时，要综合考虑板子个数、板子尺寸等，确定要不要拼板。这里只做一块电路板，填“1”即可。

(6) 字符颜色

字符颜色是指丝印层的字符、图形的颜色，目前 PCB 厂家只做白色，这里选择“白色”

即可。

（7）焊盘喷镀

焊盘喷锡主要的作用是提高焊盘的焊接效果，防止焊盘表面氧化。“有铅喷锡”是指焊锡中是含有铅的。在一些国家是不允许使用含有铅的焊锡的，则要选择后面的“无铅喷锡”，但无铅喷锡价格也比有铅喷锡稍贵。而镀金则焊盘更容易抗氧化，但是价格较贵。由于我们通常使用的焊锡也都是含铅的，因此这里选择“有铅喷锡”即可。

（8）发货时间

对于普通 2 层板来说，PCB 厂家提供了多种时间选择，正常样板时间为 3～4 天，还提供 48 小时加急和 24 小时加急。当然做板时间越短，价格也就越高。

在本页面的下面还有一个选项是询问本单是否需要开钢网。钢网就是一款上面有很多孔的钢板，孔的位置为贴片器件的焊盘或者与器件中央位置相对应，当进行贴片时，将 PCB 板放在钢网下面对齐，用钢网在 PCB 板上刷锡膏或者红胶，用于焊接或者固定贴片器件。所谓开钢网，就是根据 PCB 图纸制作钢网的过程。这里一般要进行批量制作时，用贴片机贴元件才会用到，对于样板，不需要钢网，这里选择“不需要”即可。

在其他位置选择对应的快递公司、收货地址、收货及联系人、收货及联系人电话等填写完成后，单击页面最下面的“保存，计算总价格”，进入下一页，如图 5-7 所示。

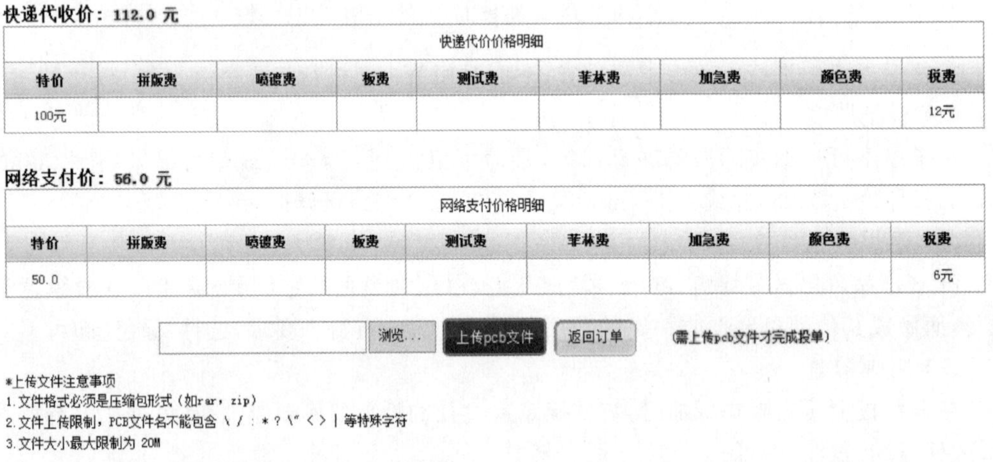

快递代收价：112.0 元

快递代价价格明细								
特价	拼版费	喷镀费	板费	测试费	菲林费	加急费	颜色费	税费
100元								12元

网络支付价：56.0 元

网络支付价格明细								
特价	拼版费	喷镀费	板费	测试费	菲林费	加急费	颜色费	税费
50.0								6元

浏览... 上传pcb文件 返回订单 (需上传pcb文件才完成投单)

*上传文件注意事项
1. 文件格式必须是压缩包形式（如rar，zip）
2. 文件上传限制，PCB文件名不能包含 \ / : * ? \" < > | 等特殊字符
3. 文件大小最大限制为 20M

图 5-7　上传 PCB 文件

在这个页面中自动计算了 PCB 板的价格，价格是根据上一页的工艺参数决定的。单击下面的“浏览...”按钮，选择要制作的 PCB 文件，选择好后，再单击“上传 pcb 文件”，跳入下一界面，提示下单成功。

这里需要注意的是，上传的 PCB 文件的格式必须是压缩包形式（如 rar，zip），PCB 文件名不能包含一些特殊字符。

下单完成后，一般要等待一两个小时，再次登录网站，查看 PCB 厂家对上传的 PCB 文件的审核结果，如果审核通过，直接单击“确认”，缴费。大概三四天后，快递公司会把制作好的 PCB 送到指定的收货地址。

5.5　电路板焊接

在项目 1 中已经介绍了直插元件的焊接方法，这一节重点介绍贴片元件的手工焊接方法。

5.5.1　2-4 脚贴片元件焊接

对于 2-4 脚的贴片元件，如电阻、电容、二极管、三极管等焊接按以下步骤进行：

① 焊盘上锡。在元件的其中一个焊盘上镀点锡。

② 放置元件。左手用镊子夹持元件放到安装位置并抵住电路板。

③ 加热焊锡。右手用电烙铁将已镀锡焊盘上的焊锡加热，将贴片元件固定。

③ 焊接其余引脚。左手镊子松开，改拿锡丝将其余的引脚焊好。

正确的焊接和错误的焊接方法如图 5-8 所示。

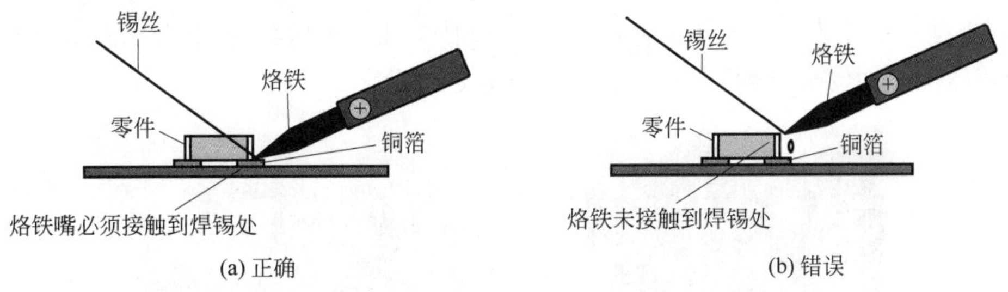

图 5-8　贴片元件正确焊接和错误焊接示意图

5.5.2　贴片 IC 的焊接

进行贴片焊接有效的方式是拖焊。如果熟悉了拖焊，基本可以使用一把烙铁和松香完成所有贴片的焊接。电烙铁最好使用带斜口的扁头烙铁头的，考虑到以后实际焊接有防静电的要求，建议使用焊台，主要步骤如下：

① 把 IC 平放在 PCB 的焊盘上，将芯片引脚和焊盘对准，如图 5-9 所示。

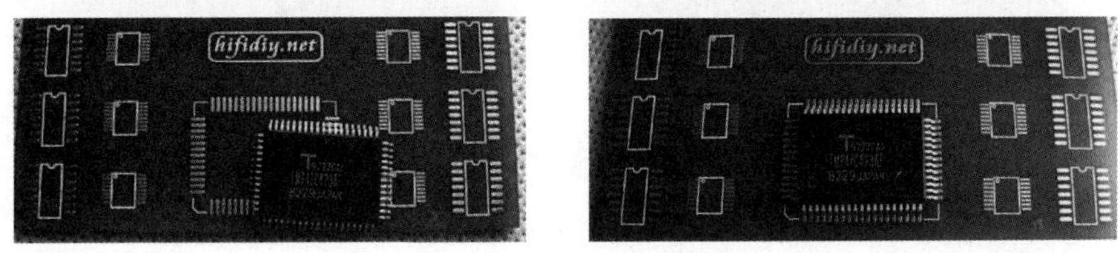

图 5-9　放置贴片 IC

② 引脚对准后用左手或镊子压住，不让芯片移动，如图 5-10 所示。

③ 右手拿电烙铁熔化焊锡丝，随意焊接数个引脚来固定 IC，然后在四面都加上焊锡，如图 5-11 所示。

④ 接下来就是拖焊，把 PCB 斜放 45°，可以想象 IC 脚上的焊丝在熔化的情况下可以顺势往下流动。把烙铁头放入松香中，甩掉烙铁头部多余的焊锡，如图 5-12 所示。

图 5-10 压住 IC

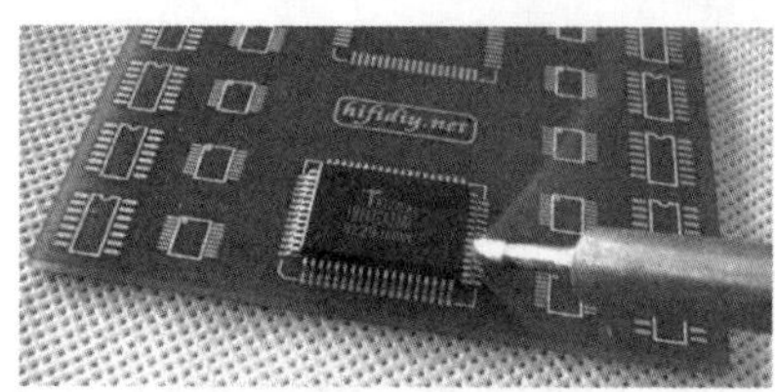

图 5-11 芯片加焊锡

⑤ 把粘有松香的烙铁头迅速放到斜着的 PCB 头部的焊锡部分，接下来的动作将是整个拖焊的核心。使烙铁按照以下方式运动，如图 5-13 所示。

图 5-12 烙铁头加松香

图 5-13 拖焊

⑥ 重复以上的拖焊动作后达到如图 5-14 所示的效果，四面引脚焊接使用同样的方法。

图 5-14 拖焊后的效果

⑦ 焊接完成后，芯片周围很多松香，用棉签蘸酒精擦拭干净即可，如图 5-15 所示。

图 5-15 酒精擦前和擦后

5.6　程序调试

对于该项目中用到的按键、1602 液晶屏显示在前面的项目中都已经做了调试，这里就不再给出调试方法了，可参考前面的项目，这里直接给出完整程序。对于复杂的程序在编程时最好分成多个 C 语言文件，然后通过包含对应的 h 头文件进行链接，每个 C 语言文件有一个或几个功能模块，这样程序就比较方便管理，查找代码也比较容易。

1. ds1302.c 文件源代码

```
#define DIRC1 DDC1_bit
#define PINC1 PINC1_bit
#define SCLK PORTC0_bit
#define IO PORTC1_bit
#define RST PORTC2_bit
unsigned char rec_time[7] = {0x00,0x00,0x00,0x00,0x00,0x00,0x00}; //存储日期和时间

//初始化和 DS1302 连接的三个端口
void ds1302_init(void)
{
  DDRC| = 0x07;                //设置 PC0,1,2 为输出
  SCLK = 0;                    //设置 SCLK 初始值为 0
  IO = 1;                      // 设置 IO 初始值为 1
  RST = 0;                     //设置 RST 初始值为 0
}

//写入一个字节
void ds1302_write_byte(unsigned char dat)
{
  unsigned char i;
  for(i = 0;i < 8;i++)
  {
    SCLK = 0;                  //时钟信号拉低
    if(dat&0x01)
       IO = 1;                 //判断地址字节的最低位,1 位为 1 则拉高 IO
    else IO = 0;               //1 位为 0,则输入数据为 0,拉低 IO
    delay_us(1);
    SCLK = 1;                  //时钟信号拉高,产生上升沿
    delay_us(1);
    dat >> = 1;                //字节右移一位
  }
}

//读出一个字节
unsigned char ds1302_read_byte(void)
{
  unsigned char i, dat = 0;
  DIRC1 = 0;                   //设置 IO 的方向为输入
  for(i = 0;i < 8;i++)
  {
```

```
    dat >>= 1;                  //数据右移一位
    SCLK = 1;                   //设置 SCLK 为高电平
    delay_us(1);
    SCLK = 0;                   //设置 SCLK 为低电平,产生下降沿
    delay_us(1);
    if(PINC1 == 1)              //如果读出的数据为 1
      dat|= 0x80;               //数据位 1,则写入 1

  }
  DIRC1 = 1;                    //将 IO 口的方向改为输出
  return dat;                   //返回得到的数据
}

//向 DS1302 写入一个地址和数据
void ds1302_write(unsigned char add,unsigned char dat)
{
  RST = 0;                      //将 RST 拉低
  SCLK = 0;                     //将 SCLK 拉低
  RST = 1;                      //将 RST 拉高
  ds1302_write_byte(add);       //写入地址字节
  ds1302_write_byte(dat);       //写入数据
  SCLK = 1;                     //将 SCLK 拉高
  RST = 0;                      //将 RST 拉低
}
//读取 DS1302 一个数据
unsigned char ds1302_read(unsigned char add)
{
   unsigned char shuju;         //定义一个变量,存储返回的数据
   RST = 0;                     //将 RST 拉低
   SCLK = 0;                    //将 SCLK 拉低
   RST = 1;                     //将 RST 拉高
   ds1302_write_byte(add);      //写入地址字节
   shuju = ds1302_read_byte();//读取该地址字节的数据
   SCLK = 1;                    //将 SCLK 拉高
   RST = 0;                     //将 RST 拉低
   return shuju;                //返回读到的数据
}
//写入时间信息
void ds1302_writetime(unsigned char year, unsigned char month,unsigned char date,unsigned char
hour,unsigned char min,unsigned char sec,unsigned char week)
{
   ds1302_write(0x8e,0x00);     //解除写保护,写入时间信息
   ds1302_write(0x80,sec);      //写入秒时间
   ds1302_write(0x82,min);      //写入分时间
   ds1302_write(0x84,hour);     //写入时时间
   ds1302_write(0x86,date);     //写入日
   ds1302_write(0x88,month);    //写入月
   ds1302_write(0x8a,week);     //写入周
   ds1302_write(0x8c,year);     //写入年
   ds1302_write(0x8e,0x80);     //使能写保护,以防止误操作写入
}
```

```
//读取时间信息
void ds1302_readtime(void)
{
  unsigned char i;
  for(i = 0;i < 7;i++)
   {
    rec_time[i] = ds1302_read(0x81 + 2 * i);
                                                    //读取 ds1302 的时间信息,保存到 rec_time 数组中
   }
}
```

2. key. c 文件源代码

```
#include "display.h"
#include "ds1302.h"

#define KEY1              PINB0_bit           //读取引脚输入
#define KEY2              PINB1_bit
#define KEY3              PINB2_bit
#define KEY_LONG_FLAG     5
#define KEY_SERIES_DELAY 2
#define KEY_DOWN          0xA0                //按下亮
#define KEY_UP            0xB0                //按下抬起亮
#define KEY_LONG          0xC0
#define KEY_LIAN          0xD0

unsigned char flag = 0;
unsigned char cnt = 0;
unsigned char FirstCnt = 0,InterfaceCnt = 0;      //当前界面按键计数,界面切换按键计数
unsigned char Key2Cnt = 0, Key3Cnt = 0;           //S3 和 S4 的按键次数计数值
unsigned char FlashFlag = 0;                      //闪烁标志
unsigned char temp6 = 0,temp5 = 0,temp4 = 0;
unsigned char temp1,temp2;
extern unsigned char KeyValue;
extern unsigned char idate;                       //时间间隔的天数
extern unsigned char nexthour;
extern unsigned char workhour;                    //浇水持续时间,单位 min
extern unsigned char temp_11[17];
extern unsigned char temp_12[17];
extern unsigned char temp_21[17];
extern unsigned char temp_22[17];
extern unsigned char rec_time[7];

//十进制转 BCD 码
unsigned char DecToBcd(unsigned char dec)
{
  unsigned char temp1,temp2,temp3;
  temp1 = (dec/10)<< 4;
  temp2 = dec % 10;
  temp3 = temp1 + temp2;
  return temp3;
```

```
}

//BCD码转十进制
unsigned char BcdToDec(unsigned char bcd)
{
  unsigned char temp1,temp2;
  temp1 = (bcd&0xf0)>> 4;
  temp2 = bcd&0x0f;
  temp2 = temp1 * 10 + temp2;
  return temp2;
}

//能够被 4 整除,但不能被 100 整除但能被 400 整除的年份是闰年,其他为平年
//返回 0 表示是平年,返回 1 表示是闰年
unsigned char LeapYear2(unsigned char year)
{
  unsigned int temp_year;
  unsigned char temp;
  temp = BcdToDec(year);
  temp_year = 2000 + temp;
  if(temp_year % 4 == 0)                          //必须能被 4 整除
   {
     if(year % 100 == 0)
      {
        if(year % 400 == 0)
          return 1;                               //如果以 00 结尾,还要能被 400 整除
        else
          return 0;
      }
     else
      return 1;
   }
  else
   return 0;
}

//获取按键值
static unsigned char GetKeyValue(void)
{
  if((KEY1 == 0)&&(KEY2 == 0))                    //如果 K1 和 K2 一起按下
    return 0x04;
if(KEY1 == 0)
    return 0x01;                                  //按键 1 按下
  if(KEY2 == 0)
    return 0x02;                                  //按键 2 按下
  if(KEY3 == 0)
    return 0x03;                                  //按键 3 按下

  return 0x00;                                    //没有键按下
}
```

```
//按键扫描
unsigned char KeyScan(void)
{

  static unsigned char KeyState = 0;              //按键状态
  static unsigned char KeyPrev = 0;               //上一次按键状态
  static unsigned char KeyDelay = 0;              //按键连发计时
  static unsigned char KeyLong = 0;               //按键长按计时

  unsigned char KeyPressValue = 0x00;             //按键值
  unsigned char KeyReturnValue = 0x00;            //按键返回值

  KeyPressValue = GetKeyValue();                  //得到按键值

  switch(KeyState)
  {
   case 0:                                        //按键初始状态
          if(KeyPressValue!= 0x00)                //有键按下
            {
              KeyState = 1;                       //转到下一个状态,确认按键
              KeyPrev = KeyPressValue;            //保存按键状态
            }
          break;
   case 1:
                                                  //按键确认状态
          if(KeyPressValue == KeyPrev)            //确认和上次按键相同
            {
              KeyState = 2;                       //转到下一个状态,判断长按等
              KeyReturnValue = KEY_DOWN|KeyPrev;
                                    //按键确认被按下,即按键按下就响应,不等按键抬起
            }
          else                       //本次按键和上次按键不相同,为抖动,返回到状态 0
             KeyState = 0;
          break;
   case 2:
                                                  //按键释放或者长按
          if(KeyPressValue == 0x00)               //按键释放
            {

              KeyState = 0;
              KeyDelay = 0;
              KeyLong = 0;
              KeyReturnValue = KEY_UP|KeyPrev; //按键抬起后才返回按键值
              break;
            }
          if(KeyPressValue == KeyPrev)
            {
              KeyDelay++;
              if((KeyLong == 1)&&(KeyDelay > KEY_SERIES_DELAY))
               {
                 KeyDelay = 0;
```

```
                KeyReturnValue = KEY_LIAN|KeyPrev;
                KeyPrev = KeyPressValue;        //记住上次的按键
                break;
              }
            if(KeyDelay > KEY_LONG_FLAG)
              {
                KeyLong = 1;
                KeyDelay = 0;
                KeyReturnValue = KEY_LONG|KeyPrev;   //返回长按后的值
                break;
              }
          }
    default:
               break;
  }
  return KeyReturnValue;
}

//按键处理
void KeyProcess(unsigned char KeyValue)
{
  if(KeyValue == 0xC1)                          //S2 长按
  {
    InterfaceCnt++;                             //按键计数值加 1
    FirstCnt = 0;
   }
  if(InterfaceCnt % 2 == 0)                     //显示第 1 个界面
  {
    if(KeyValue == 0xA1)                        //S2 短按
     {
      if(FirstCnt == 3)                         //调整天、浇水时间 2 次为一个循环
        FirstCnt = 0;
      else
        FirstCnt++;                             //按键计数值加 1
     }

     if((KeyValue == 0xA2)||(KeyValue == 0xD2)) //S3 短按或 S3 连发
     {
      if(FirstCnt == 1)                         //如果是调整浇水间隔的天数
       {
         Key2Cnt = nexthour;
         if(Key2Cnt == 23)                      //天数最大调整到 20 天
            Key2Cnt = 0;
         else
            Key2Cnt++;
         nexthour = Key2Cnt;
       }
      if(FirstCnt == 2)                         //如果是调整浇水间隔的天数
       {
         Key2Cnt = idate;
```

```
        if(Key2Cnt == 20)                   //天数最大调整到 20 天
          Key2Cnt = 1;
        else
          Key2Cnt++;
        idate = Key2Cnt;
      }
    if(FirstCnt == 3)                       //如果是则调整浇水间隔的分钟数
      {
        Key2Cnt = workhour;
        if(Key2Cnt == 59)                   //浇水时间最大调整到 59 分钟
          Key2Cnt = 0;
        else
          Key2Cnt++;
        workhour = Key2Cnt;
      }
  }

  if((KeyValue == 0xA3)||(KeyValue == 0xD3)) //S4 短按或 S4 连发
  {
    if(FirstCnt == 1)                       //如果是则调整浇水间隔的天数
      {
        Key3Cnt = nexthour;
        if(Key3Cnt == 0)                    //天数最大调整到 20 天
          Key3Cnt = 23;
        else
          Key3Cnt--;
        nexthour = Key3Cnt;
      }
    if(FirstCnt == 2)                       //如果是则调整浇水间隔的天数
      {
        Key3Cnt = idate;
        if(Key3Cnt == 1)                    //天数最大调整到 20 天
          Key3Cnt = 20;
        else
          Key3Cnt--;
        idate = Key3Cnt;
      }
    if(FirstCnt == 3)                       //如果是则调整浇水间隔的分钟数
      {
        Key3Cnt = workhour;
        if(Key3Cnt == 0)                    //浇水时间最大调整到 59 分钟
          Key3Cnt = 59;
        else
          Key3Cnt--;
        workhour = Key3Cnt;
      }
  }

 if(FlashFlag == 0xff)
  {
    switch(FirstCnt)                        //屏幕对应位置闪烁
```

```
        {
         case 1:
                temp_11[7] = '';
                temp_11[8] = '';
                break;
         case 2:
                temp_12[3] = '';
                temp_12[4] = '';
                break;
         case 3:
                temp_12[11] = '';
                temp_12[12] = '';
                break;
         default: break;
        }
      }

     display_1();
    }


   if(InterfaceCnt % 2 == 1)                      //显示第 2 个界面
    {
      ds1302_write(0x8e,0x00);                    //解除写保护,写入时间信息
     if(KeyValue == 0xA1)                         //S2 短按
       {
        if(FirstCnt == 5)                  //调整年、月、日、小时、分、湿度阈值,6 次为一个循环
          FirstCnt = 0;
        else
          FirstCnt++;                             //按键计数值加 1
       }

    if((KeyValue == 0xA2)||(KeyValue == 0xD2)) //S3 短按或 S3 连发
       {
         switch(FirstCnt)
          {
            case 1:
                   Key2Cnt = BcdToDec(rec_time[6]);
                   if(Key2Cnt == 99)
                     Key2Cnt = 0;
                   else
                     Key2Cnt++;
                   temp6 = DecToBcd(Key2Cnt);
                   ds1302_write(0x8c,temp6);    //写入年
                   break;
            case 2:
                   Key2Cnt = BcdToDec(rec_time[4]);
                   if(Key2Cnt == 12)
                     Key2Cnt = 1;
                   else
                     Key2Cnt++;
```

```
        switch(Key2Cnt)
         {
           case 1:
           case 3:
           case 5:
           case 7:
           case 8:
           case 10:
           case 12: temp5 = rec_time[3];
                    break;
           case 4:
           case 6:
           case 9:
           case 11: if(rec_time[3]>= 0x30)
                        temp5 = 0x30;
                    else
                        temp5 = rec_time[3];
                      break;
           case 2: if(LeapYear2(rec_time[6]))
                       {
                         if(rec_time[3]>= 0x29)
                          temp5 = 0x29;
                         else
                          temp5 = rec_time[3];
                       }
                      else
                        {
                          if(rec_time[3]>= 0x28)
                           temp5 = 0x28;
                          else
                           temp5 = rec_time[3];
                        }
                      break;
           default: break;
         }
        temp6 = DecToBcd(Key2Cnt);
         ds1302_write(0x86,temp5);
         ds1302_write(0x88,temp6);
        break;
case 3:
        Key2Cnt = BcdToDec(rec_time[3]);
        switch(rec_time[4])
         {
           case 0x01:
           case 0x03:
           case 0x05:
           case 0x07:
           case 0x08:
           case 0x10:
           case 0x12: if(Key2Cnt == 31)
                         Key2Cnt = 1;
```

```
                    else
                      Key2Cnt++;
                    break;
          case 0x04:
          case 0x06:
          case 0x09:
          case 0x11: if(Key2Cnt == 30)
                      Key2Cnt = 1;
                    else
                      Key2Cnt++;
                    break;
          case 0x02: if(LeapYear2(rec_time[6]))
                     {
                       if(Key2Cnt == 29)
                         Key2Cnt = 1;
                       else
                         Key2Cnt++;
                     }
                    else
                     {
                       if(Key2Cnt == 28)
                         Key2Cnt = 1;
                       else
                         Key2Cnt++;
                     }
                    break;
          default: break;
        }
       temp6 = DecToBcd(Key2Cnt);
       ds1302_write(0x86,temp6);
       break;
case 4:
       Key2Cnt = BcdToDec(rec_time[2]);
       if(Key2Cnt == 23)
         Key2Cnt = 0;
       else
         Key2Cnt++;
       temp6 = DecToBcd(Key2Cnt);
       ds1302_write(0x84,temp6);
       break;
case 5:
       Key2Cnt = BcdToDec(rec_time[1]);
       if(Key2Cnt == 59)
         Key2Cnt = 0;
       else
         Key2Cnt++;
       temp6 = DecToBcd(Key2Cnt);
       ds1302_write(0x82,temp6);
       break;
default : break;
```

```
        }
    }

    if((KeyValue == 0xA3)||(KeyValue == 0xD3))  //S4 短按或 S4 连发
    {
      switch(FirstCnt)
      {
        case 1:
                Key3Cnt = BcdToDec(rec_time[6]);
                if(Key3Cnt == 0)
                  Key3Cnt = 99;
                else
                  Key3Cnt--;
                temp6 = DecToBcd(Key3Cnt);
                ds1302_write(0x8c,temp6);
                break;
        case 2:
                Key3Cnt = BcdToDec(rec_time[4]);
                if(Key3Cnt == 1)
                  Key3Cnt = 12;
                else
                  Key3Cnt--;
                switch(Key3Cnt)
                 {
                   case 1:
                   case 3:
                   case 5:
                   case 7:
                   case 8:
                   case 10:
                   case 12: temp5 = rec_time[3];
                            break;
                   case 4:
                   case 6:
                   case 9:
                   case 11: if(rec_time[3]>=0x30)
                                temp5 = 0x30;
                            else
                                temp5 = rec_time[3];
                              break;
                   case 2: if(LeapYear2(rec_time[6]))
                             {
                               if(rec_time[3]>=0x29)
                                temp5 = 0x29;
                               else
                                temp5 = rec_time[3];
                             }
                            else
                              {
                                if(rec_time[3]>=0x28)
                                 temp5 = 0x28;
```

```
                    else
                     temp5 = rec_time[3];
                   }
                 break;
          default: break;
         }
        temp6 = DecToBcd(Key3Cnt);
         ds1302_write(0x86,temp5);
        ds1302_write(0x88,temp6);
        break;
case 3:
        Key3Cnt = BcdToDec(rec_time[3]);
        switch(rec_time[4])
         {
           case 0x01:
           case 0x03:
           case 0x05:
           case 0x07:
           case 0x08:
           case 0x10:
           case 0x12: if(Key3Cnt == 1)
                         Key3Cnt = 31;
                       else
                         Key3Cnt -- ;
                       break;
           case 0x04:
           case 0x06:
           case 0x09:
           case 0x11: if(Key3Cnt == 1)
                         Key3Cnt = 30;
                       else
                         Key3Cnt -- ;
                       break;
           case 0x02: if(LeapYear2(rec_time[6]))
                        {
                          if(Key3Cnt == 1)
                            Key3Cnt = 29;
                          else
                            Key3Cnt -- ;
                        }
                       else
                        {
                          if(Key3Cnt == 1)
                            Key3Cnt = 28;
                          else
                            Key3Cnt -- ;
                        }
                       break;
           default: break;
         }
        temp6 = DecToBcd(Key3Cnt);
```

```
                ds1302_write(0x86,temp6);
                break;
        case 4:
                Key3Cnt = BcdToDec(rec_time[2]);
                if(Key3Cnt == 0)
                  Key3Cnt = 23;
                else
                  Key3Cnt--;
                temp6 = DecToBcd(Key3Cnt);
                ds1302_write(0x84,temp6);
                break;
        case 5:
                Key3Cnt = BcdToDec(rec_time[1]);
                if(Key3Cnt == 0)
                  Key3Cnt = 59;
                else
                  Key3Cnt--;
                temp6 = DecToBcd(Key3Cnt);
                ds1302_write(0x82,temp6);
                break;
        default : break;
      }
    }

if(FlashFlag == 0xff)
   {
     switch(FirstCnt)                          //屏幕对应位置闪烁
      {
       case 1:
               temp_21[2] = '';
               temp_21[3] = '';
               break;
       case 2:
               temp_21[5] = '';
               temp_21[6] = '';
               break;
       case 3:
               temp_21[8] = '';
               temp_21[9] = '';
               break;
       case 4:
               temp_22[2] = '';
               temp_22[3] = '';
               break;
       case 5:
               temp_22[5] = '';
               temp_22[6] = '';
               break;
       case 6:
               temp_21[13] = '';
               temp_21[14] = '';
```

```
                break;
            default: break;
           }
        }
      ds1302_write(0x8e,0x80);                    //使能写保护,以防止误操作写入
      display_2();
     }
}


void TC0_interrupt() org 0x09
{
  TCNT0 = 217;                                    //5ms 定时
    flag = 1;
  if(cnt == 49)
   {
     cnt = 0;
     FlashFlag = ~FlashFlag;
   }
  else
     cnt++;
}
```

3. lcd1602.c 文件源代码

```
#define RS PORTC5_bit
#define RW PORTC4_bit
#define E PORTC3_bit
#define LCDDAT PORTD

void wr_1602com(unsigned char com)
{
  RS = 0;
  RW = 0;
  LCDDAT = com;
  delay_ms(5);
  E = 1;
  delay_us(10);
  E = 0;
}

void wr_1602dat(unsigned char dat)
{
  RS = 1;
  RW = 0;
  LCDDAT = dat;
  delay_ms(5);
  E = 1;
  delay_us(10);
  E = 0;
}
```

```
void lcd_1602init(void)
{
  wr_1602com(0x38);
  wr_1602com(0x08);
  wr_1602com(0x01);
  wr_1602com(0x06);
  wr_1602com(0x0c);
}
```

4. display.c 文件源代码

```
#include "lcd1602.h"
#include "ds1302.h"
#include "key.h"
unsigned char i;
extern unsigned char temp_11[17];
extern unsigned char temp_12[17];
extern unsigned char temp_21[17];
extern unsigned char temp_22[17];

//第一屏显示函数
void display_1(void)
{
  unsigned char i;
  wr_1602com(0x80 + 0x00);
  for(i = 0;i < 16;i++)
   {
     wr_1602dat(temp_11[i]);
   }
  wr_1602com(0x80 + 0x40);
  for(i = 0;i < 16;i++)
   {
     wr_1602dat(temp_12[i]);
   }
}

//第二屏显示函数
void display_2(void)
{
  unsigned char i;
  wr_1602com(0x80 + 0x00);
  for(i = 0;i < 16;i++)
   {
     wr_1602dat(temp_21[i]);
   }
  wr_1602com(0x80 + 0x40);
  for(i = 0;i < 16;i++)
   {
     wr_1602dat(temp_22[i]);
   }
}
```

5. test.c主程序文件源代码

```
#include "key.h"
#include "lcd1602.h"
#include "ds1302.h"
#include "display.h"

unsigned char KeyValue = 0;                          //存放按键值
extern unsigned char flag;                           //定时时间到标志位
unsigned char time[13];                              //定义一个数组存放时间信息的每一位
unsigned char temp_11[17] = "NW:00d 10h ";
                              //第一屏上半屏: NW:后显示的是下一次浇水的时间 日 时;
unsigned char temp_12[17] = "WI:02d L:30min";
                  //第一屏下半屏: WI: 后显示的是浇水的时间间隔天; L: 后显示的是浇水时长
unsigned char temp_21[17] = "D:14-10-26 ";           //当前日期
unsigned char temp_22[17] = "T:21-57-23 ";           //当前时间
unsigned char baseyear = 0x14;                       //基准年份
unsigned char basemonth = 0x01;                      //基准月份
unsigned char basedate = 0x01;                       //基准日期
unsigned char idate = 2;                             //时间间隔的天数
unsigned char nexthour = 10;                         //设定浇水时间为10点
unsigned char nextdate = 0;                          //下次浇水日期
unsigned char workhour = 1;                          //浇水持续时间,单位min
unsigned int daycnt = 0;                             //天数计数
unsigned int temp = 0;                               //缓存
unsigned char flag1 = 0,flag2 = 0;                   //开始浇水和结束浇水标志位
unsigned char tempdate = 0,temphour = 0,tempworkhour = 0;
unsigned char mon_table[12] = {31,28,31,30,31,30,31,31,30,31,30,31}; // 每个月份天数
extern unsigned char rec_time[];                     //存储读取到的时间值

//DS1302处理显示函数
void ds1302_display(void)
{
  time[0] = rec_time[0]&0x0f;                        //提取秒的个位
  time[1] = (rec_time[0]&0x70)>>4;                   //提取秒的十位
  time[2] = rec_time[1]&0x0f;                        //提取分的个位
  time[3] = (rec_time[1]&0x70)>>4;                   //提取分的十位
  time[4] = rec_time[2]&0x0f;                        //提取小时的个位
  time[5] = (rec_time[2]&0x30)>>4;                   //提取小时的十位
  time[6] = rec_time[3]&0x0f;                        //提取日的个位
  time[7] = (rec_time[3]&0x30)>>4;                   //提取日的十位
  time[8] = rec_time[4]&0x0f;                        //提取月的个位
  time[9] = (rec_time[4]&0x10)>>4;                   //提取月的十位
  time[10] = rec_time[6]&0x0f;                       //提取年的个位
  time[11] = (rec_time[6]&0xf0)>>4;                  //提取年的十位
  time[12] = rec_time[5]&0x07;                       //提取周
  temp_22[9] = time[0] + 48;                         //更新秒的个位
  temp_22[8] = time[1] + 48;                         //更新秒的十位
  temp_22[6] = time[2] + 48;                         //更新分的个位
  temp_22[5] = time[3] + 48;                         //更新分的十位
  temp_22[3] = time[4] + 48;
```

```
temp_22[2] = time[5] + 48;
temp_21[9] = time[6] + 48;                //更新日的个位
temp_21[8] = time[7] + 48;                //更新日的十位
temp_21[6] = time[8] + 48;
temp_21[5] = time[9] + 48;
temp_21[3] = time[10] + 48;
temp_21[2] = time[11] + 48;

 temp_12[3] = idate/10 + 48;              //更新间隔浇水天数
 temp_12[4] = idate % 10 + 48;
 temp_12[11] = workhour/10 + 48;          //更新浇水时长
 temp_12[12] = workhour % 10 + 48;

 temp_11[3] = nextdate/10 + 48;           //更新下次浇水日期
 temp_11[4] = nextdate % 10 + 48;
 temp_11[7] = nexthour/10 + 48;           //更新下次浇水时间
 temp_11[8] = nexthour % 10 + 48;

}

//存储相关信息：下次浇水日期、下次浇水时间、浇水时间间隔、浇水时长
void Save_EEPROM(void)
{
  EEPROM_Write(0,0xA5);                   //先读取这个值，看是否正确，正确再读后面的数据
  EEPROM_Write(1,nextdate);
  EEPROM_Write(2,nexthour);
  EEPROM_Write(3,idate);
  EEPROM_Write(4,workhour);
}

//释放存储的数据
void Release_EEPROM(void)
{
  nextdate = EEPROM_Read(1);
  nexthour = EEPROM_Read(2);
  idate = EEPROM_Read(3);
  workhour = EEPROM_Read(4);
}

//BCD 码转十进制
unsigned char BcdToDec2(unsigned char bcd)
{
  unsigned char temp1,temp2;
  temp1 = (bcd&0xf0)>> 4;
  temp2 = bcd&0x0f;
  temp2 = temp1 * 10 + temp2;
  return temp2;
}

//十进制转 BCD 码
unsigned char DecToBcd2(unsigned char dec)
```

```
{
  unsigned char temp1,temp2,temp3;
  temp1 = (dec/10)<< 4;
  temp2 = dec % 10;
  temp3 = temp1 + temp2;
  return temp3;
}

//判断是平年还是闰年
unsigned char LeapYear(unsigned char year)
{
  unsigned int temp_year;
  unsigned char temp;
  temp = BcdToDec2(year);
  temp_year = 2000 + temp;
  if(temp_year % 4 == 0)                         //必须能被 4 整除
   {
     if(year % 100 == 0)
      {
        if(year % 400 == 0)
          return 1;                              //如果以 00 结尾,还要能被 400 整除
        else
          return 0;
      }
     else
      return 1;
   }
  else
   return 0;
}

//输入当前年月日,得到相对于 2014 年 1 月 1 日的天数
unsigned int TotalDay(unsigned char syear,unsigned char smonth,unsigned char sdate)
{
  unsigned int t;
  unsigned int tempyear;
  unsigned int daycount = 0;
  unsigned char temp1 = 0;
  unsigned char temp2 = 0;
  unsigned char month = 0;
  unsigned char date = 0;
date = BcdToDec2(sdate);
  month = BcdToDec2(smonth);
  tempyear = 2000 + BcdToDec2(syear);            //得到当前年份
  for(t = 2014;t < tempyear;t++)
   {
     if(LeapYear(t))
       daycount += 366;
     else
       daycount += 365;
   }
```

```
    month -= 1;
    for(t = 0;t < month;t++)
     {
        daycount += (unsigned int)mon_table[t];
     }
     daycount += date - 1;
    return daycount;
}

//输入当前年月日,得到下一次浇水的日期
unsigned char NextWaterTime(unsigned char syear,unsigned char smonth,unsigned char sdate)
{
   unsigned int tempyear = 0;
   unsigned char tempday = 0;
   tempyear = 2000 + BcdToDec2(syear);              //得到当前年份
   tempday = BcdToDec2(sdate) + idate;
   switch(smonth)
    {
      case 0x01:
      case 0x03:
      case 0x05:
      case 0x07:
      case 0x08:
      case 0x10:
      case 0x12: if(tempday > 31)
                   tempday = tempday - 31;
                 break;
      case 0x04:
      case 0x06:
      case 0x09:
      case 0x11: if(tempday > 30)
                   tempday = tempday - 30;
                 break;
      case 0x02: if(LeapYear(tempyear))
                   tempday = tempday - 29;
                 else
                   tempday = tempday - 28;
                 break;
      default: break;
    }
    return tempday;
}


//初始化函数
void Init(void)
{
   DDB7_bit = 1;
   DDB6_bit = 1;
   PORTB7_bit = 0;
   PORTB6_bit = 0;
```

```
    DDRD = 0xff;
    DDRC = 0xff;
    DDRB& = 0xf8;
    TCCR0  =  0x05;
    TCNT0  =  217;                                    //0xB2
    TIMSK  =  0x01;

    lcd_1602init();
    ds1302_init();
     SREG.SREG_I  =  1;
  }

  void main()
  {
    unsigned char i;
    Init();
    ds1302_writetime(0x14,0x11,0x12,0x10,0x00,0x00,0x05);
    if(EEPROM_Read(0) == 0xA5)
     Release_EEPROM();
    while(1)
    {
      ds1302_readtime();                              //读出时间
      ds1302_display();                               //显示
      daycnt  =  TotalDay(rec_time[6],rec_time[4],rec_time[3]);
                                                      //算出当前日期相对于 2014.1.1 的天数
      temphour  =  BcdToDec2(rec_time[2]);            //转码
      tempworkhour  =  BcdToDec2(rec_time[1]);        //转码
      if(daycnt % idate == 0&&nexthour == temphour)  //达到浇水时间
       {
         nextdate  =  NextWaterTime(rec_time[6],rec_time[4],rec_time[3]); //算出下次浇水时间
         if(tempworkhour < workhour)                  //开始浇水
          {
            flag2  =  0;
            PORTB6_bit  =  1;
            if(flag1 == 0)
             {
               flag1  =  1;
               for(i = 0;i < 5;i++)                   //蜂鸣器慢速响 5 次
                {
                  PORTB7_bit  =  1;
                  delay_ms(100);
                  PORTB7_bit  =  0;
                  delay_ms(100);
                }
             }
          }
         else                                         //结束浇水
          {
           flag1  =  0;
           PORTB6_bit  =  0;
           if(flag2 == 0)
```

```
            {
              flag2 = 1;
              for(i = 0;i < 50;i++)                    //蜂鸣器快速响 5 次
               {
                  PORTB7_bit = 1;
                  delay_ms(50);
                  PORTB7_bit = 0;
                  delay_ms(50);
               }
            }

          }
       }
      else
          PORTB6_bit = 0;
       KeyValue = KeyScan();                         //按键扫描
       KeyProcess(KeyValue);                         //按键处理
      Save_EEPROM();                                 //信息存储
    }
}
```

调试完成后，可以接上水泵进行实际测试，是否满足设计要求。

5.7 思考

1. 定时浇水的缺点就是不能够根据花的需水量进行浇水，如果加入土壤传感器，通过检测土壤湿度来确定浇水时间及浇水量，则该如何来实现？

2. 加入适当的硬件，能够实现远程控制，试进行设计。

项目 6

全自动智能豆浆机设计

6.1 项目任务

设计一个全自动智能豆浆机，加入干豆或者湿豆及冷水后，能够一键操作实现豆浆的制作。

6.2 方案设计

根据对市场上销售的智能豆浆机调研结果，在集合豆浆机共有功能的基础上，这里给出一个智能豆浆机参考方案，如图 6-1 所示。

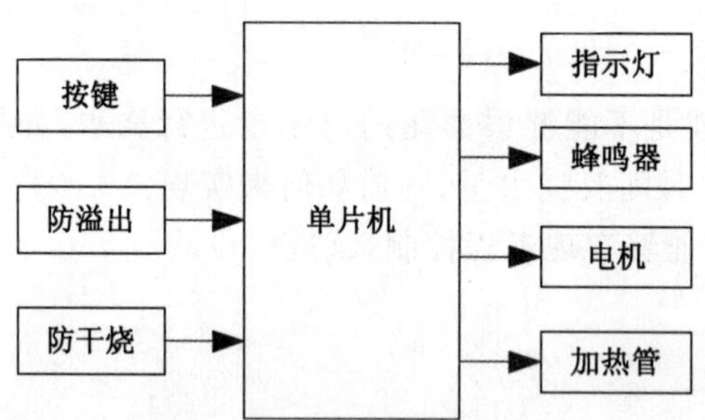

图 6-1 豆浆机参考方案

豆浆机主要功能是打豆浆，后期可以拓展其他功能，增加米糊和搅拌等功能。智能豆浆机具体功能如下。

(1) 豆浆机面板上设置有三个按键和三个指示灯，分别为豆浆、米糊和搅拌功能。按下对应的按键时，相应的 LED 指示灯亮。工序完成后，LED 指示灯闪亮，蜂鸣器响 1min，然后 LED 指示灯灭。

(2) 以打豆浆过程为例，豆浆按键功能按下后，工作过程要求如下：

① 等待 2s。

② 预搅拌 3s。

③ 加热限时 4min，如果防溢出碰针，则停止加热。

④ 搅打 10s，停止 5s。

⑤ 加热到碰针，如果没有碰针，则以 10min 为限。

⑥ 加热 2s，停 7s，限时 1min；如果碰针，则停 20s，限时 1min。

⑦ 加热限时7min,以加热3s,停5s方式加热；如果碰针停20s。

完成打豆浆过程。

(3) 出现挂泡的情况是指碰针时间持续40s以上。

(4) 缺水：缺水时,电源立即断开,加热管和电机停止工作,三个LED灯齐亮,蜂鸣器响。

(5) 满水：启动后,若检测到有碰针信号,则停止工作,蜂鸣器响。

6.3 原理图设计

6.3.1 豆浆机按键、指示灯原理图绘制

在设计过程中,为节省单片机的I/O端口,采用按键和指示灯复用单片机端口的设计方式,由于按键、指示灯对单片机的I/O端口没有特殊要求,只需要接到单片机的普通I/O端口上就可以。这里接到ATmega8单片机的PD0～PD3端口,豆浆机按键及指示灯电路如图6-2所示。

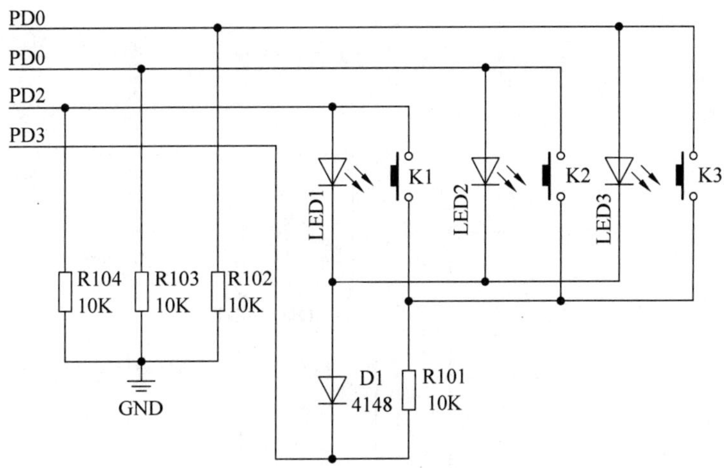

图6-2　豆浆机按键及指示灯电路

采用这种方法设计,可节省单片机的端口。这里以K1和LED1为例,说明按键、指示灯的控制方法。在进行按键检测时,需要将PD0设置为输入,PD3设置为输出,并且在硬件电路上,PD0端口接下拉电阻。这样,操作时,PD3输出为高电平,由于PD0接下拉电阻,在没有按键按下时,PD0读到的电平状态为0；当有按键按下时,PD0读到的电平状态为1,即可确定是否有按键按下。在控制LED亮灭时,需要将PD0和PD3设置为输出,并且PD0为高电平,PD3为低电平才能点亮LED灯。由于按键和LED灯不能够同时操作,只能采用分时扫描的方法进行操作。

6.3.2 豆浆机加热、搅拌电路

豆浆的加热和搅拌都是使用220V交流电供电的设备,单片机无法直接控制加热管和电机,要通过弱电控制强电的器件进行控制。弱电控制强电常用的器件就是继电器,这里也

是用继电器进行控制的，采用两个继电器进行两级控制。一个继电器作为总开关的控制，另一个继电器作为加热管和电机的控制。单片机控制继电器一般是通过一个三极管进行控制的。单片机的 PC2 和 PC3 引脚分别控制两个继电器，电路如图 6-3 所示。

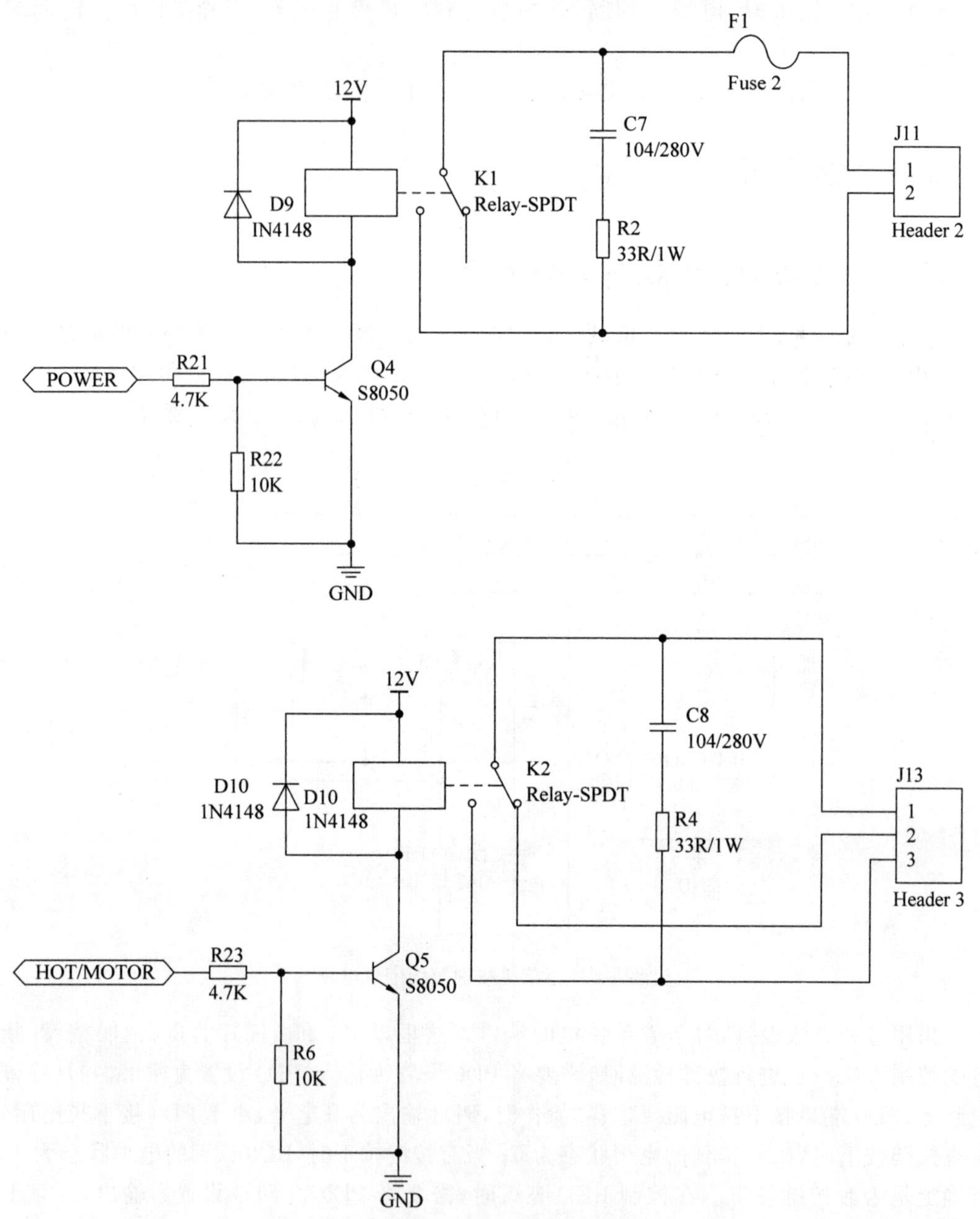

图 6-3　豆浆机加热和搅拌控制电路

电路中三极管基极的两个电阻起限流的作用。二极管 D5、D6 的作用是续流，由于继电器的线圈是感性元件，变化的电流通过线圈时线圈会产生自感电动势，根据法拉第电磁感应定律，自感电动势的大小与通过线圈的电流变化率成正比，所以当断开电源瞬间电流变化率很大，线圈将产生高于电源电压数倍的自感电动势，并与电源电压叠加，这样高电压容易损坏电路上的三极管，在线圈两端并接上二极管，形成回路，使线圈产生的高电动势在回路以续流方式消耗，从而起到保护电路中元器件不被损坏。

利用三极管的开关作用，单片机的PC2端口输出低电平，三极管Q1截止，继电器的线圈不得电，继电器不动作，关闭电机和加热管；单片机的PC2端口输出高电平，三极管Q1饱和导通，继电器线圈得电，继电器吸合，打开总开关。单片机的PC3引脚控制的是加热管和电机工作，在总控制开关打开（PC2引脚输出1）情况下，当PC3引脚输出低电平时，三极管Q2截止，继电器不动作，触点接到电机端，电机转动；当PC3引脚输出高电平时，三极管Q2饱和导通，继电器吸合，触点接到加热管端，开始加热。

6.3.3　防干烧和防溢出电路

为防止豆浆在制作过程中由于加热原因使得豆浆泡沫溢出和水位低于某一限度而造成干烧，电路中加入了防干烧和防溢出电极。最短的探针为防溢出电极，中等长度的为防干烧电极，最长的为5V供电，通过电机的轴实现供电，如图6-4所示。

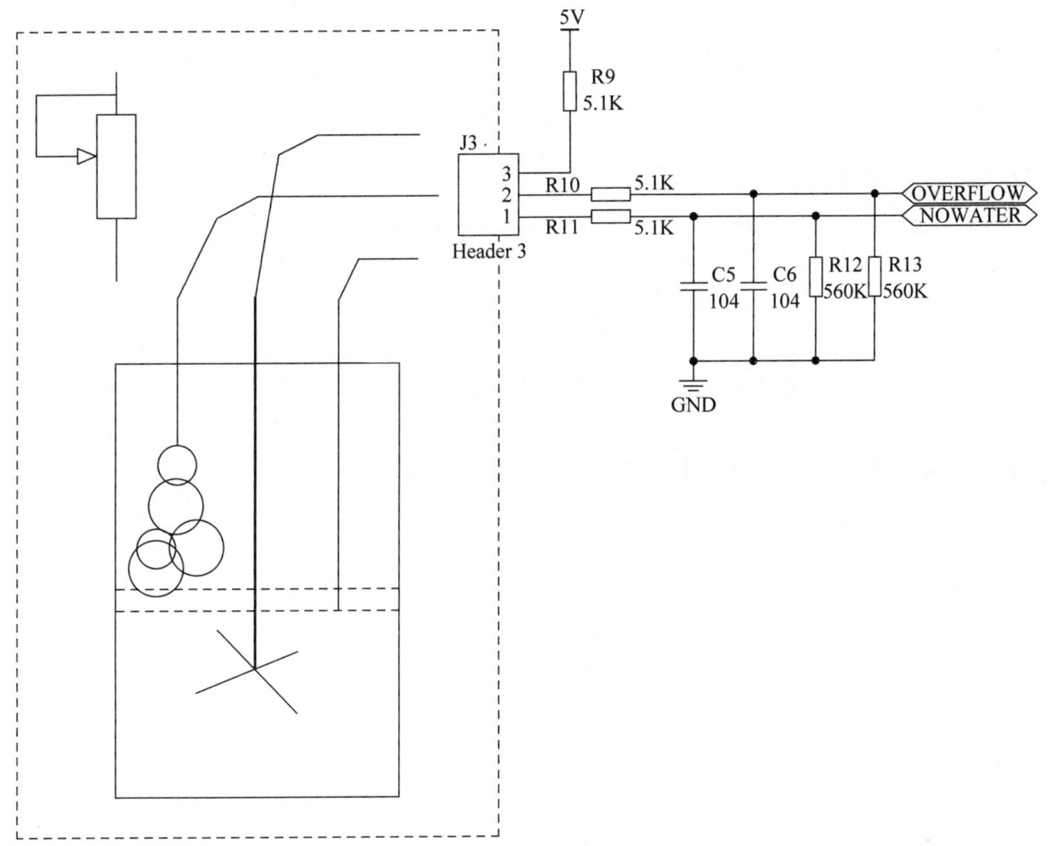

图6-4　防干烧和防溢出电路

由于水具有导电性，当防干烧探针浸入水中时，防干烧电极和5V电源形成回路，ADC1端口读到的电平比较高，靠近5V；当水位低于防干烧电极时，防干烧电极和5V电源无法形成回路，由于单片机端口外部下拉电阻R6的作用，单片机的ADC1端口读到的为靠近0V的电压值，编程可实现报警。同理，当防溢出电极没有挂泡时，防溢出电极和5V电源没有形成回路，由于 R4 电阻的下拉作用，单片机 ADC0 端口读到的为靠近 0V 的电压值；当加热时，泡沫上升，接触到防溢出探针时，防溢出电极和 5V 电源形成回路，ADC0 读到的为靠近 5V 的电压值，编程可实现报警。

6.3.4 电源电路

豆浆机电源（其电路如图 6-5 所示）供电适合于 220V/50Hz 和 110V/60Hz 交流供电方式，通过变压器将电压变为 9V 的交流电源，通过整流桥进行整流变为 12V 的直流电源为继电器电路供电，12V 的直流电源通过 7805 稳压输出稳定的 5V 为单片机和其他电路供电。

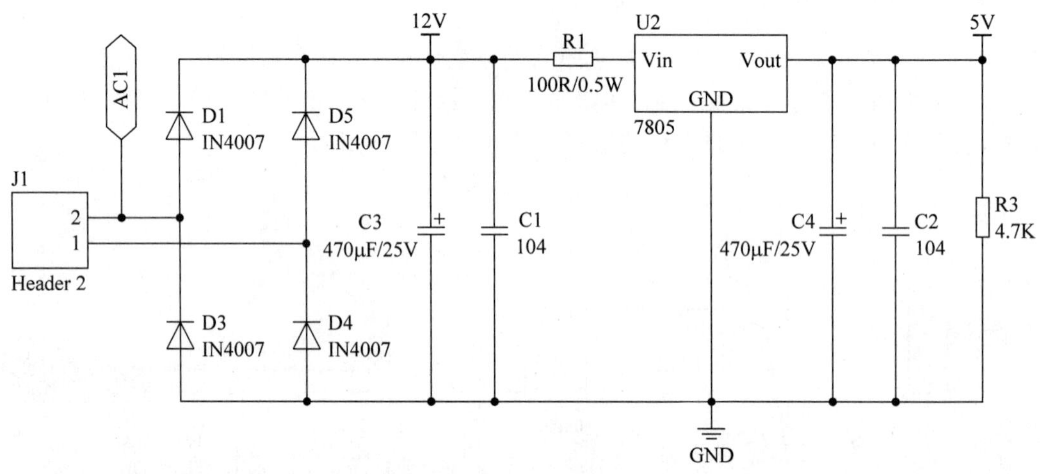

图 6-5 电源电路

同时本电路采用交流电输入到单片机，由于交流电为正弦波，交流电每个周期在正的方向上有且仅有一个上升沿，单片机检测上升沿之间的时间间隔是固定的 1/50s 或者 1/60s。这样将交流电作为一个定时器来使用，是一个很巧妙的应用。

6.3.5 单片机电路

为了更好地学习 AVR 单片机，本项目中没有在成本上考虑处理器的选择，而是延续之前学过的单片机。单片机电路模块主要包含了 ATmega8 单片机及其外围复位电路、模拟电源电路和 ISP 电路，还有和按键面板的接口电路，交流检测电路，50Hz 和 60Hz 切换电路，如图 6-6 所示。

6.3.6 顶层原理图

整个豆浆机控制板的顶层原理图如图 6-7 所示。

在绘制原理图或者绘制完成原理图后要对每一个元件的封装进行设置，如果电路板中的封装用的不是封装库中默认的封装，则需要对封装进行修改。如果封装库里没有，则需要根据数据手册或者测量尺寸，绘制封装，然后再添加进去。

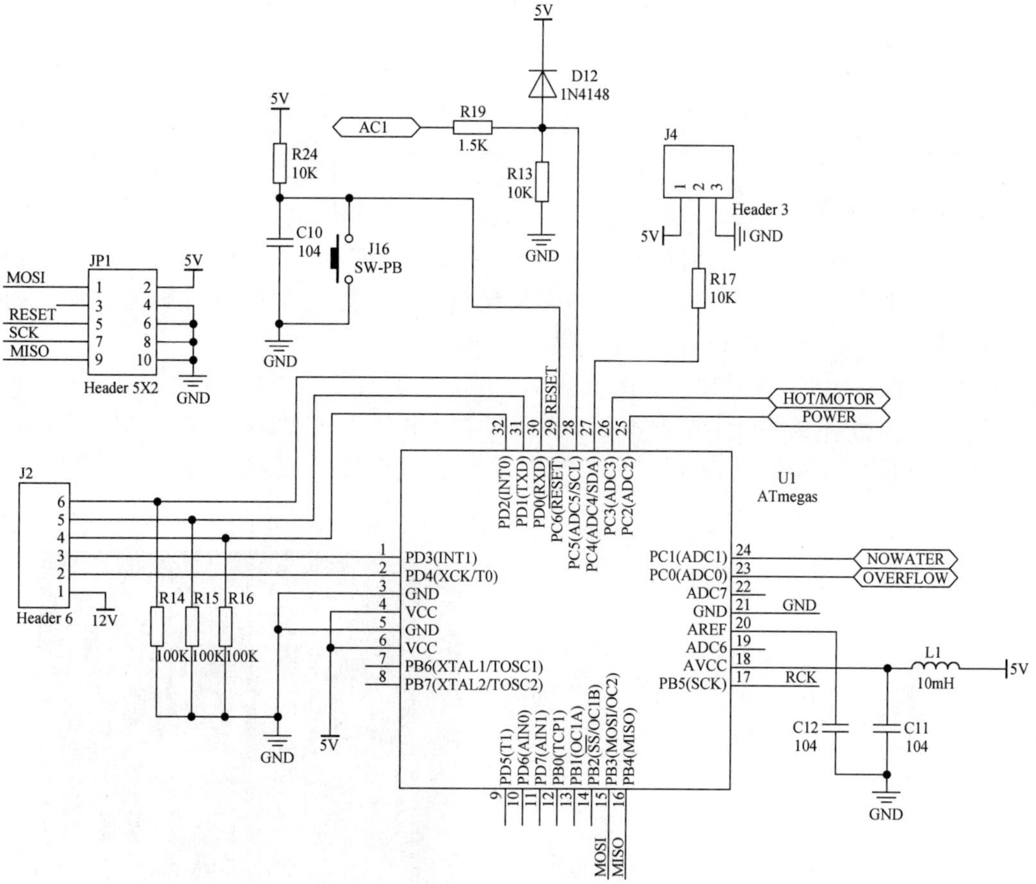

图 6-6　单片机电路

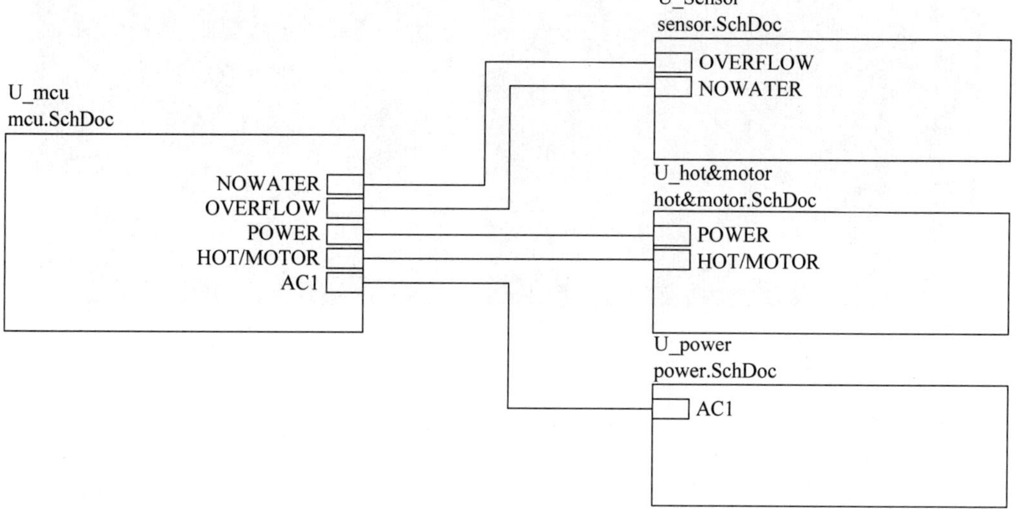

图 6-7　豆浆机顶层原理图

6.4 PCB设计

6.4.1 PCB外形尺寸确定

按照产品的机械结构，确定电路板的外形及尺寸。没有特殊要求时，一般设置为矩形即可。在豆浆机中包含两块电路板，分别是主控板和按键面板。根据豆浆机机械结构，主控板设计为矩形即可，尺寸为 95mm * 52mm；而按键面板由于机械结构原因，要设计成特殊形状，最大尺寸为 71mm * 45mm，圆弧半径为 39.3mm。

在豆浆机.PrjPCB项目中新建两个PCB文档：豆浆机主板.PCBDOC和豆浆机面板.PCBDOC，用来绘制豆浆机主控板和豆浆机面板。PCB外边框绘制可以采用 Mechanical 1 或者 Keep-Out Layer 层，PCB厂家在制作PCB时，这两个层都认为是外形边框。绘制两个板的外形边框如图6-8所示。

图 6-8 两个PCB板的外形边框尺寸

6.4.2 豆浆机PCB布局

将各元件封装库添加完毕，将原理图导入到PCB。导入到PCB后，先大致浏览一下PCB图中是否缺少元器件或者封装错误的情况。如果缺少元器件，则对缺少的元器件到原理图中添加封装，再次导入到PCB；如果封装错误则先在PCB中删除元器件的错误封装，然后切换到原理图中，对该元器件进行封装替换，再次导入到PCB即可。

根据 PCB 的布局规则和电路实际要求，对元器件进行布局，布局完成后如图 6-9 所示。

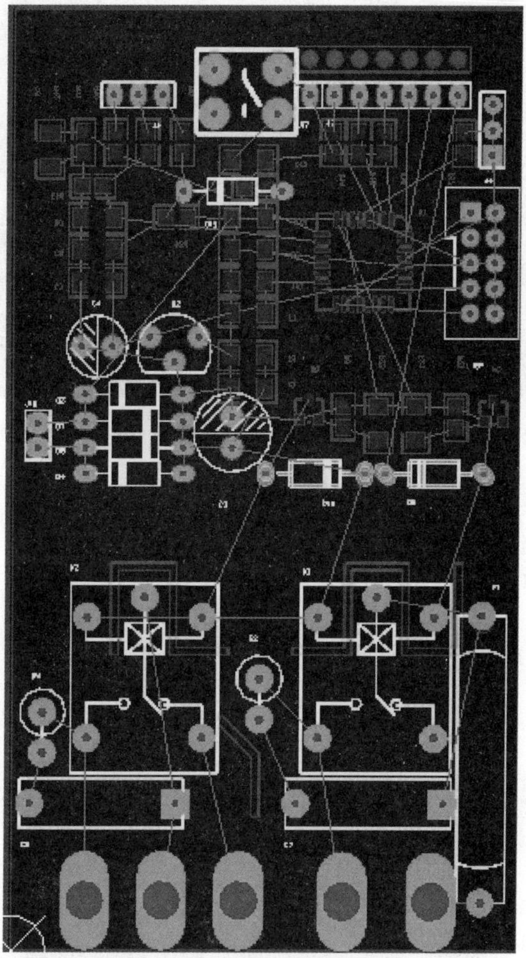

图 6-9　豆浆机 PCB 布局图

布局中由于要用继电器控制 220V 的交流电，为防止交流电工频对单片机的干扰，将继电器尽量远离单片机放置。同时为了加强 220V 交流电在 PCB 上的爬电距离，应加强绝缘，使产品更加安全，在弱电与强电之间进行了开槽，开槽宽度一般至少要有 1mm 的宽度（对于爬电距离和槽宽关系在 IEC61347 标准中有说明）。

豆浆机按键面板电路比较简单，布局按照机械结构进行布局即可。豆浆机接键面板布局如图 6-10 所示。

豆浆机面板布局时主要要注意和机械结构的统一，要根据机械结构的按键、蜂鸣器位置进行布局即可。

6.4.3　豆浆机电路板布线

电路板的布线要结合电路板实际情况以及布线规则进行布线。豆浆机电路板采用双面布线，为设计者降低了布线难度。对于信号线，由于只表征电平的高低，线用较细的就可以，对于电源等大电流的走线，要尽量粗，而对于高压大电流的走线，由于受走线宽度和铜箔厚

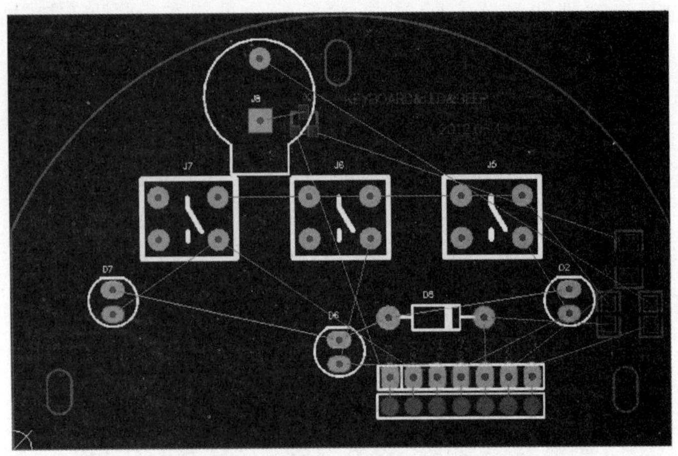

图 6-10　豆浆机按键面板布局

度限制不能过太大电流时，可以在这条走线的阻焊层进行开窗，在 PCB 焊接时加焊锡或者铜线，以增大电流。

豆浆机主控板布线图如图 6-11 所示。

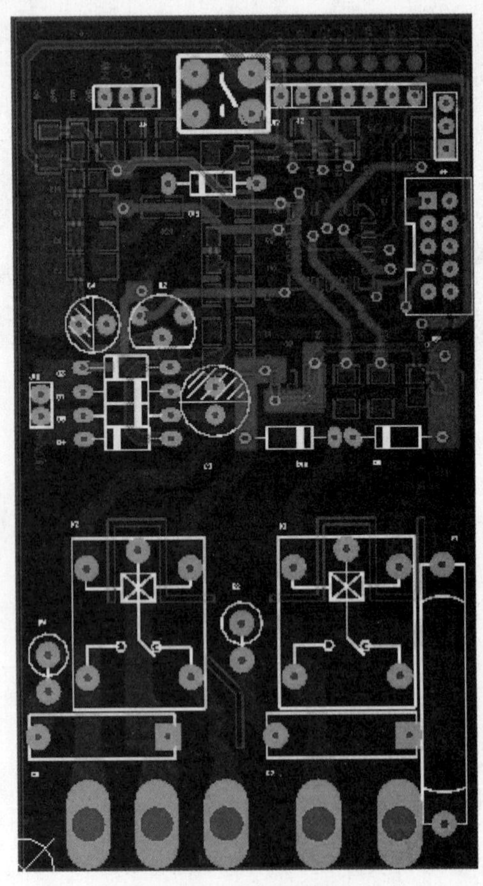

图 6-11　豆浆机主控板布线图

豆浆机按键面板布线图如图 6-12 所示。

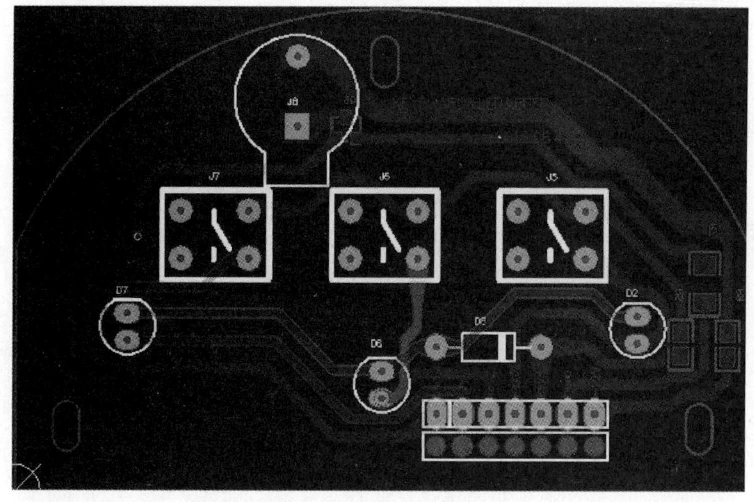

图 6-12　豆浆机按键面板布线图

将绘制好的电路板发到 PCB 厂家进行制作，大概 3～4 天即可制作完成。拿到制作好的电路板，根据原理图对元件进行焊接。焊接完成后检查确认无误后，就可以进行后面的程序测试了。

6.5　电路及程序测试

6.5.1　电机、加热管电路测试

电机和加热管都是由 220V 交流电直接驱动的，电机和加热管的开关是由继电器控制的，电机和加热管的控制电路如图 6-13 所示，其中继电器 K1 是电机和加热管的总开关，常闭时是关总开关，常开时是开总开关；继电器 K2 用于选择电机搅拌还是加热管加热，常闭时是电机搅拌，常开时是加热管加热。三极管 Q4 驱动继电器控制 220V 的火线开断，当 Q4 的基极(POWER)为高电平时继电器吸合，接通火线，电机或者加热管就可以工作了；当 Q4 的基极为低电平时继电器线圈没有电流流过，继电器未吸合，电机和加热管的电源总开关关闭。三极管 Q5 驱动继电器控制用于选择电机搅拌还是加热管加热，当 Q5 的基极(HOT/MOTOR)为高电平时继电器吸合，接通加热管，如果 220V 电源总开关打开，豆浆机就开始加热；当 Q5 的基极(HOT/MOTOR)为低电平时继电器线圈没有电流流过，继电器没有动作，此时接通的是电机，如果 220V 电源总开关打开，豆浆机就开始搅拌。

根据豆浆机的原理图和控制原理，可以编写程序进行测试。测试方法如下。单片机上电后 2 秒内豆浆机的电机和加热管不动作，然后按照以下方式循环：加热管加热，加热 10 秒后电机搅拌，搅拌 3 秒然后电机和加热管停止动作，持续时间 5 秒。

按照测试要求，编写程序进行测试，Q4 的基极(POWER)通过电阻接到单片机的 PC2 引脚，Q5 的基极(HOT/MOTOR)通过电阻接到单片机的 PC3 引脚。测试代码如下：

```
void main()
```

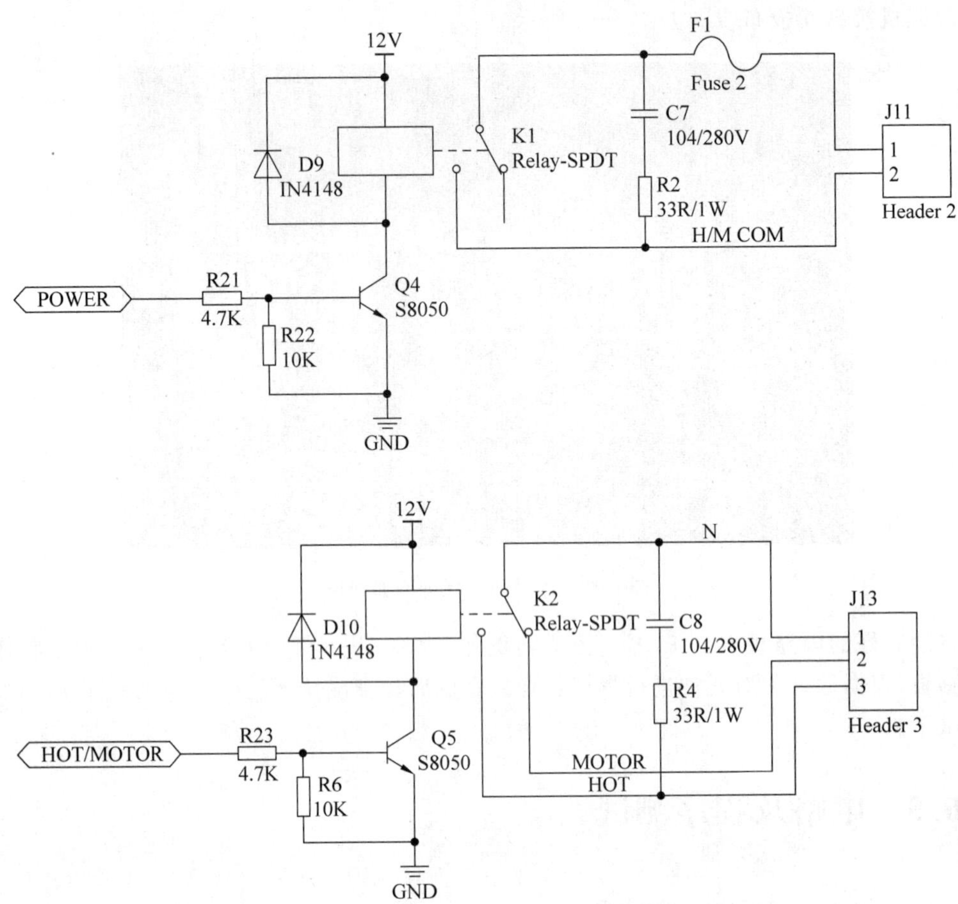

图 6-13　电机和加热管的控制电路

```
{
  DDC2_bit = 1;                //端口设置为输出
  DDC3_bit = 1;                //端口设置为输出
  PORTC2_bit = 0;              //端口输出为 0,断开电源开关
  PORTC3_bit = 0;              //端口输出为 0
  delay_ms(2000);              //延时 2s
  while(1)                     //循环
  {
    PORTC2_bit = 1;            //打开电源开关
    PORTC3_bit = 1;            //切到加热管加热
    delay_ms(10000);           //加热 10s
    PORTC3_bit = 0;            //切到电机搅拌
    delay_ms(3000);            //搅拌 3s
    PORTC2_bit = 0;            //关闭总开关
    delay_ms(5000);            //停 5s
  }
}
```

程序编译下载后,打开电源观察现象是否符合预期。

6.5.2　蜂鸣器电路测试

豆浆机的蜂鸣器安装在按键面板上，而单片机在豆浆机主控板上，需要通过连接端子进行连接后测试。蜂鸣器采用的是有源蜂鸣器，直接用单片机的高低电平驱动即可。由于无法用单片机的 IO 直接驱动，需要通过三极管驱动，如图 6-14 所示。单片机的 PD4 引脚驱动蜂鸣器，测试方法如下：蜂鸣器每隔 2 秒响一次，响的时间持续 1 秒，如此循环。

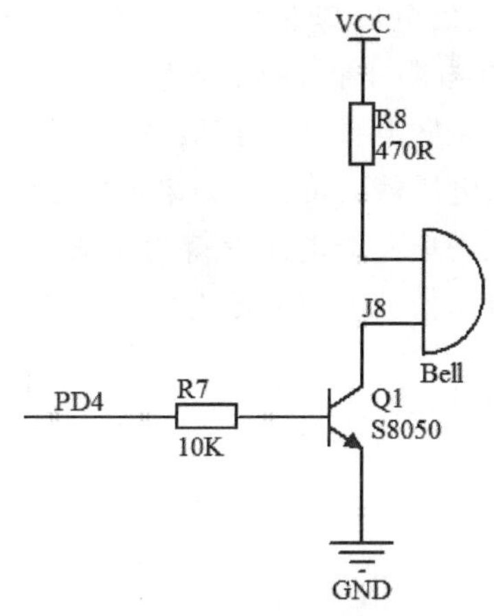

图 6-14　蜂鸣器驱动电路

根据原理图可知，当单片机 PD4 引脚为低电平时，三极管 Q1 截止，蜂鸣器不响；PD4 引脚为高电平时，三极管 Q1 导通，蜂鸣器响。蜂鸣器测试程序如下：

```
void main()
{
  DDD4_bit = 1;                //端口设置为输出
  PORTD4_bit = 0;              //端口初始值设置为 0,蜂鸣器不响
  while(1)                     //循环
  {
   PORTD4_bit = 1;             //蜂鸣器响
   delay_ms(1000);             //响 1s
   PORTD4_bit = 0;             //蜂鸣器不响
   delay_ms(2000);             //不响持续 2s
  }
}
```

编译下载程序后，观察是否符合预期要求。

6.5.3　干烧和溢出电路测试

干烧和溢出是智能豆浆机的重要组成部分。其电路原理图如图 6-15 所示。

防溢出探头一般是外径 5mm，有效长度 15mm，位于杯体上方的不锈钢电极。它通过一个电阻接到单片机的 A/D 端口并通过下拉电阻下拉，而加热管的外壳通过一个上拉电阻接到 5V 电源。由于豆浆也是导体，熬煮豆浆时，如果豆浆煮沸后泡沫碰触到防溢出探头，豆浆就作为导体，接通了防溢出探针和 5V 电源，单片机 A/D 端口采集到的模拟电压就会

增大；如果豆浆没有触碰到防溢出探头，单片机 A/D 端口采集到的电压保持为定值不变。只要找到泡沫碰到探针和没有碰到探针的临界点的电压值，根据这个电压值就可以判断有没有溢出了。

防干烧探头是一根较长的不锈钢外壳，伸到豆浆机杯体底部。杯体水位正常时，防干烧电极下端应当被浸泡在水中。当杯体中水位偏低或者无水，或机头被提起，并使防干烧探头下端离开水面时，单片机通过防干烧电极检测到这种状态后，为保证安全，将禁止豆浆机工作。防干烧电极检测原理和防溢出电极基本上是一样的。它也是通过一个电阻接到单片机的另一个 A/D 端口并通过下拉电阻下拉，而加热管的外壳通过一个上拉电阻接到 5V 电源。熬煮豆浆时，如果豆浆机水位降到防干烧探针以下，防干烧探针和 5V 电源断开连接，单片机 A/D 端口采集到的模拟电压就会降低；如果水位在防干烧探针以上，防干烧探针和 5V 电源连通，单片机 A/D 端口采集到的电压保持为定值不变。只要找到干烧和没有干烧的临界点的电压值，根据这个电压值就可以判断有没有干烧了。

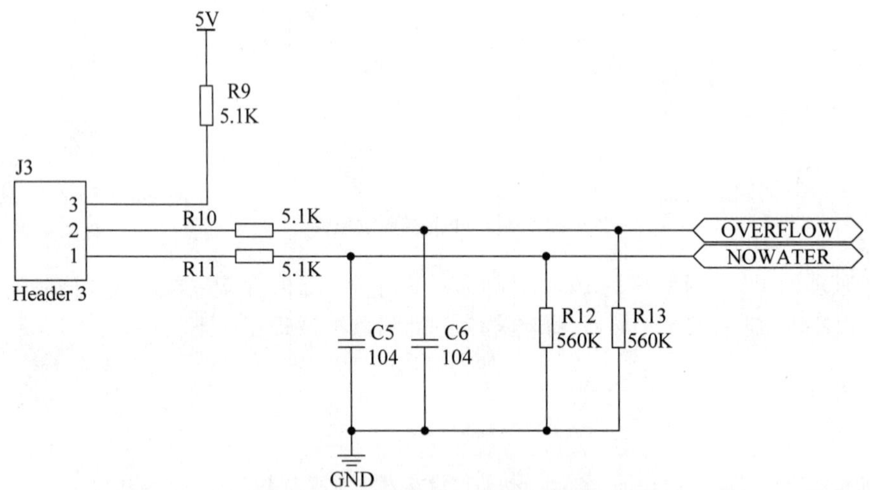

图 6-15　干烧和溢出电路原理图

根据防干烧和防溢出的原理，测试是否防干烧和防溢出的方法如下。

1. 测试防溢出

为能够测量出豆浆溢出和没有溢出的临界点，可以采用万用表的电压挡来测量。当豆浆没有溢出时，测量图 6-15 中防溢出的 A/D 引脚(OVERFLOW)得到一个电压值，反复测量几次，取其平均值得到电压值 V_1 作为无溢出时基准电压；加热豆浆当豆浆刚刚有溢出时，测量防溢出的 A/D 引脚(OVERFLOW)得到另外一个电压值，同样反复测量几次，取其平均值得到电压值 V_2 作为刚刚溢出时基准电压。理论上取 $V_1 \sim V_2$ 之间的任何一个电压值都可以作为防溢出的基准电压，这里我们取防溢出的基准电压为 $V_0=(V_1+V_2)/2$ 左右。通过多次的测试得到防溢出的基准电压 $V_0=2.89\text{V}$，将这个电压值转换为数字量为 $D_0=591$。测试时如果测量得到防溢出的 A/D 转换通道的数字量大于基准数字量 D_0，程序控制关闭加热管，检测到没有溢出时再开启加热管。

2. 测试防干烧

为能够测量出豆浆干烧和没有干烧的临界点，也采用万用表的电压挡来测量。当豆浆没有干烧时，测量图 6-15 中防干烧的 A/D 引脚（NOWATER）得到一个电压值，反复测量几次，取其平均值得到电压值 V_3 作为无干烧时基准电压。倒出一部分豆浆，使豆浆机处于干烧状态，测量防干烧的 A/D 引脚（NOWATER）得到另外一个电压值，同样反复测量几次，取其平均值得到电压值 V_4 作为干烧时基准电压。理论上取 $V_3 \sim V_4$ 之间的任何一个电压值都可以作为防干烧的基准电压，这里取防干烧的基准电压为 $V_N=(V_3+V_4)/2$ 左右。通过多次的测试得到防干烧的基准电压 $V_N=0.32V$，将这个电压值转换为数字量为 $D_N=65$。测试时如果测量得到防干烧的 A/D 转换通道的数字量小于基准数字量 D_N，程序控制关闭加热管，豆浆机停止工作。

具体测试方法是：使用按键面板上的 LED 灯作为干烧和溢出的指示灯。D6（PD1 引脚）指示干烧，当有干烧时 D6 灯点亮；D7（PD0 引脚）指示溢出，当有溢出时 D7 灯点亮。

豆浆机干烧和溢出测试程序流程图如图 6-16 所示。

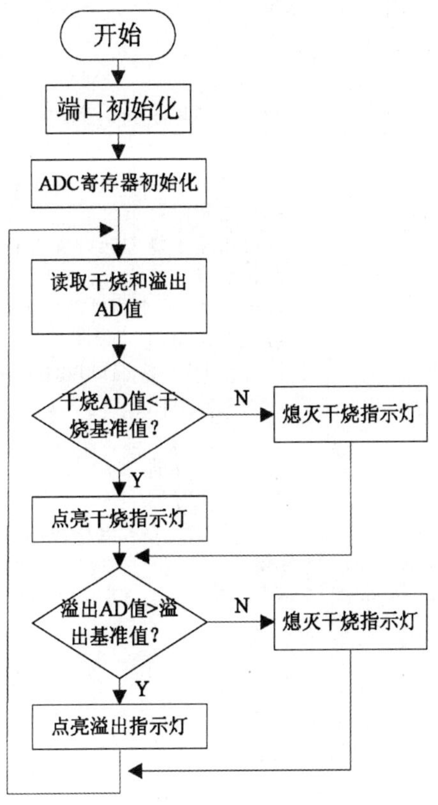

图 6-16　豆浆机干烧和溢出测试程序流程图

测试程序如下：

```
#define ganshao_DDR          DDC1_bit        //干烧 A/D 端口
#define ganshao_PORT         PORTC1_bit
#define yichu_DDR            DDC0_bit        //溢出 A/D 端口
#define yichu_PORT           PORTC0_bit
#define ledcom_DDR           DDD3_bit        //LED 公共端口
#define ledcom_PORT          PORTD3_bit
#define ganshao_FLAG_DDR     DDD1_bit        //干烧指示 D6 灯端口
```

```
#define ganshao_FLAG_PORT       PORTD1_bit
#define yichu_FLAG_DDR          DDD0_bit          //溢出指示 D7 灯端口
#define yichu_FLAG_PORT         PORTD0_bit
#define ganshao_value           128               //干烧设定的基准值
#define yichu_value             129               //溢出设定的基准值

unsigned int ganshao_AD;              //干烧的 AD 值
unsigned int yichu_AD;                //溢出的 AD 值

/*****************************************
函数名称: void AD_Init()
函数功能: LED 指示灯端口初始化,AD 转换端口初始化,AD 转换寄存器初始化
入口参数: 无
返回值: 无
*****************************************/
void AD_Init()
{
  //端口设置
  ledcom_DDR = 1;                     //LED 公共端方向设置为输出
  ledcom_PORT = 0;
  ganshao_FLAG_DDR = 1;               //干烧指示灯方向设置为输出
  ganshao_FLAG_PORT = 0;              //初始指示灯灭
  yichu_FLAG_DDR = 1;                 //溢出指示灯方向设置为输出
  yichu_FLAG_PORT = 0;                //初始指示灯灭
  ganshao_DDR = 0;                    //干烧 AD 转换端口设置为输入
  ganshao_PORT = 0;                   //无上拉电阻
  yichu_DDR = 0;                      //溢出 AD 转换端口设置为输入
  yichu_PORT = 0;                     //无上拉电阻
  //AD 转换寄存器设置
  ADCSRA = 0;                         //清除寄存器
  ADMUX = 0;                          //清除寄存器
  ADMUX|= (1<<REFS0);                 //AVCC 作为参考电压源,右对齐,第 0 通道
  //使能 ADC,开始转换,连续转换,128 分频
  ADCSRA|= (1<<ADEN)|(1<<ADSC)|(1<<ADFR)|(1<<ADPS0)|(1<<ADPS1)|(1<<ADPS2);
}

/*****************************************
函数名称: unsigned int AD_read(unsigned int ADIO)
函数功能: 读取干烧和溢出通道的 AD 转换值
入口参数: AD 转换通道,取值为 0 或 1
返回值: 对应通道 AD 转换值
*****************************************/

unsigned int AD_read(unsigned char ADIO)
{
  unsigned int AD_Value = 0;
  ADMUX&= 0xf0;                       //清除,默认到 0 通道
  ADMUX|= ADIO;                       //更改 AD 通道
  ADCSRA|= (1<<ADSC);                 //开始转换
  while(!(ADCSRA&(1<<ADIF)));         //等待转换结束
  ADCSRA |= (1<<ADIF);                //清零标志位
```

```
    AD_Value = ADCL;                    //存放 AD 转换值
    AD_Value| = (ADCH << 8);
    return AD_Value;
  }

  /*******************************************
  函数名称: void check()
  函数功能: 检测是否干烧和溢出,并给出指示
  入口参数: 无
  返回值: 无
  *******************************************/
  void check()
  {
    ganshao_AD = AD_read(0);            //读取干烧 AD 转换值
    yichu_AD = AD_read(1);              //读取溢出 AD 转换值
    if(ganshao_AD < ganshao_value)      //如果有干烧
     {
       ganshao_FLAG_PORT = 1;           //干烧指示灯亮
       delay_ms(100);
     }
    else
      ganshao_FLAG_PORT = 0;            //干烧指示灯灭
    if(yichu_AD > yichu_value)          //如果有溢出
     {
       yichu_FLAG_PORT = 1;             //溢出指示灯亮
       delay_ms(100);
     }
    else
       yichu_FLAG_PORT = 0;             //溢出指示灯灭
  }

  /****************************************
                  主函数
  ****************************************/
  void main()
  {
    AD_Init();                          //端口和寄存器初始化
    while(1)
     {
       check();                         //干烧和溢出检测
     }
  }
```

编译下载程序,加热豆浆,观察现象是否符合预期要求。

6.5.4　按键和指示灯电路测试

按键是电子产品中重要的人机交互桥梁,用户可以通过按键对电子产品进行控制,修改参数等。按键种类很多,对于低端产品一般使用机械式按键。本豆浆机产品中处于节约单片机 IO 口的考虑,将独立按键和指示灯共用端口,但也提高了编程难度。其电路如图 6-17

所示，电路工作原理见项目 4。

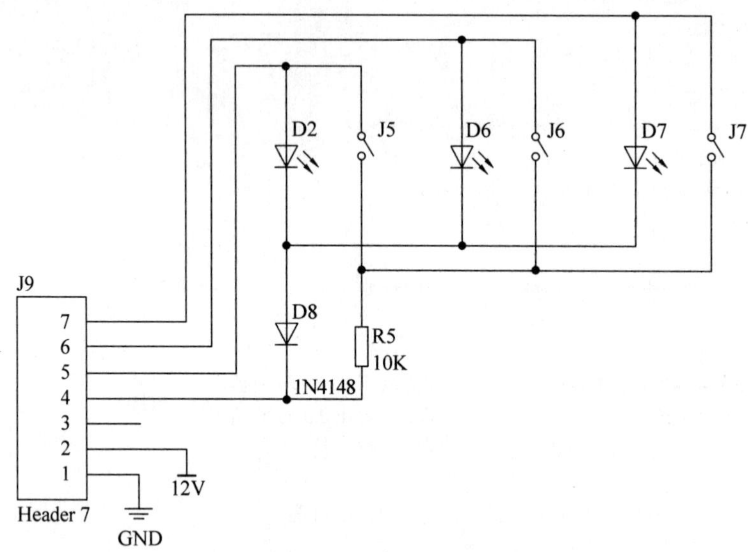

图 6-17　按键和指示灯电路

图 6-17 所示电路中，3 个 LED 灯和按键公共端接到了 ATmega8 单片机的 PD3 引脚，D2 和 J5 的另一端接到 PD2 引脚，D6 和 J6 的另一端接到 PD1 引脚，D7 和 J7 的另一端接到 PD0 引脚。

豆浆机一共有 3 个功能按键，可根据需要进行功能上的扩展，下面对按键进行测试，以验证电路是否正确。测试电路原理图见 6-17，测试方法是：按下按键，对应的 LED 灯亮起，按另外其中一个按键，对应的 LED 灯亮起，其他 2 个 LED 灯熄灭。测试程序如下：

```
#define KEY_1_0          0            //状态 0
#define KEY_1_1          1            //状态 1
#define KEY_1_2          2            //状态 2

#define Key1_init        DDD0_bit     //按键 1
#define Key2_init        DDD1_bit     //按键 2
#define Key3_init        DDD2_bit     //按键 3
#define Key1_PORT        PORTD0_bit
#define Key2_PORT        PORTD1_bit
#define Key3_PORT        PORTD2_bit
#define KeyRead1         PIND0_bit
#define KeyRead2         PIND1_bit
#define KeyRead3         PIND2_bit
#define KeyLedCOM_DDR DDD3_bit        //LED 灯公共端
#define KeyLedCOM_PORTPORTD3_bit

#define Led1_init        DDD0_bit     //LED 灯
#define Led2_init        DDD1_bit     //LED 灯
#define Led3_init        DDD2_bit     //LED 灯
#define Led1_PORT        PORTD0_bit
#define Led2_PORT        PORTD1_bit
```

```
#define Led3_PORT      PORTD2_bit
#define KeyLedCOM_POR PORTD3_bit

#define KeyScan_init  0
#define KeyScan       1
#define LedShow_init  2
#define LedShow       3

unsigned char key1_state = 0, key1_return = 0;     //定义静态变量
unsigned char key2_state = 0, key2_return = 0;     //定义静态变量
unsigned char key3_state = 0, key3_return = 0;     //定义静态变量
unsigned char KeyReturnToMain = 0;                 //存储按键状态
unsigned char KeyRead;                             //存储读取的按键值
unsigned char key_1 = 0;                           //扫描得到的按键值
unsigned char key_2 = 0;                           //扫描得到的按键值
unsigned char key_3 = 0;                           //扫描得到的按键值
unsigned char show = 0;                            //LED 显示

/*********************************************
函数名称: void key_init(void)
函数功能: 按键 IO 端口初始化
入口参数: 无
返回值: 无
*********************************************/
void key_init(void)
{
  Key1_init  =  0;                                 //KEY1 端口设置为输入
  Key2_init  =  0;                                 //KEY2 端口设置为输入
  Key3_init  =  0;                                 //KEY3 端口设置为输入

  Key1_PORT  =  0;                                 //按键端口无上拉电阻
  Key2_PORT  =  0;
  Key3_PORT  =  0;

  KeyLedCOM_DDR  =  1;                             //按键公共端方向设置为输出
  KeyLedCOM_PORT  =  1;                            //端口初始电平设置为输出,对于按键相当
于上拉
}

/**********************************************
函数名称: unsigned char KeyScane_1(void)
函数功能: 按键 1 扫描函数
输入参数: 无
返回值: 按键值
**********************************************/
unsigned char KeyScane_1(void)
{
  switch(key1_state)
  {
      case KEY_1_0:
                 if(KeyRead1)                      //如果是状态 1 并且按键按下去了
```

```
                {
                  key1_state = KEY_1_1;          //状态切换到 1
                  key1_return = 0;
                }
              break;
        case KEY_1_1:
              if(KeyRead1)                       //如果 10ms 后按键按下状态再次确认
                {
                  key1_state = KEY_1_2;          //按键状态切换到 2
                  key1_return = 1;               //返回值为 1,确认有按键按下
                }
              else
                 key1_state = KEY_1_0;           //没有按键按下,返回状态 0
              break;
        case KEY_1_2:
              key1_return = 0;
              if(!KeyRead1)                      //判断按键是否松开
                 key1_state = KEY_1_0;           //切换到状态 0
              break;
        default: break;
    }
    return key1_return;                          //返回键值
}

/************************************************
函数名称: unsigned char KeyScane_2(void)
函数功能: 按键 2 扫描函数
输入参数: 无
返回值: 按键值
************************************************/
unsigned char KeyScane_2(void)
{
    switch(key2_state)
    {
        case KEY_1_0:
              if(KeyRead2)                       //如果是状态 1 并且按键按下去了
                {
                  key2_state = KEY_1_1;          //状态切换到 1
                  key2_return = 0;
                }
              break;
        case KEY_1_1:
              if(KeyRead2)                       //如果 10ms 后按键按下状态再次确认
                {
                  key2_state = KEY_1_2;          //按键状态切换到 2
                  key2_return = 1;               //返回值为 1
                }
              else
                key2_state = KEY_1_0;            //没有按键按下,返回状态 0
              break;
        case KEY_1_2:
```

```
            key2_return = 0;
            if(!KeyRead2)                         //判断按键是否松开
               key2_state = KEY_1_0;              //切换到状态 0
            break;
        default: break;
    }
    return key2_return;                           //返回键值
}


/ ***********************************************
函数名称: unsigned char KeyScane_3(void)
函数功能: 按键 3 扫描函数
输入参数: 无
返回值: 按键值
*********************************************** /
unsigned char KeyScane_3(void)
{
    switch(key3_state)
    {
        case KEY_1_0:
                  if(KeyRead3)                    //如果是状态 1 并且按键按下去了
                    {
                      key3_state = KEY_1_1;       //状态切换到 1
                      key3_return = 0;
                    }
                  break;
        case KEY_1_1:
                  if(KeyRead3)                    //如果 10ms 后按键按下状态再次确认
                    {
                      key3_state = KEY_1_2;       //按键状态切换到 2
                      key3_return = 1;            //返回值为 1
                    }
                  else
                    key3_state = KEY_1_0;
                  break;
        case KEY_1_2:
                  key3_return = 0;
                  if(!KeyRead3)                   //判断按键是否松开
                     key3_state = KEY_1_0;        //切换到状态 0
                  break;
        default: break;
    }
    return key3_return;                           //返回键值
}

/ ***********************************************
函数名称: unsigned char KeyReturn()
函数功能: 返回三个按键的按键值
入口参数: 无
返回值: 三个按键的按键值
```

```
***********************************************/
unsigned char KeyReturn()
{
  key_init();
  KeyReturnToMain = (KeyScane_3()<< 2)|(KeyScane_2()<< 1)|(KeyScane_1());
  return KeyReturnToMain;
}

/***********************************************
函数名称: void LedShowData(unsigned char ShowData)
函数功能: LED 灯显示
入口参数: 显示数据
返回值: 无
***********************************************/
void LedShowData(unsigned char ShowData)
{
  KeyLedCOM_DDR  =  1;                          //LED 公共端设置为输出
  KeyLedCOM_POR  =  0;                          //LED 灯公共端输出低电平
  Led1_init  =  1;                              //LED 端口方向为输出
  Led2_init  =  1;
  Led3_init  =  1;

  Led1_PORT  =  ShowData&1;                     //将 LED1 对应值作为端口值
  Led2_PORT  =  (ShowData >> 1)&1;
  Led3_PORT  =  (ShowData >> 2)&1;
}

/***********************************************
              主函数
***********************************************/
void main()
{
   while(1)
   {
      key_init();                               //按键端口初始化
      key_1 = KeyScane_1();                     //扫描按键 1
      key_2 = KeyScane_2();
      key_3 = KeyScane_3();
      if(key_1)
        show = 0b001;
      if(key_2)
        show = 0b010;
      if(key_3)
        show = 0b100;
      LedShowData(show);
      delay_ms(2);
   }
}
```

将程序编译下载到豆浆机控制板,按键观察 LED 灯的亮灭变化,是否符合预期要求。

6.5.5　交流电定时电路测试

豆浆机电路中采用交流电处理后输入到单片机，由于交流电为固定周期的正弦波，交流电每个周期在正的方向上有且仅有一个上升沿，单片机检测上升沿之间的时间间隔是固定的 1/50s 或者 1/60s。这样将交流电作为一个定时器来使用。

交流电定时电路如图 6-18 所示。

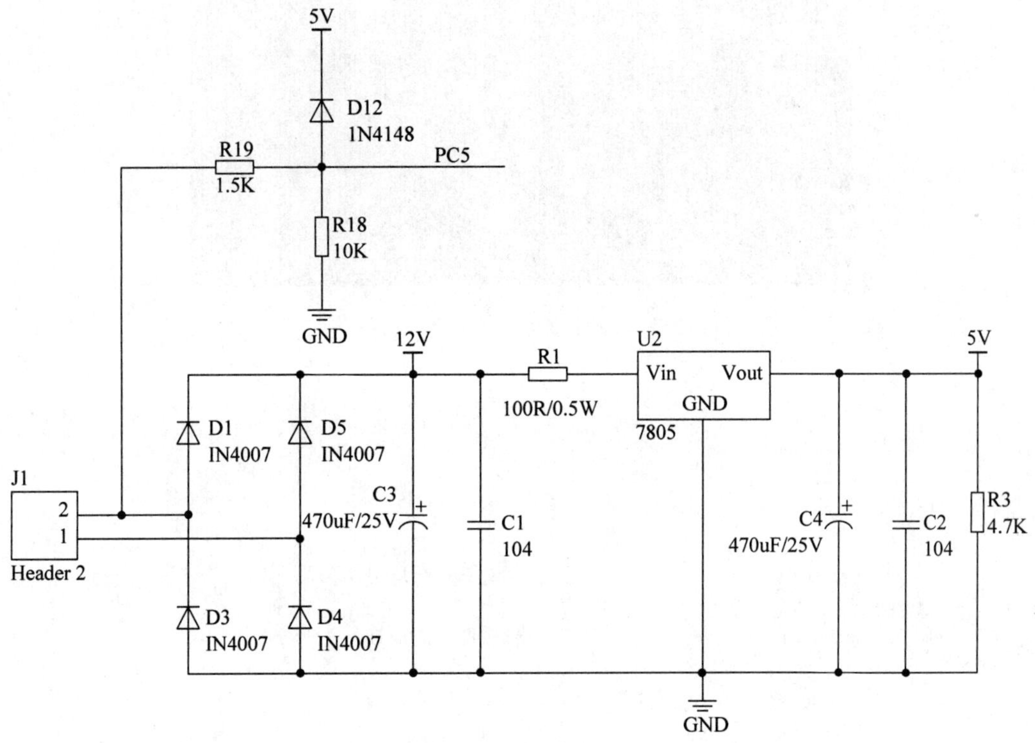

图 6-18　交流电定时电路

用示波器测量图 6-18 中的网络标签 PC5 位置，也就是单片机的 PC5 引脚，可以知道交流电输入到单片机的 IO 的波形如图 6-19 所示。

测试方法是：对交流电的正弦波周期进行计数，由于我国使用的是 50Hz 的交流电，交流电的 50 个周期正好是 1 秒钟，然后蜂鸣器响 1 秒，停 1 秒，以验证检测是否正确。

测试代码如下：

```
#define ACIN_DDR     DDC5_bit      //过零检测 IO 方向设置
#define ACIN_PORT    PORTC5_bit    //过零检测 IO 输出或上拉电阻设置
#define ACIN_PIN     PINC5_bit     //过零检测 IO 端口电平
#define BELL_DIR     DDD4_bit      //蜂鸣器端口
#define BELL         PORTD4_bit

unsigned char CntFulfill = 1;              //交流周期标志
unsigned char TimeCnt = 0;                 //交流周期计数
void main()
{
```

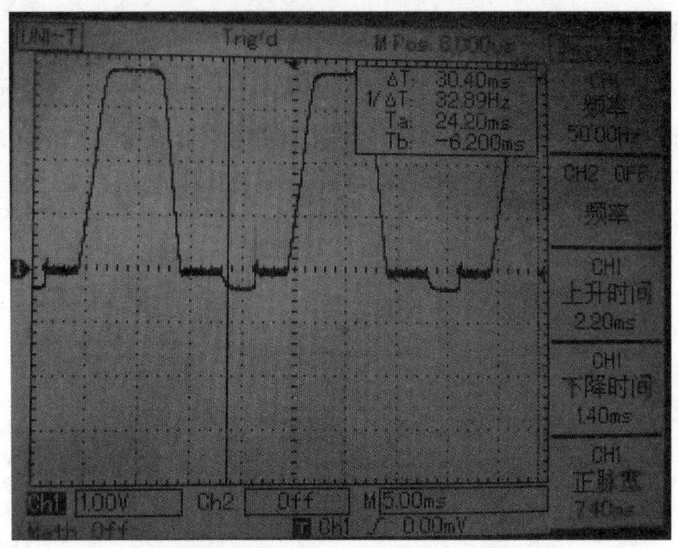

图 6-19　输入到单片机的交流波形图

```
BELL_DIR = 1;
BELL = 0;
ACIN_DDR = 0;
ACIN_PORT = 1;
while(1)
 {
   if(ACIN_PIN)                          //读取到端口电平为高
    {
      if(CntFulfill)                     //并且交流周期标志为1
       {
         TimeCnt++;                      //交流周期计数加1
         if(TimeCnt == 50)               //1s时间到
          {
            TimeCnt = 0;                 //计数清0
            BELL = ~BELL;                //蜂鸣器取反
          }
         CntFulfill = 0;                 //标志清零
       }
    }
    else
     CntFulfill = 1;                     //标志置1
  }
}
```

编译程序，并下载，观察蜂鸣器是否每隔1秒钟响一次。

通过上面几个程序，基本上可以测试出硬件电路的正确与否，如果测试过程中发现问题，则应进行汇总。全部测试完成后，统一对电路板进行再次修改，保证电路的正确性。

6.5.6　完整豆浆机控制程序流程图

程序流程图是算法的一种表示形式，具有直观形象、结构清晰和简洁明了的效果。算法是画程序框图的基础，在画程序流程图之前，要写出相应的算法步骤，并分析算法需要哪种基本逻辑结构(顺序结构、条件结构、循环结构)。算法设计完成后要将算法转换成对应的程序流程图，在这种转换的过程中需要考虑很多细节，也就是将算法细化的过程。下面给出豆浆机厂家给出的豆浆机控制流程图。

1. 豆浆机主程序控制流程图

豆浆机主程序控制流程图如图 6-20 所示。豆浆机程序中需要同时控制多个部件，而单片机是单任务设备，因此要采用分时控制的方法，也就是循环检测。程序中采用定时器实现一个 250μs 的定时作为循环检测时间间隔，每隔 250μs 进入一个分支入口执行对应的程序，如此往复循环。

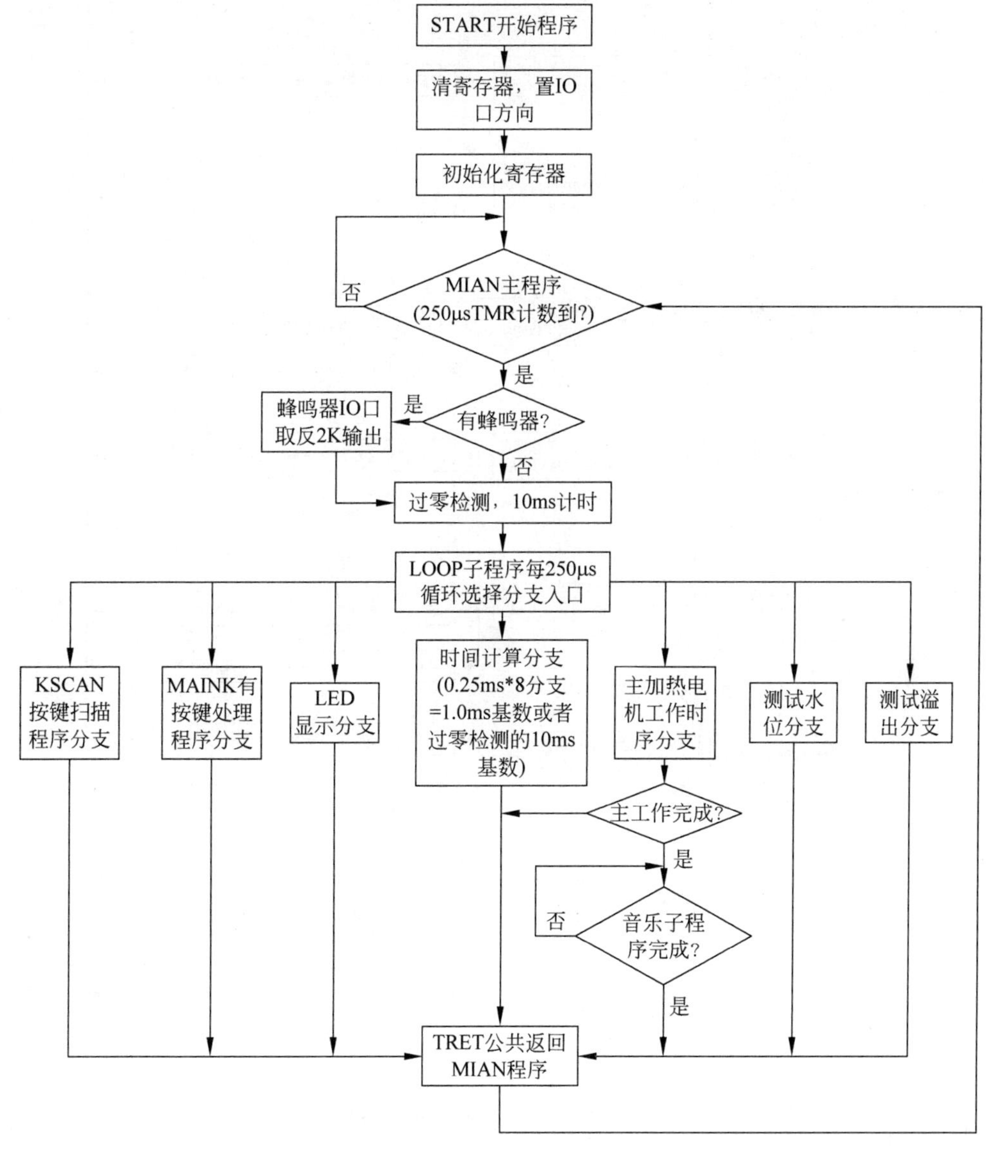

图 6-20　豆浆机主程序控制流程图

2. 打豆浆分支流程图

打豆浆程序分支程序流程图如图 6-21 所示。这个流程图主要是从营养学和口感上考虑豆浆机打豆浆的流程。

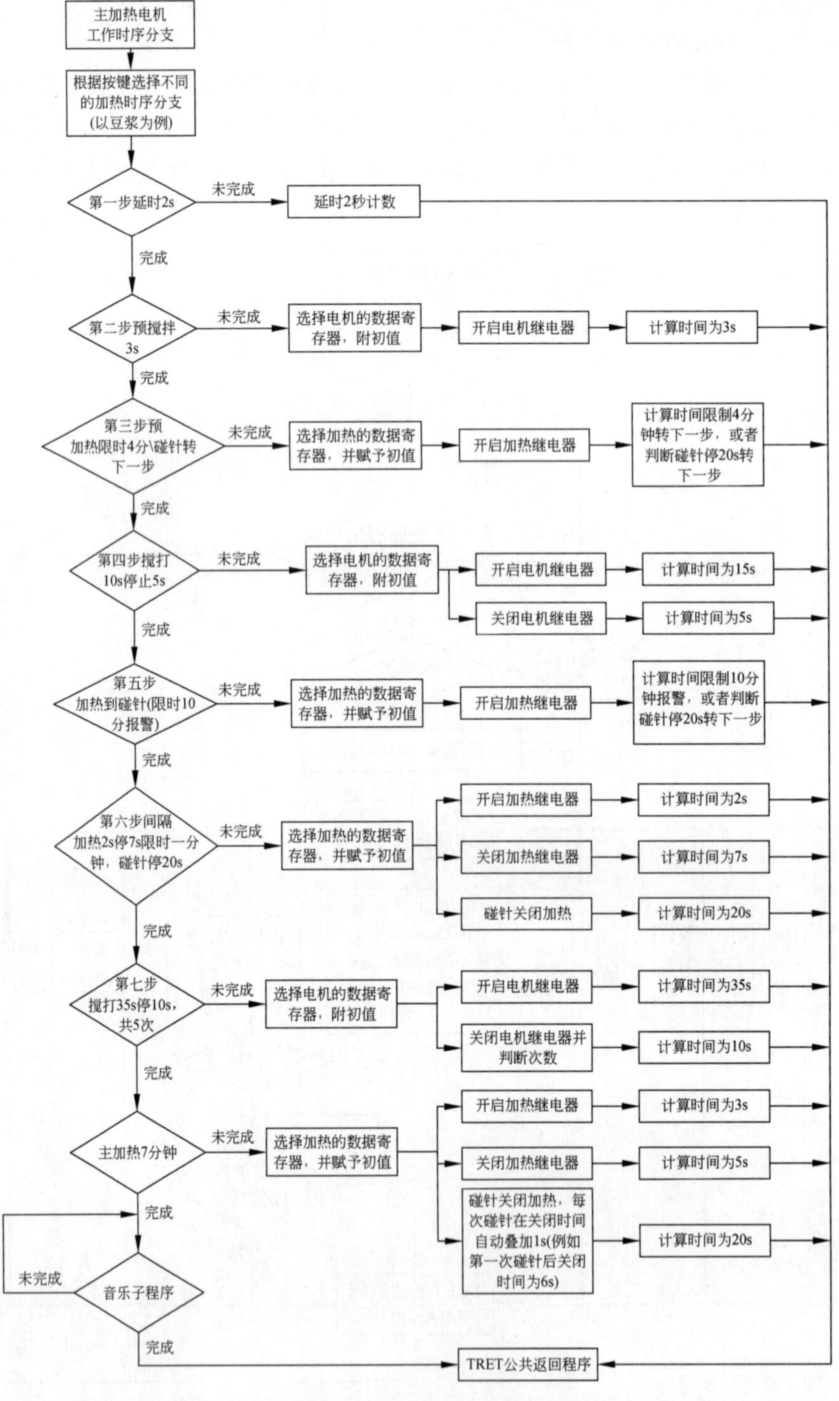

图 6-21 打豆浆程序分支流程图

3. LED 显示分支程序流程图

LED 显示分支程序流程图如图 6-22 所示。

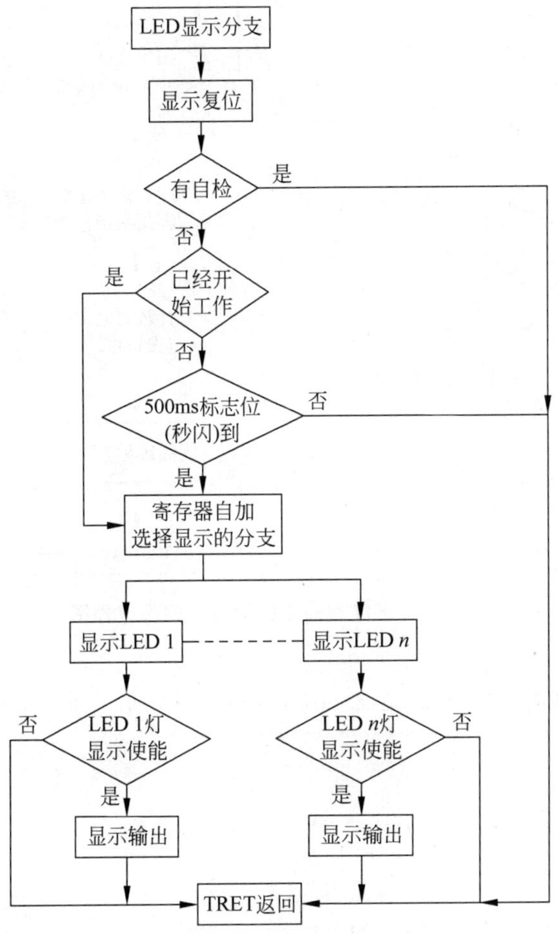

图 6-22　LED 显示分支程序流程图

4. 干烧和溢出检测分支程序流程图

干烧和溢出检测分支程序流程图如图 6-23 所示。

5. 按键分支程序流程图

按键分支程序流程图如图 6-24 所示。

6.5.7　豆浆机主程序设计

根据上面的程序流程图，编写完整的程序。下面给出一个编写完整的豆浆机程序作为参考。在功能上可进行扩展和改进。

1. 主程序：main.c

```
/*************************************************
文件名：main.c
作者：游锐恒(2010 级电子信息工程专业)
时间：2012.06
```

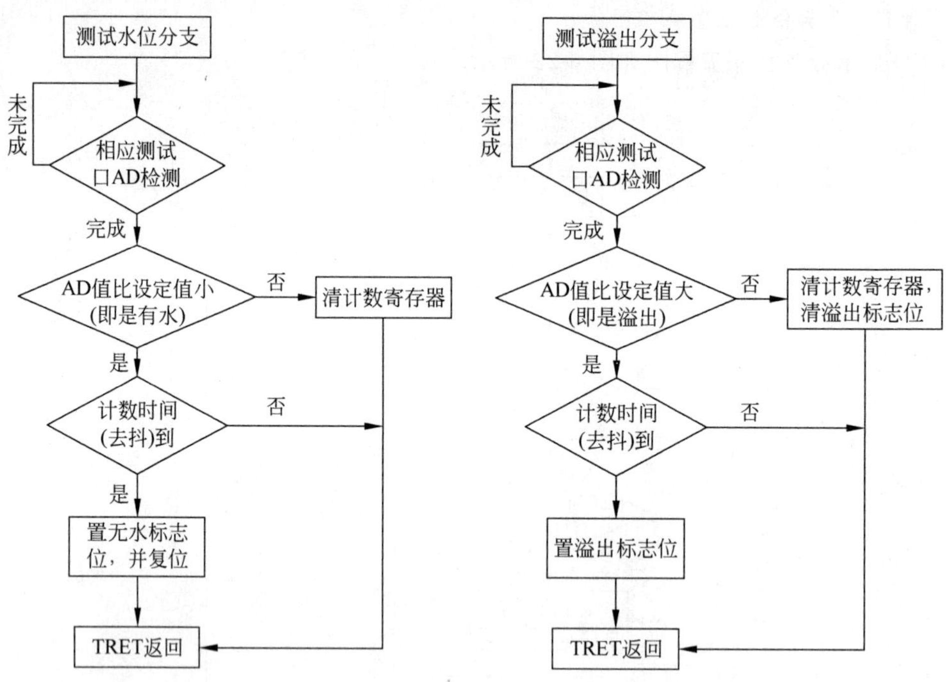

图 6-23　干烧和溢出检测分支程序流程图

```
版本：VER1
说明：本程序实现智能豆浆机功能,包含 main.c, key.c, adc.c, watchdog.c 四个源程序文件
***************************************************** /
#include "key.h"
#include "adc.h"
#include "watchdog.h"

#define uchar             unsigned char
#define uint              unsigned int
#define ulong             unsigned long
#define cuchar            const unsigned char

#define Led1_init         DDD0_bit              //LED 指示灯
#define Led2_init         DDD1_bit              //LED 指示灯
#define Led3_init         DDD2_bit              //LED 指示灯
#define Led1_PORT         PORTD0_bit
#define Led2_PORT         PORTD1_bit
#define Led3_PORT         PORTD2_bit

#define KeyLedCOM_DDR     DDD3_bit
#define KeyLedCOM_PORT    PORTD3_bit
#define KeyLedCOM_DDD     DDD3_bit

#define ACIN_DDR          DDC5_bit              //过零检测 IO 方向设置
#define ACIN_PORT         PORTC5_bit            //过零检测 IO 输出或上拉电阻设置
#define ACIN_PIN          PINC5_bit             //过零检测 IO 端口电平
```

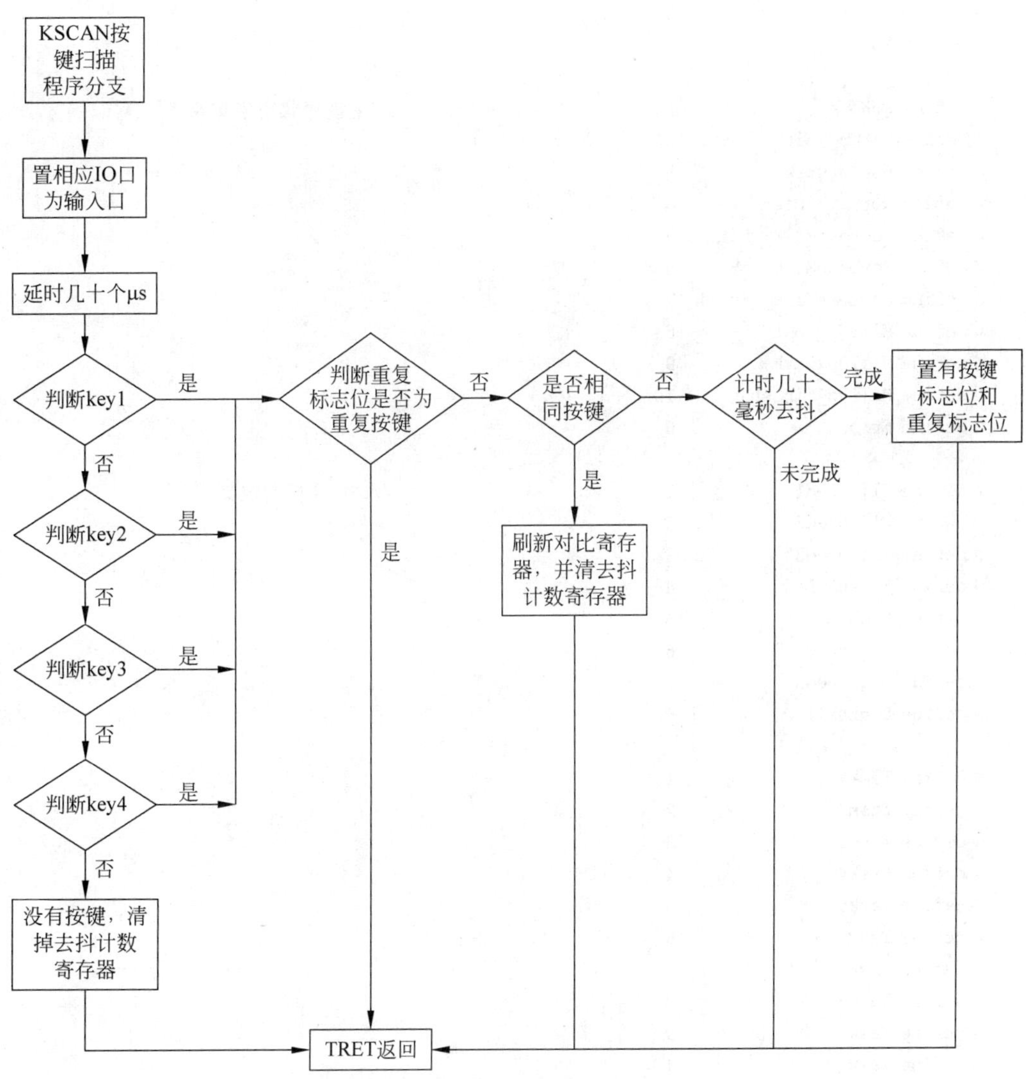

图 6-24　按键分支程序流程图

```
#define FrequencyTap_DDR      DDC4_bit               //频率选择 IO
#define FrequencyTap_PORT     PORTC4_bit
#define FrequencyTap_PIN      PINC4_bit

#define Hot_Motor_DDR         DDC3_bit               //电机加热控制 IO
#define Power_DDR             DDC2_bit
#define Hot_Motor_PORT        PORTC3_bit
#define Power_PORT            PORTC2_bit

#define BELL_DDR              DDD4_bit               //蜂鸣器 IO
#define BELL_PORT             PORTD4_bit

#define Off                   0                      //运行状态宏定义
#define Hot                   1
#define Motor                 2
```

```
#define Yes                   1
#define No                    0

#define NoWork                1                           //主进程状态宏定义
#define HotUp_init            2
#define HotUp_work            3
#define HotUp_Finish          4
#define SoybeanMilk_init      5
#define SoybeanMilk_work      6
#define SoybeanMilk_Finish    7
#define MillUp_init           8
#define MillUp_work           9
#define MillUp_Finish         10
#define Error                 0

#define FlishLed1             1                           //LED 状态宏定义
#define FlishLed2             2
#define FlishLed3             3
#define FlishALL              4
#define LightLed1             5
#define LightLed2             6
#define LightLed3             7
#define LightAll              8

#define Task1                 1
#define Task2                 2
#define Task3                 3
#define Task4                 4
#define Task5                 5
#define Task6                 6
#define Task7                 7
#define Task8                 8
#define Task9                 9
#define Task10                10
#define Task11                11
#define Task12                12
#define Task13                13
#define Task14                14
#define Task15                15
#define Task16                16
#define Task17                17
#define Task18                18

#define Feed_Dog asm WDR                                  //看门狗

uchar LedMode                 = Off;                      //LED 状态
uint SecCnt                   = 0;                        //秒计时器
uchar MainRole                = NoWork;                   //主任务状态
uchar HotMotorTask            = Off;                      //加热、搅打状态控制
uchar Dry                     = No;                       //干烧
uchar Overflow                = No;                       //溢出
```

```
uchar AlwaysRing          = No;          //蜂鸣器长鸣
uchar RingTimes           = 0;           //蜂鸣器响的次数
uchar KeyReturn();                       //扫描按键返回
uchar KeyScane_1(void);                  //按键 1 扫描函数
uchar KeyScane_2(void);                  //按键 1 扫描函数
uchar KeyScane_3(void);                  //按键 1 扫描函数


void MainAssignment();                   //主任务选择
void HotUp();                            //加热 3 次
void MillUp();                           //搅打 3 秒
void SoybeanMilk();                      //打豆浆

void CheckTime();                        //交流时间计算
void KeyManage();                        //按键检测
void AD_Init();                          //AD 转换初始化
uint AD_read(uint ADIO);                 //读取 AD 值
void WaterCheck();                       //水检测,用于检测干烧和溢出
void Hot_Motor();                        //加热、搅打状态控制
void Bell();                             //蜂鸣器控制
void BellLoud();                         //蜂鸣器鸣叫
void LEDShow();                          //LED 显示处理
void AllPort_init();                     //所有端口初始化
void WDT_ON();                           //打开看门狗


void EnregisterClean();
void EnregisterRevivify();
void StateTime();
void StateEnregister();
void main()
{
     AllPort_init();                     //初始化用到的 IO 口
     AD_Init();                          //初始货 AD 转换
     WDT_ON();                           //打开看门狗
     RingTimes = 3;                      //响的次数
     EnregisterRevivify();
     while(1)
     {
        Feed_Dog;                        //喂狗
        MainAssignment();                //运行主任务
        Hot_Motor();                     //加热、搅打状态处理
        LEDShow();                       //LED 状态处理
        Bell();                          //蜂鸣器处理
        WaterCheck();                    //检查溢出和干烧
        CheckTime();                     //检查交流时间并计算时间
        KeyManage();                     //按键事件处理 r
     }
}

void MainAssignment()
```

```
{
    switch(MainRole)
    {
        case NoWork:
            LedMode = FlishALL;
            AlwaysRing = No;
            if((Overflow == Yes)||(Dry == Yes)) MainRole = Error;
        break;

        case Error:
            AlwaysRing = Yes;
            LedMode    = Error;
        break;


        case HotUp_init:
            LedMode    = FlishLed1;
            MainRole   = HotUp_work;
            SecCnt     = 0;
        break;
        /**************************************/
        case HotUp_work:
            HotUp();
        break;
        /**************************************/
        case HotUp_Finish:
          AlwaysRing   = Yes;
          LedMode      = LightLed1;
        break;


        case SoybeanMilk_init:
            SecCnt     = 0;
            LedMode    = FlishLed2;
            MainRole   = SoybeanMilk_work;
        break;
        /***************************************/
        case SoybeanMilk_work:
            SoybeanMilk();
        break;
        /**************************************/
        case SoybeanMilk_Finish:
           AlwaysRing  = Yes;
           LedMode     = LightLed2;
        break;

        case MillUp_init:
            LedMode    = FlishLed3;
            SecCnt     = 0;
            MainRole   = MillUp_work;
        break;
```

```
        /***************************************/
        case MillUp_work:
            MillUp();
        break;
        /***************************************/
        case MillUp_Finish:
            AlwaysRing  = No;
            LedMode     = LightLed3;
            if(RingTimes == 0)MainRole = NoWork;
        break;
    }
}

uchar SoybeanMilkAct = 1;
uint SoybeanMilkTemp1 = 0;
uint SoybeanMilkTemp2 = 0;
void SoybeanMilk()
{
    switch(SoybeanMilkAct)
    {
      case Task1:
          if(SecCnt >= 2)                    //等待 2s,开始搅打
          {
              SoybeanMilkAct                  = Task2;
              HotMotorTask                    = Motor;
              SecCnt                          = 0;
              StateEnregister();
          }
      break;

      case Task2:
          if(SecCnt >= 3)                    //3s 后停止搅打开始加热
          {
              if(Dry == No)HotMotorTask       = Hot;
              else SoybeanMilkAct             = Error;
              SecCnt                          = 0;
              SoybeanMilkAct                  = Task3;
              StateEnregister();
          }
      break;

      case Task3:
          if(SecCnt >= 240)                  //若 4min 时间到就开始搅打
          {
            HotMotorTask                      = Motor;
            SecCnt                            = 0;
            SoybeanMilkAct                    = Task5;
            StateEnregister();
          }
          if(Overflow == Yes)                //若发生溢出,则停 20 秒进入下一步
          {
```

```
            SecCnt                          = 0;
            SoybeanMilkAct                  = Task4;
            StateEnregister();
        }
    break;

    case Task4:
        if(SecCnt >= 20)                    //停 20s 后开始搅拌
        {
            HotMotorTask                    = Motor;
            SecCnt                          = 0;
            SoybeanMilkAct                  = Task5;
            StateEnregister();
        }
    break;

    case Task5:
        if(SecCnt >= 10)                    //搅打 10s 后停止
        {
            HotMotorTask                    = Off;
            SecCnt                          = 0;
            SoybeanMilkAct                  = Task6;
            StateEnregister();
        }
    break;

    case Task6:
        if(SecCnt >= 5 )                    //停 5s,然后加热
        {
            if(Dry == No)HotMotorTask       = Hot;
            else SoybeanMilkAct             = Error;
            SecCnt                          = 0;
            SoybeanMilkAct                  = Task7;
            StateEnregister();
        }
    break;

    case Task7:
        if(SecCnt > 600)                    //如果超过 10min,就停止,并报警
        {
            SoybeanMilkAct = Error;
            StateEnregister();
        }
        else if(Overflow == Yes)            //如果溢出,就停止加热
        {
            HotMotorTask                    = Off;
            SecCnt                          = 0;
            SoybeanMilkAct                  = Task8;
            StateEnregister();
        }
    break;
```

```
case Task8:
   if(SecCnt >= 20)                    //停 20s
    {
       SecCnt                          = 0;
       SoybeanMilkAct                  = Task9;
       if(Dry == No)HotMotorTask       = Hot;
       else SoybeanMilkAct             = Error;
       SoybeanMilkTemp1                = 2;
       StateEnregister();
    }
break;


case Task9:
   if(SecCnt >= SoybeanMilkTemp1)          //加热 2s
   {
       SoybeanMilkAct                  = Task10;
       SoybeanMilkTemp1                = SecCnt + 7;
       HotMotorTask                    = Off;
       StateEnregister();
   }

   if(SecCnt >= 60)                    //如果到 60s 就跳到下一步
   {
       HotMotorTask                    = Motor;
       SecCnt                          = 0;
       SoybeanMilkAct                  = Task12;
       SoybeanMilkTemp1                = 1;
       StateEnregister();
   }

   if(Overflow == Yes)
   {
       SoybeanMilkTemp1                = SecCnt + 20;
       HotMotorTask                    = Off;
       SoybeanMilkAct                  = Task11;
       StateEnregister();
   }
break;

case Task10:
   if(SecCnt >= SoybeanMilkTemp1)          //停 7s
   {
       if(Dry == No)HotMotorTask       = Hot;
       else SoybeanMilkAct             = Error;
       SoybeanMilkTemp1                = SecCnt + 2;
       SoybeanMilkAct                  = Task9;
       StateEnregister();
   }
```

```
    if(SecCnt >= 60)                         //如果到60秒就跳到下一步
    {
        HotMotorTask                         = Motor;
        SecCnt                               = 0;
        SoybeanMilkAct                       = Task12;
        SoybeanMilkTemp1                     = 1;
        StateEnregister();
    }

    if(Overflow == Yes)
    {
        HotMotorTask                         = Off;
        SoybeanMilkTemp1                     = SecCnt + 20;
        SoybeanMilkAct                       = Task11;
        StateEnregister();
    }
break;

case Task11:
    if(SecCnt >= 20)                         //停20秒
    {
        if(Dry == No)HotMotorTask            = Hot;
        else SoybeanMilkAct                  = Error;
        SoybeanMilkTemp1                     = SecCnt + 2;
        SoybeanMilkAct                       = Task9;
        StateEnregister();
    }
break;

case Task12:
    if(SoybeanMilkTemp1 >= 6)                //搅打5次跳下一步
    {
        if(Dry == No)HotMotorTask            = Hot;
        else SoybeanMilkAct                  = Error;
        SecCnt                               = 0;
        SoybeanMilkAct                       = Task14;
        SoybeanMilkTemp1                     = 3;
        SoybeanMilkTemp2                     = 5;
        StateEnregister();
    }
    else if(SecCnt >= 35)                    //搅打35秒
    {
        HotMotorTask                         = Off;
        SecCnt                               = 0;
        SoybeanMilkAct = Task13;
        StateEnregister();
    }

break;

case Task13:
```

```
        if(SecCnt >= 10)                        //停 10 秒
        {
            HotMotorTask                        = Motor;
            SecCnt                              = 0;
            SoybeanMilkAct = Task12;
            SoybeanMilkTemp1++;
            if(SoybeanMilkTemp1 >= 6) HotMotorTask = Hot;
            StateEnregister();
        }
    break;

    case Task14:
        if(SecCnt >= SoybeanMilkTemp1)          //加热 3s
        {
            HotMotorTask                        = Off;
            SoybeanMilkTemp1 = SecCnt + SoybeanMilkTemp2;                //设置停止加热时间
            SoybeanMilkAct                      = Task15;
            StateEnregister();
        }
        if(Overflow == Yes)
        {
            HotMotorTask                        = Off;
            SoybeanMilkTemp2++;
            SoybeanMilkTemp1                    = SecCnt + 20;
            SoybeanMilkAct                      = Task16;
            StateEnregister();
        }
        if(SecCnt > 420)SoybeanMilkAct = Task17;
    break;

    case Task15:
        if(SecCnt >= SoybeanMilkTemp1)          //停 5 + x s
        {
            if(Dry == No)HotMotorTask = Hot;
            else SoybeanMilkAct                 = Error;
            SoybeanMilkTemp1                    = SecCnt + 3;        //设置加热时间
            SoybeanMilkAct                      = Task14;
            StateEnregister();
        }
        if(SecCnt > 420)SoybeanMilkAct = Task17;
    break;
    case Task16:
        if(SecCnt >= SoybeanMilkTemp1)          //停 20s
        {
            if(Dry == No) HotMotorTask = Hot;
            else SoybeanMilkAct                 = Error;
            SoybeanMilkTemp1                    = SecCnt + 3;        //设置加热时间
            SoybeanMilkAct                      = Task14;
            StateEnregister();
        }
        if(SecCnt > 420)SoybeanMilkAct = Task17;
```

```
            break;

            case Task17:
              HotMotorTask                              = Off;
              MainRole                                  = SoybeanMilk_Finish;
              EnregisterClean();
            break;

            case Error:
                AlwaysRing                              = Yes;
                MainRole                                = Error;
                HotMotorTask                            = Off;
                EnregisterClean();
            break;

        }

    }

    uchar MillUpAct = Task1;                            //手动搅打步骤
    void MillUp()
    {
            switch(MillUpAct)
            {
                    case Task1:

                        SecCnt = 0;
                        RingTimes = 0;
                        MillUpAct = Task2;
                        StateEnregister();
                    break;

                    case Task2:
                        if(SecCnt >= 2)
                        {
                            MillUpAct = Task3;
                            HotMotorTask = Motor;
                            SecCnt = 0;
                            StateEnregister();
                        }
                    break;


                    case Task3:
                        if(SecCnt >= 3)
                        {
                            HotMotorTask = Off;
                            MillUpAct = Task1;
                            MainRole  = MillUp_Finish;
                            RingTimes = 10;
```

```
                EnregisterClean();
            }
        break;
    }
}



uchar HotUpAct = Task1;                     //加热步骤
uchar HeatNum = 0;                          //要加热的次数
void HotUp()
{
    switch(HotUpAct)
    {
        case Task1:
            if(Dry == No)
            {
              HotMotorTask = Hot;
              HotUpAct = Task2;
              SecCnt = 0;
              StateEnregister();
            }
            else
            {
              MainRole  =  Error;
              StateEnregister();
            }
        break;
        case Task2:
            if((SecCnt  ==  300)||(Overflow  ==  Yes))
            {
               HotUpAct = Task3;
               SecCnt = 0;
               HotMotorTask = Off;
               StateEnregister();
            }
        break;

        case Task3:
            if(SecCnt > 20)
            {
                HotUpAct = Task4;
                SecCnt = 0;
                StateEnregister();
            }
        break;

        case Task4:
          HeatNum++;
          HotUpAct = 1;
          if(HeatNum >= 4)
```

```
                {
                  HeatNum = 0;
                  HotUpAct = Task1;
                  MainRole = HotUp_Finish;
                  EnregisterClean();
                }
              break;
        }
  }

  uchar DryCnt = 0;                              //检查干烧计数器
  uchar OverflowCnt = 0;                         //检测溢出计数器
  uchar CycDetect = 0;                           //循环检测计数器
  void WaterCheck()
  {
        CycDetect++;
        if(AD_read(1)<=410)DryCnt++;
        if(AD_read(0)>=710)OverflowCnt++;
        if(CycDetect>=10)
        {
             if(DryCnt>7)Dry = Yes;
             else Dry = No;
             if(OverflowCnt>7)Overflow = Yes;
             else Overflow = No;
             CycDetect = 0;
             DryCnt = 0;
             OverflowCnt = 0;
        }
  }

  uchar SoybeanMilk_workKeyCnt = 0;
  void KeyManage()
  {
       uchar key1,key2,key3;
       key1 = KeyScane_1();
       key2 = KeyScane_2();
       key3 = KeyScane_3();
       switch(MainRole)
       {
              case SoybeanMilk_work:
                    if((key2 == Yes))
                    {
                      SoybeanMilk_workKeyCnt++;
                      if(SoybeanMilk_workKeyCnt>=3)
                      {
                        HotMotorTask = Off;
                        SoybeanMilk_workKeyCnt = 0;
                        EnregisterClean();
                        while(1);
                      }
                    }
```

```
            break;

            case NoWork:
                 if(key1 == Yes)MainRole  =  HotUp_init;
                 if(key2 == Yes)MainRole  =  SoybeanMilk_init;
                 if(key3 == Yes)MainRole  =  MillUp_init;
            break;
      }

}


void Hot_Motor()
{
      switch(HotMotorTask)
      {
            case Off:
                Power_PORT = 0;
                Hot_Motor_PORT = 0;
            break;

            case Hot:
                Hot_Motor_PORT = 1;
                Power_PORT = 1;
            break;

            case Motor:
                Hot_Motor_PORT = 0;
                Power_PORT = 1;
            break;
      }
}

uchar LedFlishTime = 0;
uchar LEDShow_1  =  0,
      LEDShow_2  =  0,
      LEDShow_3  =  0;                          //LED 状态设置
void LEDShow()
{
      switch(LedMode)
      {
         case Off:
            LEDShow_1 = 0;
            LEDShow_2 = 0;
            LEDShow_3 = 0;
         break;

         case FlishLed1:
            LEDShow_1 = LedFlishTime;
            LEDShow_2 = 0;
```

```
        LEDShow_3 = 0;
    break;

    case FlishLed2:
        LEDShow_1 = 0;
        LEDShow_2 = LedFlishTime;
        LEDShow_3 = 0;
    break;

    case FlishLed3:
        LEDShow_1 = 0;
        LEDShow_2 = 0;
        LEDShow_3 = LedFlishTime;
    break;

    case FlishALL:
        LEDShow_1 = LedFlishTime;
        LEDShow_2 = LedFlishTime;
        LEDShow_3 = LedFlishTime;
    break;

    case LightLed1:
        LEDShow_1 = 1;
        LEDShow_2 = 0;
        LEDShow_3 = 0;
    break;

    case LightLed2:
        LEDShow_1 = 0;
        LEDShow_2 = 1;
        LEDShow_3 = 0;
    break;

    case LightLed3:
        LEDShow_1 = 0;
        LEDShow_2 = 0;
        LEDShow_3 = 1;
    break;

    case LightAll:
        LEDShow_1 = 1;
        LEDShow_2 = 1;
        LEDShow_3 = 1;
    break;

    case Error:
        LEDShow_1 = LedFlishTime;
        LEDShow_2 = ~LedFlishTime;
        LEDShow_3 = LedFlishTime;
    break;
```

```
        }

        KeyLedCOM_PORT = 0;
        Led1_init = 1;
        Led2_init = 1;
        Led3_init = 1;

        Led1_PORT  =  LEDShow_1;
        Led2_PORT  =  LEDShow_2;
        Led3_PORT  =  LEDShow_3;
}

uint RingSpace = 0;
void Bell()
{
      RingSpace++;
      if(RingSpace == 1000)
      {
          RingSpace = 0;
          if(AlwaysRing == Yes)BellLoud();
          else if(RingTimes > 0)
          {
              BellLoud();
              RingTimes--;
          }
      }
}

void BellLoud()
{
        uchar BellCyc = 0;
        for(BellCyc = 0;BellCyc < 100;BellCyc++)
        {
              BELL_PORT  =  ~BELL_PORT;
              delay_us(330);
        }
        BELL_PORT  =  0;
}

uchar TimeCnt = 0,CntFulfill = 1;
void CheckTime()                                        //交流时间计算
{
        if(ACIN_PIN)
        {
            if(CntFulfill)
            {
              TimeCnt++;
              EEPROM_Write(16,TimeCnt);                          //20 毫秒时间记录
             if(FrequencyTap_PIN)
              {
```

```
                    if(TimeCnt == 50)
                    {
                        TimeCnt = 0;
                        LedFlishTime = ~LedFlishTime;
                        SecCnt++;
                        SoybeanMilk_workKeyCnt = 0;
                        StateTime();
                    }
                }
                else
                {
                    if(TimeCnt == 60)
                    {
                        TimeCnt = 0;
                        SecCnt++;
                        SoybeanMilk_workKeyCnt = 0;
                        LedFlishTime = ~LedFlishTime;
                        StateTime();
                    }
                }
                CntFulfill = 0;
            }
        }
        else CntFulfill = 1;
}

void AllPort_init()
{
        KeyLedCOM_DDD = 1;                          //设置小板上的公共端为输出
        ACIN_DDR = 0;
        ACIN_PORT = 1;
        FrequencyTap_DDR = 0;
        ACIN_PORT = 1;
        Hot_Motor_DDR = 1;
        Power_DDR = 1;
        BELL_DDR = 1;
        BELL_PORT = 0;
}

void StateEnregister()
{
        /* uchar LedMode                            = Off;
uchar MainRole                                      = NoWork;
uchar AlwaysRing                                    = No;        //长鸣
uchar RingTimes                                     = 0;         //响的次数
uchar SoybeanMilkAct = Task1;
uint SoybeanMilkTemp1 = 0;
uint SoybeanMilkTemp2 = 0;
uint SecCnt                                         = 0;         //秒计时器

uchar MillUpAct = 1;                                //手动搅打步骤
```

```
uchar HotUpAct = 1;                              //加热步骤
uchar HeatNum = 0;                               //要加热的次数

uchar HotMotorTask = Off;

*/
     EEPROM_Write(0,Yes);
     EEPROM_Write(1,LedMode);
     EEPROM_Write(2,MainRole);
     EEPROM_Write(3,AlwaysRing);
     EEPROM_Write(4,RingTimes);
     EEPROM_Write(5,SoybeanMilkAct);
     EEPROM_Write(6,SoybeanMilkTemp1 >> 8);
     EEPROM_Write(7,SoybeanMilkTemp1&0xff);
     EEPROM_Write(8,SoybeanMilkTemp2 >> 8);
     EEPROM_Write(9,SoybeanMilkTemp2&0xff);
     //EEPROM_Write(10,SecCnt >> 8);
     //EEPROM_Write(11,SecCnt&0xff);
     EEPROM_Write(12,MillUpAct);
     EEPROM_Write(13,HotUpAct);
     EEPROM_Write(14,HeatNum);
     EEPROM_Write(15,HotMotorTask);
     //EEPROM_Write(16,TimeCnt);
}


void StateTime()
{
     EEPROM_Write(10,SecCnt >> 8);
     EEPROM_Write(11,SecCnt&0xff);
}

void EnregisterRevivify()
{
      /* uchar LedMode            = Off;
uchar MainRole                = NoWork;
uchar AlwaysRing              = No;         //长鸣
uchar RingTimes               = 0;          //响的次数
uchar SoybeanMilkAct = Task1;
uint SoybeanMilkTemp1 = 0;
uint SoybeanMilkTemp2 = 0;
uint SecCnt                   = 0;          //秒计时器

uchar MillUpAct = 1;                        //手动搅打步骤
uchar HotUpAct = 1;                         //加热步骤
uchar HeatNum = 0;                          //要加热的次数

uchar HotMotorTask = Off;
uchar TimeCnt = 0;
*/
     if(EEPROM_Read(0) == Yes)
```

```
    {
      LedMode              = EEPROM_Read(1);
      MainRole             = EEPROM_Read(2);
      AlwaysRing           = EEPROM_Read(3);
      RingTimes            = EEPROM_Read(4);
      SoybeanMilkAct       = EEPROM_Read(5);

      SoybeanMilkTemp1     = EEPROM_Read(6);
      SoybeanMilkTemp1    <<= 8;
      SoybeanMilkTemp1     |= EEPROM_Read(7);

      SoybeanMilkTemp2     = EEPROM_Read(8);
      SoybeanMilkTemp2    <<= 8;
      SoybeanMilkTemp2     |= EEPROM_Read(9);

      SecCnt               = (uint) EEPROM_Read(10);
      SecCnt               = SecCnt << 8;
      SecCnt               |= EEPROM_Read(11);

      MillUpAct            = EEPROM_Read(12);
      HotUpAct             = EEPROM_Read(13);
      HeatNum              = EEPROM_Read(14);
      HotMotorTask         = EEPROM_Read(15);
      TimeCnt              = EEPROM_Read(16);


    }
}

void EnregisterClean()
{
    EEPROM_Write(0,No);

    /* EEPROM_Write(0,0xff);
    EEPROM_Write(1,0xff);
    EEPROM_Write(2,0xff);
    EEPROM_Write(3,0xff);
    EEPROM_Write(4,0xff);
    EEPROM_Write(5,0xff);
    EEPROM_Write(6,0xff);
    EEPROM_Write(7,0xff);
    EEPROM_Write(8,0xff);
    EEPROM_Write(9,0xff);
    EEPROM_Write(10,0xff);
    EEPROM_Write(11,0xff); */
}
```

2. 按键判断程序：key.c

```
#include "key.h"
```

```
uchar key1_state = 0, key1_return = 0;          //定义静态变量
uchar key2_state = 0, key2_return = 0;          //定义静态变量
uchar key3_state = 0, key3_return = 0;          //定义静态变量
uchar KeyReturnToMain = 0;

uchar KeyScane_1(void);                         //按键 1 扫描函数
uchar KeyScane_2(void);                         //按键 1 扫描函数
uchar KeyScane_3(void);                         //按键 1 扫描函数

uchar KeyScane_1(void)                          //按键 1 扫描函数
{
    //KeyLedCOM_DDR = 1;
    KeyLedCOM_PORT = 1;
    Key1_init = 0;
    Key1_PORT = 0;
    delay_us(10);
    switch(key1_state)
    {
        case KeyState_0:
            if(KeyRead1)                        //如果是状态 1 并且按键按下去了
            {
                key1_state = KeyState_1;        //状态切换到 1
                key1_return = 0;
            }
        break;
        case KeyState_1:
            if(KeyRead1)                        //如果 10ms 后按键按下状态再次确认
            {
                key1_state = KeyState_2;        //按键状态切换到 2
                key1_return = 1;                //返回值为 1
            }
            else key1_state = KeyState_0;
        break;
        case KeyState_2:
            key1_return = 0;
            if(!KeyRead1)                       //判断按键是否松开
            key1_state = KeyState_0;            //切换到状态 0
        break;
        default: break;
    }
    return key1_return;                         //返回键值
}

uchar KeyScane_2(void)                          //按键 2 扫描函数
{
    KeyLedCOM_PORT = 1;
    Key2_init = 0;
    Key2_PORT = 0;
    delay_us(10);
    switch(key2_state)
    {
```

```
        case KeyState_0:
            if(KeyRead2)                          //如果是状态 1 并且按键按下去了
            {
            key2_state = KeyState_1;              //状态切换到 1
            key2_return = 0;
            }
        break;
        case KeyState_1:
            if(KeyRead2)                          //如果 10ms 后按键按下状态再次确认
            {
            key2_state = KeyState_2;              //按键状态切换到 2
            key2_return = 1;                      //返回值为 1
            }
            else key2_state = KeyState_0;
        break;
        case KeyState_2:
            key2_return = 0;
            if(!KeyRead2)                         //判断按键是否松开
            key2_state = KeyState_0;              //切换到状态 0
        break;
        default: break;
    }
    return key2_return;                           //返回键值
}

uchar KeyScane_3(void)                            //按键 3 扫描函数
{
    KeyLedCOM_PORT = 1;
    Key3_init = 0;
    Key3_PORT = 0;
    delay_us(10);
    switch(key3_state)
    {
        case KeyState_0:
            if(KeyRead3)                          //如果是状态 1 并且按键按下去了
            {
                key3_state = KeyState_1;          //状态切换到 1
                key3_return = 0;
            }
        break;
        case KeyState_1:
            if(KeyRead3)                          //如果 10ms 后按键按下状态再次确认
            {
                key3_state = KeyState_2;          //按键状态切换到 2
                key3_return = 1;                  //返回值为 1
            }
            else key3_state = KeyState_0;
        break;
        case KeyState_2:
            if(!KeyRead3)                         //判断按键是否松开
            key3_state = KeyState_0;              //切换到状态 0
```

```
            key3_return = 0;
        break;
        default: break;
    }
    return key3_return;                          //返回键值
}
```

对应的头文件 key.h 为：

```
#define uchar unsigned char
#define uint unsigned int
#define ulong unsigned long

#define KeyState_0 0                             //状态 0
#define KeyState_1 1                             //状态 1
#define KeyState_2 2                             //状态 2

#define Key1_init DDD0_bit
#define Key2_init DDD1_bit
#define Key3_init DDD2_bit

#define Key1_PORT PORTD0_bit
#define Key2_PORT PORTD1_bit
#define Key3_PORT PORTD2_bit

#define KeyRead1 PIND0_bit
#define KeyRead2 PIND1_bit
#define KeyRead3 PIND2_bit

#define KeyLedCOM_DDR DDD3_bit
#define KeyLedCOM_PORT PORTD3_bit


uchar KeyScane_1(void);                          //按键 1 扫描函数
uchar KeyScane_2(void);                          //按键 1 扫描函数
uchar KeyScane_3(void);                          //按键 1 扫描函数
```

3. AD 转换程序：adc.c

```
void AD_Init();
   uint AD_read(uint ADIO);

  void AD_Init()
{
    //ADMUX| = (1 << ADLAR);                     //如果左对齐,屏蔽后为右对齐
    ADCSRA = 0;
    ADMUX = 0;
    //ADMUX| = (0 << REFS0)|(0 << REFS1);        //AREF, 内部 Vref 关闭
    ADMUX| = (0 << REFS0)|(1 << REFS1);          //AVCC,AREF 引脚外加滤波电容
    //ADMUX| = (1 << REFS0)|(0 << REFS1);        //保留
    //ADMUX| = (1 << REFS0)|(1 << REFS1);      //2.56V 的片内基准电压源,AREF 引脚外加滤波电容
    ADCSRA| = (1 << ADPS0)|(1 << ADPS1)|(1 << ADPS2); //128 分频
```

```
    ADCSRA| = (1 << ADEN);                    //使能 ADC
    //ADCSRA| = (1 << ADFR);                  //连续转换
    //ADCSRA| = (1 << ADIE);                  //中断使能
    ADCSRA| = (1 << ADSC);                    //开始转换
    DDC0_bit = 0;
    PORTC0_bit = 0;
    DDC1_bit = 0;
    PORTC1_bit = 0;
}

uint AD_read(uint ADIO)
{
     ADMUX& = 0xf0;
     ADMUX| = ADIO; //更改 AD 通道
     ADCSRA | = (1 << ADSC);                  //开始转换
     while(!(ADCSRA & (1 << ADIF)));          //等待转换结束
     ADCSRA | = (1 << ADIF);                  //清零标志位
     ADIO = ADCL;
     ADIO| = (ADCH << 8);
     return ADIO;
}
```

对应的头文件 adc. h 为：

```
#define ulong unsigned long
#define cuchar const unsigned char
#define uint unsigned int

void AD_Init();
uint AD_read(uint ADIO);
```

4. 看门狗程序：watchdog. c

```
#include "watchdog.h"

void WDT_ON();
void WDT_OFF();


void WDT_ON()
{
    uchar last_SREG_I;
    last_SREG_I = SREG_I_bit;                 //记录中断状态
    SREG_I_bit = 0;                           // 禁用中断
    Feed_Dog;
    WDTCR | = (1 << WDCE)|(1 << WDE);
    WDT_5V_1000ms;
    SREG_I_bit = last_SREG_I;                 //还原中断状态
}

void WDT_OFF()
{
```

```
    uchar last_SREG_I;
    last_SREG_I = SREG_I_bit;                //记录中断状态
    SREG_I_bit = 0;                          // 禁用中断
    Feed_Dog;
    WDTCR |= (1 << WDCE)|(1 << WDE);
    WDTCR = 0x00;
    SREG_I_bit = last_SREG_I;                //还原中断状态
}
```

对应的头文件 watchdog. h 如下：

```
#define WDT_5V_130ms WDTCR |= (0 << WDP2)|(1 << WDP1) |(1 << WDP0)
#define WDT_5V_260ms WDTCR |= (1 << WDP2)|(0 << WDP1) |(0 << WDP0)
#define WDT_5V_520ms WDTCR |= (1 << WDP2)|(0 << WDP1) |(1 << WDP0)
#define WDT_5V_1000ms WDTCR |= (1 << WDP2)|(1 << WDP1) |(0 << WDP0)
#define WDT_5V_2100ms WDTCR |= (1 << WDP2)|(1 << WDP1) |(1 << WDP0)

#define Feed_Dog asm WDR
#define uchar unsigned char
#define uint unsigned int

void WDT_ON();
void WDT_OFF();
```

6.6　思考

1. 如何为豆浆机添加米糊和搅拌功能？
2. 对该智能豆浆机还有哪些需要改进的地方？

附录 A

AVR 单片机熔丝位设置

1. 熔丝位配置注意事项

对 AVR 熔丝位的配置是比较细致的工作，用户往往忽视其重要性，或感到不易掌握。下面给出对 AVR 熔丝位的配置操作时的一些要点和需要注意的相关事项。

(1) 在 AVR 的器件手册中，使用已编程(Programmed)和未编程(Unprogrammed)来定义熔丝位的状态，“Unprogrammed”表示熔丝状态为“1”(禁止)；“Programmed”表示熔丝状态为“0”(允许)。因此，配置熔丝位的过程实际上是“配置熔丝位成为未编程状态‘1’或成为已编程状态‘0’”。

(2) 在使用通过选择打钩“√”方式确定熔丝位状态值的编程工具软件时，首先要仔细阅读软件的使用说明，弄清楚“√”表示设置熔丝位状态为“0”还是为“1”。

(3) 在使用 CVAVR 的编程下载程序时应特别注意，由于 CVAVR 编程下载界面初始打开时，大部分熔丝位的初始状态定义为“1”，因此不要使用其编程菜单选项中的“all”选项。此时的“all”选项会以熔丝位的初始状态定义来配置芯片的熔丝位，而实际上其往往并不是用户所需要的配置结果。如果要使用“all”选项，应先使用“read”→“fuse bits”读取芯片中熔丝位实际状态后，再使用“all”选项。

(4) 新的 AVR 芯片在使用前，应首先查看它熔丝位的配置情况，再根据实际需要，进行熔丝位的配置，并将各个熔丝位的状态记录备案。

(5) AVR 芯片加密以后仅仅是不能读取芯片内部 Flash 和 EEPROM 中的数据，熔丝位的状态仍然可以读取但不能修改配置。芯片擦除命令是将 Flash 和 EEPROM 中的数据清除，并同时将两位锁定位状态配置成“11”，处于无锁定状态。但芯片擦除命令并不改变其他熔丝位的状态。

(6) 正确的操作程序是：在芯片无锁定状态下，下载运行代码和数据，配置相关的熔丝位，最后配置芯片的锁定位。芯片被锁定后，如果发现熔丝位配置不对，必须使用芯片擦除命令，清除芯片中的数据，并解除锁定。然后重新下载运行代码和数据，修改配置相关的熔丝位，最后再次配置芯片的锁定位。

(7) 使用 ISP 串行方式下载编程时，应配置 SPIEN 熔丝位为“0”。芯片出厂时 SPIEN 位的状态默认为“0”，表示允许 ISP 串行方式下载数据。只有该位处于编程状态“0”，才可以通过 AVR 的 SPI 口进行 ISP 下载，如果该位被配置为未编程“1”后，ISP 串行方式下载数据立即被禁止，此时只能通过并行方式或 JTAG 编程方式才能将 SPIEN 的状态重新设置为“0”，开放 ISP。通常情况下，应保持 SPIEN 的状态为“0”，允许 ISP 编程不会影响其引脚的 I/O 功能，只要在硬件电路设计时，注意 ISP 接口与其并接的器件进行必要的隔离，如使用串接电阻或断路跳线等。

(8) 当系统中,不使用 JTAG 接口下载编程或实时在线仿真调试,且 JTAG 接口的引脚需要作为 I/O 口使用时,则必须设置熔丝位 JTAGEN 的状态为“1”。芯片出厂时 JTAGEN 的状态默认为“0”,表示允许 JTAG 接口,JTAG 的外部引脚不能作为 I/O 口使用。当 JTAGEN 的状态设置为“1”后,JTAG 接口立即被禁止,此时只能通过并行方式或 ISP 编程方式才能将 JTAG 重新设置为“0”,开放 JTAG。

(9) 一般情况下不要设置熔丝位把 RESET 引脚定义成 I/O 使用(如设置 ATmega8 熔丝位 RSTDISBL 的状态为“0”),这样会造成 ISP 的下载编程无法进行,因为在进入 ISP 方式编程前,需要将 RESET 引脚拉低,使芯片先进入复位状态。

(10) 使用内部有 RC 振荡器的 AVR 芯片时,要特别注意熔丝位 CKSEL 的配置。一般情况下,芯片出厂时 CKSEL 位的状态默认为使用内部 1MHz 的 RC 振荡器作为系统的时钟源。如果使用了外部振荡器作为系统的时钟源,则不要忘记首先要正确配置 CKSEL 熔丝位,否则整个系统的定时都会出现问题。而当在设计中没有使用外部振荡器(或某种特定的振荡源)作为系统的时钟源时,千万不要误操作或错误地把 CKSEL 熔丝位配置成使用外部振荡器(或其他不同类型的振荡源)。一旦这种情况产生,使用 ISP 编程方式则无法对芯片进行操作了(因为 ISP 方式需要芯片的系统时钟工作并产生定时控制信号),芯片看上去“坏了”。此时只有取下芯片使用并行编程方式,或使用 JTAG 方式(如果 JTAG 为允许时且目标板上留有 JTAG 接口)来解救了。另一种解救的方式是:尝试在芯片的晶体引脚上临时人为地叠加上不同类型的振荡时钟信号,一旦 ISP 可以对芯片进行操作,立即将 CKSEL 配置成使用内部 1MHz 的 RC 振荡器作为系统的时钟源,然后再根据实际情况重新正确配置 CKSEL。

(11) 使用支持 IAP 的 AVR 芯片时,如果不使用 BOOTLOADER 功能,此时要注意不要把熔丝位 BOOTRST 设置为“0”状态,它会使芯片在上电时不是从 Flash 的 0x0000 处开始执行程序。芯片出厂时 BOOTRST 位的状态默认为“1”。

2. ATmega8 熔丝位配置

```
1: 未编程(不选中)0: 编程(选中)
****************************************
熔丝位      说明      默认设置
****************************************
RSTDISBL: 复位或 I/O 功能选择,默认值: 1; 1: 复位功能; 0: I/O 功能(PC6)
WDTON: 看门狗开关,默认值: 1; 1: 看门狗打开(通过 WDTCR 允许); 0: 看 门狗禁止
SPIEN: SPI 下载允许,默认值: 0; 1: SPI 下载禁止; 0: SPI 下载允许(注: 当使用 SPI 编程时,该项不
可用)
EEAVE: 烧录时 EEPROM 数据保留,默认值: 1; 1: 不保留; 0: 保留
BODEN: BOD 功能控制,默认值: 1; 1: BOD 功能禁止; 0: BOD 功能允许
BODLEVEL: BOD 电平选择,默认值: 1; 1: 2.7V 电平; 0: 4.0V 电平
BOOTRST: 复位入口选择,默认值: 1; 1: 程序从 0x0000 地址开始执行; 0: 程序从引导区确定的入口
地址开始执行
****************************************
BOOTSZ1/0: 引导程序大小及入口,默认值: 00
00: 1024Word/0xc00;
01: 512Word/0xe00;
10: 256Word/0xf00;
11: 128Word/0xf80
```

```
****************************************
BLB02/01: 程序区指令位选择,默认值: 11
11: SPM 和 LPM 指令都允许执行
10: SPM 指令禁止写程序区
01: 引导区 LPM 指令禁止读取程序区内容; 如果中断向量定义在引导区,则禁止该中断在程序区
执行.
00: SPM 指令禁止写程序区; 引导区 LPM 指令禁止读取程序区内容; 如果中断向量定义在引导区,则
禁止该中断在程序区执行.
****************************************
BLB12/11: 引导区指令位选择,默认值: 11
11: SPM 和 LPM 指令都允许执行
10: SPM 指令禁止写引导区
01: 程序区 LPM 指令禁止读取引导区内容; 如果中断向量定义在程序区,则禁止该中断在引导区
执行.
00: SPM 指令禁止写引导区; 程序区 LPM 指令禁止读取引导区内容; 如果中断向量定义在程序区,则
禁止该中断在引导区执行.
****************************************
LB2/1: 程序区加密位选择,默认值: 11
11: 未加密
10: 程序和 EEPROM 编程功能禁止,熔丝位锁定
00: 程序和 EEPROM 编程及校验功能禁止,熔丝位锁定
(注: 先编程其他熔丝位,再编程加密位)
****************************************
CKSEL3/0: 时钟源选择,默认值: 0001
CKOPT: 晶振选择,默认值: 1
SUT1/0: 复位启动时间选择,默认值: 10
****************************************
CKSEL3/0 = 0000: 外部时钟,CKOPT = 0: 允许芯片内部 XTAL1 引脚对 GND 接一个 36PF 电容; CKOPT = 1:
禁止该电容
----------------
CKSEL3/0 = 0001 - 0100: 已经校准的内部 RC 振荡,CKOPT 总为 1
0001: 1.0M
0010: 2.0M
0011: 4.0M
0100: 8.0M
----------------
CKSEL3/0 = 0101 - 1000: 外部 RC 振荡,CKOPT = 0: 允许芯片内部 XTAL1 引脚对 GND 接一个 36PF 电容;
CKOPT = 1: 禁止该电容
0101: < 0.9M
0110: 0.9 - 3.0M
0111: 3.0 - 8.0M
1000: 8.0 - 12.0M
----------------
CKSEL3/0 = 1001: 外部低频晶振,CKOPT = 0: 允许芯片内部 XTAL1/XTAL2 引脚对 GND 各接一个 36PF 电
容; CKOPT = 1: 禁止该电容
----------------
CKSEL3/0 = 1010 - 1111: 外部晶振,陶瓷振荡子,CKOPT = 0: 高幅度振荡输出; CKOPT = 1: 低幅度振荡
输出
101X: 0.4 - 0.9M
110X: 0.9 - 3.0M
111X: 3.0 - 8.0M
```

```
****************************************
SUT1/0: 复位启动时间选择
```

当选择不同晶振时，SUT 有所不同。

3. 时钟选择一览表

时钟源	启动延时	熔丝
外部时钟	6 CK + 0 ms	CKSEL=0000 SUT=00
外部时钟	6 CK + 4.1 ms	CKSEL=0000 SUT=01
外部时钟	6 CK + 65 ms	CKSEL=0000 SUT=10
内部 RC 振荡 1MHz	6 CK + 0 ms	CKSEL=0001 SUT=00
内部 RC 振荡 1MHz	6 CK + 4.1 ms	CKSEL=0001 SUT=01
内部 RC 振荡 1MHz	6 CK + 65 ms	CKSEL=0001 SUT=10
内部 RC 振荡 2MHz	6 CK + 0 ms	CKSEL=0010 SUT=00
内部 RC 振荡 2MHz	6 CK + 4.1 ms	CKSEL=0010 SUT=01
内部 RC 振荡 2MHz	6 CK + 65 ms	CKSEL=0010 SUT=10
内部 RC 振荡 4MHz	6 CK + 0 ms	CKSEL=0011 SUT=00
内部 RC 振荡 4MHz	6 CK + 4.1 ms	CKSEL=0011 SUT=01
内部 RC 振荡 4MHz	6 CK + 65 ms	CKSEL=0011 SUT=10
内部 RC 振荡 8MHz	6 CK + 0 ms	CKSEL=0100 SUT=00
内部 RC 振荡 8MHz	6 CK + 4.1 ms	CKSEL=0100 SUT=01
内部 RC 振荡 8MHz	6 CK + 65 ms	CKSEL=0100 SUT=10
外部 RC 振荡≤0.9MHz	18 CK + 0 ms	CKSEL=0101 SUT=00
外部 RC 振荡≤0.9MHz	18 CK + 4.1 ms	CKSEL=0101 SUT=01
外部 RC 振荡≤0.9MHz	18 CK + 65 ms	CKSEL=0101 SUT=10
外部 RC 振荡≤0.9MHz	6 CK + 4.1 ms	CKSEL=0101 SUT=11
外部 RC 振荡 0.9～3.0MHz	18 CK + 0 ms	CKSEL=0110 SUT=00
外部 RC 振荡 0.9～3.0MHz	18 CK + 4.1 ms	CKSEL=0110 SUT=01
外部 RC 振荡 0.9～3.0MHz	18 CK + 65 ms	CKSEL=0110 SUT=10
外部 RC 振荡 0.9～3.0MHz	6 CK + 4.1 ms	CKSEL=0110 SUT=11
外部 RC 振荡 3.0～8.0MHz	18 CK + 0 ms	CKSEL=0111 SUT=00
外部 RC 振荡 3.0～8.0MHz	18 CK + 4.1 ms	CKSEL=0111 SUT=01
外部 RC 振荡 3.0～8.0MHz	18 CK + 65 ms	CKSEL=0111 SUT=10
外部 RC 振荡 3.0～8.0MHz	6 CK + 4.1 ms	CKSEL=0111 SUT=11
外部 RC 振荡 8.0～12.0MHz	18 CK + 0 ms	CKSEL=1000 SUT=00
外部 RC 振荡 8.0～12.0MHz	18 CK + 4.1 ms	CKSEL=1000 SUT=01
外部 RC 振荡 8.0～12.0MHz	18 CK + 65 ms	CKSEL=1000 SUT=10
外部 RC 振荡 8.0～12.0MHz	6 CK + 4.1 ms	CKSEL=1000 SUT=11
低频晶振(32.768kHz)	1K CK + 4.1 ms	CKSEL=1001 SUT=00
低频晶振(32.768kHz)	1K CK + 65 ms	CKSEL=1001 SUT=01
低频晶振(32.768kHz)	32K CK + 65 ms	CKSEL=1001 SUT=10

低频石英/陶瓷振荡器(0.4～0.9MHz)	258 CK + 4.1 ms	CKSEL=1010 SUT=00
低石英/陶瓷振荡器(0.4～0.9MHz)	258 CK + 65 ms	CKSEL=1010 SUT=01
低石英/陶瓷振荡器(0.4～0.9MHz)	1K CK + 0 ms	CKSEL=1010 SUT=10
低石英/陶瓷振荡器(0.4～0.9MHz)	1K CK + 4.1 ms	CKSEL=1010 SUT=11
低石英/陶瓷振荡器(0.4～0.9MHz)	1K CK + 65 ms	CKSEL=1011 SUT=00
低石英/陶瓷振荡器(0.4～0.9MHz)	16K CK + 0 ms	CKSEL=1011 SUT=01
低石英/陶瓷振荡器(0.4～0.9MHz)	16K CK + 4.1ms	CKSEL=1011 SUT=10
低石英/陶瓷振荡器(0.4～0.9MHz)	16K CK + 65ms	CKSEL=1011 SUT=11
中石英/陶瓷振荡器(0.9～3.0MHz)	258 CK + 4.1 ms	CKSEL=1100 SUT=00
中石英/陶瓷振荡器(0.9～3.0MHz)	258 CK + 65 ms	CKSEL=1100 SUT=01
中石英/陶瓷振荡器(0.9～3.0MHz)	1K CK + 0 ms	CKSEL=1100 SUT=10
中石英/陶瓷振荡器(0.9～3.0MHz)	1K CK + 4.1 ms	CKSEL=1100 SUT=11
中石英/陶瓷振荡器(0.9～3.0MHz)	1K CK + 65 ms	CKSEL=1101 SUT=00
中石英/陶瓷振荡器(0.9～3.0MHz)	16K CK + 0 ms	CKSEL=1101 SUT=01
中石英/陶瓷振荡器(0.9～3.0MHz)	16K CK + 4.1ms	CKSEL=1101 SUT=10
中石英/陶瓷振荡器(0.9～3.0MHz)	16K CK + 65ms	CKSEL=1101 SUT=11
高石英/陶瓷振荡器(3.0～8.0MHz)	258 CK + 4.1 ms	CKSEL=1110 SUT=00
高石英/陶瓷振荡器(3.0～8.0MHz)	258 CK + 65 ms	CKSEL=1110 SUT=01
高石英/陶瓷振荡器(3.0～8.0MHz)	1K CK + 0 ms	CKSEL=1110 SUT=10
高石英/陶瓷振荡器(3.0～8.0MHz)	1K CK + 4.1 ms	CKSEL=1110 SUT=11
高石英/陶瓷振荡器(3.0～8.0MHz)	1K CK + 65 ms	CKSEL=1111 SUT=00
高石英/陶瓷振荡器(3.0～8.0MHz)	16K CK + 0 ms	CKSEL=1111 SUT=01
高石英/陶瓷振荡器(3.0～8.0MHz)	16K CK + 4.1ms	CKSEL=1111 SUT=10
高石英/陶瓷振荡器(3.0～8.0MHz)	16K CK + 65ms	CKSEL=1111 SUT=11

注：1. 出厂默认设置

注意：CKOPT=1(未编程)时，最大工作频率为 8MHz

内部 RC 振荡 1MHz	6 CK + 4.1 ms	CKSEL=0001 SUT=01

参考文献

[1] 张洪润,张亚凡,邓洪敏. 传感器原理及应用【M】. 北京:清华大学出版社,2008.

[2] 张洪润. 传感器应用设计 300 例【M】. 北京:北京航空航天大学出版社,2008.

[3] 马潮. AVR 单片机嵌入式系统原理与应用实践. 2 版【M】. 北京:北京航空航天大学出版社,2012.

[4] 欧阳明星. AVR 单片机应用技术项目化教程【M】. 北京:电子工业出版社,2013.

[5] 牛俊英,宋玉宏. 智能家电控制技术【M】. 北京:清华大学出版社,2009.

[6] 王学屯. 常用小家电原理与维修技巧. 2 版【M】. 北京:电子工业出版社,2014.